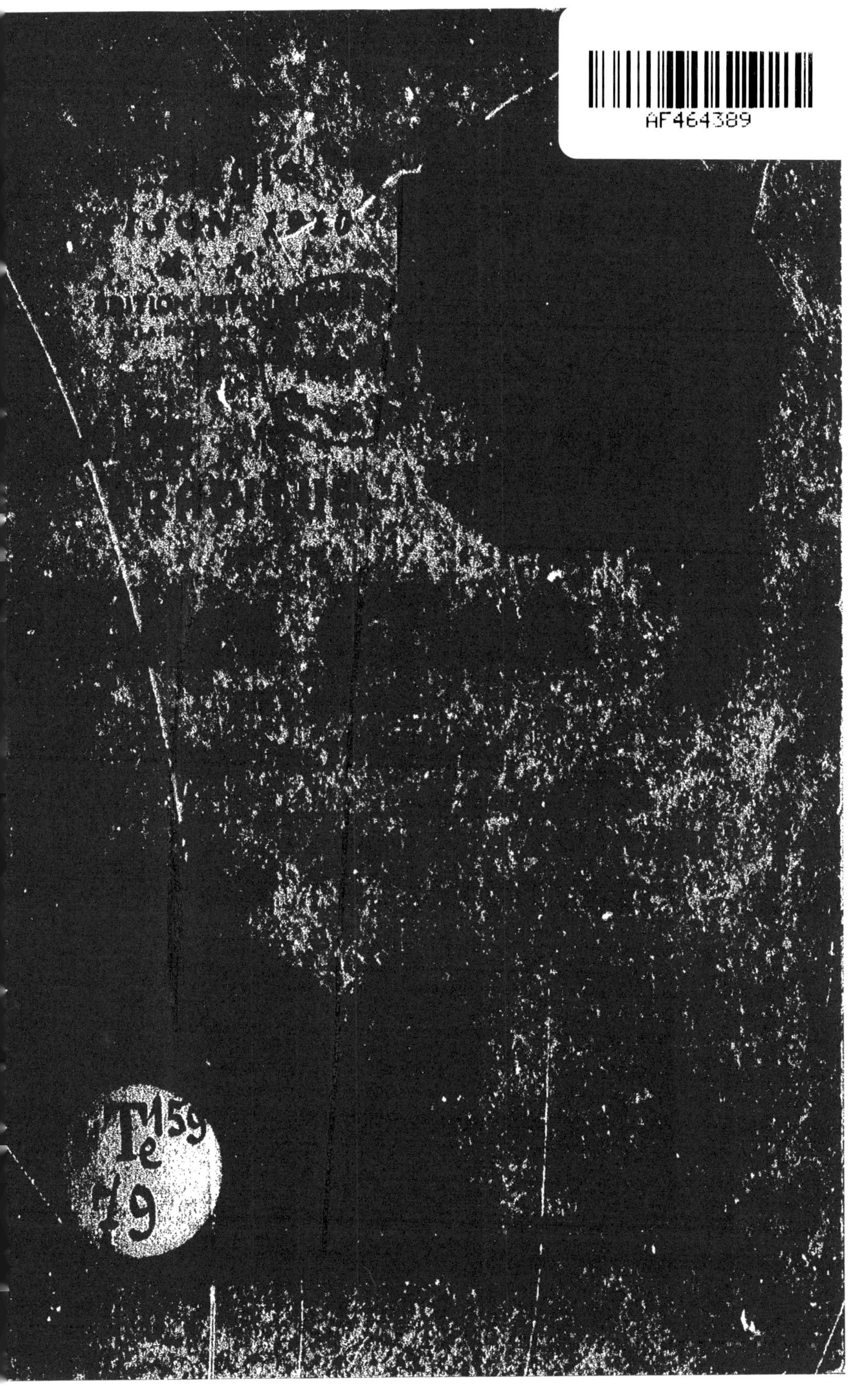

Le **Guide**, à la portée de tout le monde, a été médaillé pour son extrême bon marché et sa grande utilité.

6e ANNÉE — ÉDITION REFONDUE — SAISON 1910

GUIDE PRATIQUE
DES
VILLES D'EAUX

PAR J. MARANDEL

STATIONS THERMALES ET BALNÉAIRES

CENTRES D'EXCURSIONS — CURES D'AIR

MÉDAILLÉ
pour son utilité à l'Exposition de balnéologie et de la Vie balnéaire de Spa (Belgique), juillet-août 1907.

PRIX : 50 CENTIMES

En vente dans les Gares, Kiosques, Librairies

ET CHEZ

CHARLES AMAT
libraire-éditeur
11, rue de Mézières, 11
PARIS

Pour tous autres renseignements, écrire à
MM. MARANDEL et VANOYEN
229, faubourg Saint-Honoré
PARIS

AUX BAIGNEURS
ET AUX TOURISTES

Beaucoup de personnes sont embarrassées, tous les ans, pour passer agréablement les vacances, et les malades ne savent plus dans quelles villes d'eaux ils doivent se diriger. Le prix de certains guides, mis en vente, n'est pas à la portée de toutes les bourses.

C'est ainsi que les malades s'en vont sur tel ou tel point, sans la moindre consultation. Dans ce cas, il arrive souvent que les eaux leur font plus de mal que de bien.

Nous avons obvié à cet inconvénient en donnant une notice sur chaque établissement thermal. La nature des eaux fixera le malade dans son choix, et c'est sûrement, et non en tâtonnant, que chacun prendra le chemin qui lui conviendra.

Les stations thermales et balnéaires sont classées par départements.

Afin de faciliter les recherches, voir la table des matières placée à la fin du Guide.

L'ÉDITEUR.

Par suite de l'extension considérable prise par le Guide, *nous avons transféré notre administration 229, faubourg Saint-Honoré, à Paris.*

AVIS. — Sur la demande de MM. les Directeurs des Etablissements thermaux et des Syndicats d'initiative, nous nous ferons un plaisir d'apporter à cet ouvrage toutes rectifications sur la nature des eaux, maladies traitées, etc., au cas où nos indications seraient incomplètes.

AIN

DIVONNE-LES-BAINS

Près Genève, à 8 kilomètres de Gex. Gare.

Grand établissement hydrothérapique et station hygiénique, à la source de la Versoix, ouvert toute l'année. Traitement des affections nerveuses.

Parc magnifique, forêts de sapins. Vue du lac de Genève et du Mont-Blanc. Casino. Concerts, law-tennis, jeux divers, salons de lecture.

Omnibus aux gares de Divonne, Coppet et Nyon. Poste et télégraphe. Téléphone avec la Suisse.

Importante papeterie et forges.

Voir : vieux château.

LA GADINIÈRE

Commune d'Ambérieux-en-Dombes, à 15 kilomètres de Trévoux. Gare de Saint-Trivier-sur-Moignans, Ligne de Bourg à Villefranche-sur-Saône.

Source d'eaux minérales sulfatées calciques gazeuses.

NANTUA

Chef-lieu d'arrondissement. Jolie ville, située au pied d'immenses forêts très accessibles ; superbes et nombreuses excursions. Gare.

Station balnéaire bien fréquentée par le touriste. Un lac charmant où foisonnent truites et écrevisses.

Fabriques de soie, cuir et tabletterie.

Voir : église ancienne, la Cluse, la perte de la Valsorine, etc.

Excursions : les Monts d'Ain ; Signal des Monts d'Ain (1,031 mètres) ; lac de Silan (à 6 kilomètres) ; cascade de Charix.

REYRIEUX

A 4 kilomètres de Trévoux. Gare.

Station balnéaire.

Sources d'eaux minérales bicarbonatées calciques et magnésiennes, ferrugineuses.

SAINT-DENIS

A 2 kilom. 500 de la gare de Bourg. Halte du tramway à vapeur, ligne de Bourg à Trévoux.

Source d'eaux minérales ferrugineuses.

Voir la suite d'autre part.

AISNE

CHATEAU-THIERRY

Chef-lieu d'arrondissement. Gare.

Ville bâtie en amphithéâtre sur une colline dominée par les ruines d'un ancien château.

Sources du Mont-Martel. Eau minérale bicarbonatée, ferrugineuse et nitrée, remarquable par ses propriétés toniques, fondantes, diurétiques et résolutives. Eau de table légère, salutaire et agréable.

Voir : statue de Jean de La Fontaine, sur l'une des places publiques. Beau pont sur la Marne.

Voir la suite page 18.

ALLIER

ABREST

A 4 kilomètres de la gare de Vichy. Eaux de table, alcalines froides, bicarbonatées sodiques et calciques. Nombreuses sources.

BOURBON-L'ARCHAMBAULT

A 26 kilomètres de Moulins. Gare.

Très ancienne ville, fondée à l'époque de la domination romaine, résidence habituelle des ducs de Bourbon au moyen âge. Mme de Montespan, favorite de Louis XIV, y est morte en disgrâce (1707).

Eaux minérales, célèbres déjà du temps des Romains, bromo, chlorurées sodiques chaudes (52°). Deux établissements thermaux. Hôpital thermal pour civils. Etablissement thermal militaire.

Ces eaux sont efficaces pour le traitement des maladies rhumatismales articulaires (goutteux, etc.), névralgies, sciatiques; paralysies, atrophie musculaire, paraplégie, scrofule, lymphatisme, cassure, blessure, foulure; affections chirurgicales et cutanées; fractures, entorses, etc.

Casino. Magnifiques promenades.

Voir : ruines d'un château près d'un étang; prieuré de Vernoullet. A 200 mètres de la source thermale se trouve une autre source, bicarbonatée sulfatée et magnésienne en même temps que ferrugineuse, ayant des propriétés laxatives.

BRUGHEAS

A 6 kilomètres de la gare de Vichy.

Eaux alcalines froides, beaucoup moins minéralisées que celles de Cusset et de Saint-Yorre, mais ayant les mêmes propriétés.

CUSSET

A 3 kilomètres de Vichy. Eaux alcalines froides bicarbonatées sodiques.

Établissement thermal et hydrothérapique Sainte-Marie. Nombreuses sources d'eau minérale indiquées aux tempéraments débilités, qui ont besoin d'une médication fortifiante, non susceptible de fatiguer l'estomac, dans les cas d'adynamie, de chlorose, d'appauvrissement général. Elles rendent la santé aux femmes anémiées, lymphatiques ou sujettes à des pertes immodérées qui les minent lentement. L'action sur les globules rouges du sang est très nette; la circulation devient plus active, la respiration plus ample et les tissus reprennent une coloration rosée, indice certain du mieux obtenu. Gare.

Fabrique de couvertures et papeteries.

HAUTERIVE

Petit village à 5 kilomètres de Vichy. Eaux alcalines froides. Nombreuses sources exploitées par la Compagnie fermière de Vichy, le Hammam et par la Société générale du bassin de Vichy. Recommandées dans les maladies de l'estomac, du foie, des reins, de l'intestin ; le diabète, le rhumatisme, la goutte, l'albuminurie, la gravelle, l'obésité, l'anémie, la chlorose, et enfin dans toutes les maladies de la nutrition. Gare.

JENZAT

A 8 kilomètres de la gare de Gannat.

Eaux alcalines froides, bicarbonatées sodiques, calciques et sulfatées sodiques. Trois sources, température 21°.

Fabriques d'accordéons.

LALIZOLLE

A 20 kilomètres de Gannat. Gare de Vicq (à 8 kilomètres), par gare Saint-Bonnet-de-Rochefort..

Source d'eau minérale ferrugineuse d'Ozina, bicarbonatée calcique, située dans la région de la Sioule et à 15 kilomètres de Chateauneuf (Puy-de-Dôme).

NÉRIS-LES-BAINS

A 7 kilomètres de Montluçon. Climat tempéré, très sain. Eaux bicarbonatées, chlorurées, sulfatées, hyperthermales (53°), calmantes et sédatives.

Elles sont souveraines dans les affections nerveuses, névralgies, névrose, hystérie, catalepsie, ataxie locomotrice, maladies utérines et affections dites « maladies des femmes » ; rhumatismes articulaires, musculaires, goutteux, survenant chez les dyspeptiques et les névropathes ; l'arthritisme ; certains traumatismes.

Ces eaux sont employées en boisson, gargarismes, bains, douches, irrigations vaginales, douches de vapeur, bains d'étuve, etc.

Etablissement thermal, ouvert du 15 mai au 1er octobre. Casino. Gare de Chamblet-Néris.

Des fouilles ont amené l'emplacement d'un palais romain, les restes d'un assez beau théâtre et trois grandes piscines.

SAINT-PARDOUX

Eaux minérales, réputées, de Saint-Pardoux et de Latrollière, propriété de l'État ; froides, gazeuses, carbonatées, recommandées dans l'anémie, dyspepsie, gastralgie, employées en boisson. Eau de table. Gare de Theneuille.

SAINT-VICTOR

A 7 kilomètres de Montluçon. Gare des Trilliers. Source d'eau minérale a Thizon, très fréquentée.

SAINT-YORRE

A 7 kilomètres de Vichy. Gare. Eaux alcalines froides, bicarbonatées sodiques, indiquées dans les affections de l'estomac, de l'appareil digestif, dyspepsies, gastralgies, gastrites, gastro-entérites, diarrhées, et surtout diarrhées infantiles, dysenterie et toutes maladies de la nutrition en général; foie et rate, affections lymphatiques, coliques hépatiques et néphrétiques, obstructions viscérales, suites de fièvres paludéennes, calculs biliaires, maladies de l'utérus, gravelle, obésité, rhumatisme, albuminurie, etc.

Nombreuses sources, ayant des propriétés différentes. Etablissement thermaux.

VAUX

A 10 kilomètres de Montluçon. Eaux minérales naturelles d'Argentières. Trois sources. Eaux de table sans rivales, bicarbonatées sodiques, froides, gazeuses et non décantées; apéritives, digestives, souveraines contre les maladies de l'estomac.

Gare de Trilliers, à 1 kilomètre.

VICHY-LES-BAINS

Jollie ville sur l'Allier, dans un pays très pittoresque, où l'on fabrique beaucoup de cotonnades et de toiles. L'ancienne ville, près de laquelle on a trouvé de nombreuses antiquités romaines, possède les restes d'un ancien couvent et quelques maisons curieuses. Dans la partie nouvelle, on remarque l'hôpital, la maison qu'habita Mme de Sévigné, les promenades, etc.

Cette importante station possède une quantité considérable de sources alcalines chaudes et froides. Chaque source a des propriétés différentes.

Les affections les plus généralement traitées à Vichy sont : les maladies chroniques de l'estomac, ou mieux la dyspepsie (digestions difficiles, aigreurs ou pesanteurs d'estomac, dyspepsie flatulente, etc.), les affections du foie telles que l'hyperémie, l'ictere, les coliques hépatiques, les calculs biliaires, les engorgements de la rate, le diabète ou glycosurie, l'albuminurie, la gravelle, les calculs urinaires, les coliques néphrétiques, le catarrhe vésical, le rhumatisme, la goutte, les maladies de la peau d'origine arthritique, quelques maladies de la matrice ou engorgement des ovaires et, enfin, la chloro-anémie.

La saison des bains dure du 15 mai au 30 septembre. Etablissement thermal ouvert toute l'année. **Théâtre et concerts au Casino.** Gare

Etablissements thermaux privés.

ALPES-MARITIMES

ANTIBES

Ligne de Nice. Gare.

Ancienne colonie romaine sur une presqu'île dominée par deux tours carrées et défendue par un fort en étoile. Du côté de la mer, elle conserve encore son aspect redoutable de place forte, fière d'un passé glorieux. Sous les Romains existait un municipe ayant son cirque, ses aqueducs, son théâtre, ses thermes.

Station de bains de mer. Jardin botanique et jolies villas dans une profusion de verdure. Phare de premier ordre au promontoire de la Garoupe, d'où l'on jouit d'une vue magnifique.

Voir : fort Lavré, port, presqu'île du cap d'Antibes, villa et jardin Thuret, sommet de la Garoupe.

BEAULIEU

Ligne de Paris. Gare.

Charmante station hivernale et de bains de mer de la Côte d'Azur, au fond d'un golfe paisible, située à l'extrémité d'un promontoire couvert d'oliviers de 5 à 6 mètres de circonférence et près des gigantesques rochers (couleur rougeâtre) de la « Petite Afrique ».

Ville familiale, loin des fêtes fiévreuses de Monaco, où l'on mène au soleil une vie tranquille et réconfortante.

Bois d'oliviers, de citronniers et de pins jusqu'à ces bourgades moyennâgeuses, aux maisons percées de meurtrières.

Riches villas longeant la mer, conduisant au pont Saint-Louis (1 arche de 35 mètres de hauteur) sur un torrent qu'alimente une cascade écumeuse qui marque, depuis 1861, la limite entre la France et l'Italie.

Excursion au cap Ferrat, à 2 kilomètres (forêt, grotte, lac).

BELVÉDÈRE

A 54 kilomètres de Plan-du-Var et Nice. Gare de Levens-Vesubie (à 30 kilomètres).

Agréable station d'été, dénommée « la Suisse niçoise », comme celle de la Bollène. Hôtel.

BERRE-DES-ALPES

A 22 kilomètres de la gare de Nice.

Station d'été fort agréable. Température estivale maxima de + 23°. Ses huiles d'olives sont remarquables par leur légèreté.

BERTHEMONT-LES-BAINS

Village dépendant de la commune de Roquebillière (868 mètres d'altitude), d'où il est distant de 4 kilomètres. Gares de Plan-du-Var et de Nice.

Station d'été dénommée la « Suisse niçoise. »

Eaux sulfurées sodiques (29°5 à 30°5), déposant beaucoup de barégine et de soufre; elles étaient connues des Romains.

Établissement thermal. Hôtels et chalets.

CABBÉ-ROQUEBRUNE

Ligne Paris-Lyon-Méditerranée. Gare.

Station hivernale, au bord de la mer, desservant la presqu'île du Cap Martin; au milieu des pins et des oliviers, de nombreuses villas. La vieille ville, à 600 mètres de là, est dominée par les ruines du château de Lascaris, d'où l'on a une vue admirable sur le Cap Martin et la principauté de Monaco.

CAGNES

A 24 kilomètres de Grasse. Gare à 1 kilomètre.

Station hivernale, aux flancs d'une colline en pain de sucre, au confluent de la Cagne et du Malvan. Hôtels.

Les maisons s'entassent les unes au-dessus des autres jusqu'au sommet, couronné par le campanile de l'église et les mâchicoulis du château des Grimaldi.

Voir : vieux château des Grimaldi, où l'on remarque le plafond et une salle de réception très curieuse. Non loin de là, à l'embouchure du Loup, ruines du monastère de Saint-Véran.

CANNES

A 16 kilomètres de Grasse. Gare.

Port très commerçant, recherché des bâtiments de plaisance; culture abondante de fleurs pour la parfumerie.

Cette ville, protégée par les montagnes de l'Esterel contre le mistral et les vents du nord, jouit d'un climat un peu stimulant, exceptionnellement favorable aux personnes atteintes de pleurésie chronique, rhumatisme, chlorose et faiblesse sénile.

Les fêtes sont réputées parmi les plus brillantes du littoral; les batailles de fleurs, les réceptions mondaines, auxquelles prend part l'aristocratie du monde entier, l'ont fait surnommer le « Salon de l'Europe. »

Station hivernale. Bibliothèque, musée, théâtre, sanatorium. Plus de 800 villas, près de 70 hôtels. Belles promenades.

De Cannes dépend l'archipel de Lérins, formé de quelques îlots inhabités, et des îles Saint-Honorat et Sainte-Marguerite. Cette dernière possède un fort, bâti sous Richelieu, où furent enfermés le Masque-de-Fer et Bazaine.

Allées de la Liberté (6 avenues de platanes et de palmiers) le long de la plus délicieuse plage de la côte, en face des îles de Lérins.

CIMIEZ

Commune et gare de Nice.

Vieille est la réputation de Cimiez, qui comptait 20,000 habitants à l'époque romaine. Les arènes, consacrées aux jeux du cirque, les thermes de la villa Garin et les vestiges d'un temple d'Apollon restent les seuls témoins de l'importance et de la splendeur d'une antique cité, qui tend à renaître de ses cendres.

DRAP

A 8 kilomètres de la gare de Nice.
Source d'eaux minérales.
Papeterie. Huiles d'olive.

GRASSE

Chef-lieu d'arrondissement. Gare.

Ville admirablement située sur le revers d'une colline qui présente un superbe amphithéâtre. Station hivernale recommandée aux personnes nerveuses et asthmatiques.

Grasse est la ville des parfums. Son industrie est très prospère. Là viennent s'approvisionner les commerçants du monde entier; là s'entassent toutes les fleurs, récoltées à dix lieues à la ronde, qui répandent dans la ville un parfum des plus pénétrants.

Voir : Jardin public, cours, source de la Foun, sommet de Roquevignon. Visiter une parfumerie.

Excursions intéressantes. Villas, parcs et châteaux dominant toute une vallée enchanteresse.

JUAN-LES-PINS

Station balnéaire et climatérique, à cinq minutes d'Antibes, à un quart d'heure de Cannes et à vingt minutes de Nice. Gare.

Très belle plage de sable fin. Pins parasols. Jardins magnifiques. Villas coquettes disséminées dans des bois de pins. Endroit des mieux abrités, parfaitement exposé avec belle vue, et ravissantes petites promenades. Pharmacie. Plusieurs docteurs réputés.

Séjour idéal pour convalescents, anémiques, cardiaques, rhumatisants, enfants débiles.

Eau excellente, hygiène et propreté. Electricité partout. Nombreux hôtels. Trams électriques.

LA BOLLÈNE

A 18 kilomètres de la gare de Plan-du-Var et à 25 kilomètres de la gare de Vésubie.

Station d'été des plus agréables, dénommée la « Suisse niçoise », comme celle de Belvédère. Hôtels.

LA CONDAMINE

Commune et gare de Menton.

Station balnéaire, située dans la jolie baie qui forme le port et au fond de laquelle s'élève un bel établissement de bains de mer, avec une installation hydrothérapique complète à l'eau douce et à l'eau de mer

LA NAPOULE-LES-BAINS

Ligne Marseille-Vintimille Halte.

Bains de mer. Jolie plage. Etranges rochers surnommés les « Rochers de la Napoule », séparant deux petites plages contiguës. *Golf-Club de Cannes,* créé sous le patronage du grand-duc Michel de Russie.

LE CANNET

Ligne Marseille-Vintimille. Gare

Station climatérique, près Cannes et Grasse, très prospère, abritée, recommandée par son beau climat et rendue très agréable par ses plantations nombreuses d'orangers, d'oliviers et plantes d'agrément.

Huiles d'olive. Fabriques de parfums. Hôtels.

LE GOLFE-JUAN

Commune de Vallauris Gare du Golfe-Juan-Vallauris.

Station hivernale. Plage de sable fin, panorama superbe. Beaux jardins, villas. Hôtels

Voir : colonne commémorative du retour de Napoléon de l'île d'Elbe; fabriques de céramique.

MENTON-MONACO

Petite ville sur la Méditerranée, à 30 kilomètres de Nice, bâtie en amphithéâtre; elle se divise en deux parties : la vieille ville, la ville nouvelle, ornée d'hôtels et villas, qui va se prolongeant au bord de la mer.

Son climat est aussi doux que celui de Nice. Il est très rare que le thermomètre s'y abaisse jusqu'à zéro.

La température de Menton convient surtout aux personnes atteintes de pthisie, de bronchite, de catarrhe, de rhumatisme, de la goutte, etc Restes de bains romains, alimentés par une source sulfureuse retrouvée en 1860.

Des fortifications féodales, il ne reste plus que la porte Saint-Julien, du château-fort, une tour et quelques arcades cintrées; églises Saint-Michel (richement décorée), de la Conception, de la Miséricorde; temples protestants. Cabinet d'histoire naturelle, jardin public, belles promenades.

Casinos, cercle, théâtre.

Monaco, principauté indépendante, englobée dans l'arrondissement de Nice, longue de 3 kilom. 500, large de 1 kilomètre. Célèbre entre toutes les villes de jeux et renommée pour la douceur de son climat, qui, chaque année, attire un grand nombre d'étrangers. Petit port sur la Méditerranée.

Bains de mer très fréquentés. Saison d'hiver et saison d'été. A 15 minutes de Menton.

Thermes merveilleusement aménagés. Institut modele qui centralise toutes les découvertes de la science moderne en balnéologie, hydrothérapie, électrothérapie, etc. Le Casino de Monte-Carlo, en face de Monaco, est remarquable par ses salles de jeux spacieuses et bien ventilées, par ses élégants salons de lecture et de correspondance. Concerts, théâtre, nombreuses distractions.

MOULINET

A 53 kilomètres de Nice. Gare de Menton (à 32 kilomètres).

Station estivale, fruitière renommée, hôtel.

NICE

Chef-lieu du département. Ville forte sur la Méditerranée et à l'embouchure du Paillon, elle occupe une situation très pittoresque, à l'extrémité d'une baie, qui porte le nom de « Baie des Anges » Défendue par les forts détachés de la Tête-de-Chien, de Revère, de Barbonnet, d'Aspremont, du Picarvet, de Beauma-Négra, etc. Assise au pied d'un amphithéâtre de collines entremêlées de jardins et de bosquets d'orangers.

La constance de la température est presque unique en France. La brise de la mer rafraichit chaque jour la chaleur de l'été et amène sur la ville une bienfaisante atmosphère saline Si l'on songe aux senteurs des orangers, si l'on se figure les palmiers, les grenadiers, tous les végétaux de l'Orient qui décorent les places publiques, on sera tenté de faire de Nice un véritable paradis terrestre.

Les touristes qui y affluent chaque année y viennent chercher les plaisirs et les distractions. Station sanitaire propre à recevoir les convalescents valétudinaires ou les malades en pleine évolution pathologique.

Jolis édifices. Remarquables promenades. Voir : le cours, promenade des Anglais, jardin public, jardin d'acclimatation, la pépinière, cathédrale, églises de Notre-Dame-du-Vœu, Saint-Jacques-le-Majeur, temples protestants, chapelle funéraire érigée au grand-duc héritier de Russie, mort à Nice en 1865. Préfecture, ancien hôtel de ville, tour de l'Horloge, musée d'histoire naturelle, statue de Garibaldi.

Cercles, casinos, concerts, courses de régates, batailles de fleurs, carnaval. Aux environs, beau viaduc de la ligne Marseille à Nice. Observatoire.

PEILLE

A 21 kilomètres de la gare de Nice.

Source d'eaux minérales sulfureuses (23°) récemment découverte, avec traces de fer, alumine et phosphates; elle est située à la Gardia de Blansasc, à la limite des communes de Contes et de Peille.

Voir : ancienne église, quelques vieilles maisons et palais des Lascaris, qui sert de mairie et de maison d'école.

PEIRA-CAVA

Station estivale à 40 kilomètres de Nice, altitude 1,450 mètres. Belle région forestière, d'un accès facile. Séjour des touristes, asile de repos à l'ombre des pins sylvestres et des hêtres.

Incomparable splendeur des paysages en hiver. Immense amphithéâtre de cimes neigeuses déployé du massif du Cheiron à l'Authion en passant par le Saint-Honorat, le Tournairet, le Gélas et la Cime du Diable. Cette vue panoramique très étendue dont jouit Peira-Cava malgré sa faible altitude et surtout la proximité des Grandes Alpes de Mercantour constituent pour cette station une supériorité incontestable sur beaucoup d'autres de la même région.

Service régulier de voitures entre Nice et Peira-Cava durant la saison d'été.

PUGET-THÉNIERS

Chef-lieu d'arrondissement. Gare.

Sur la rive gauche du Var et au confluent de la Roudoule et du Var. Climat délicieux. Les chaleurs de l'été sont tempérées par la brise de la mer qui arrive tous les jours à heure fixe.

Restes d'un château-fort, manufactures de tapis, tanneries. Patrie de l'amiral Ribotti.

Source d'eau minérale ferrugineuse.

SAINT-MARTIN-VESUBIE

A 59 kilomètres de Nice. Gare de la Vesubie.

Sur une colline entourée de deux petites rivières dont les vallons pittoresques offrent de très beaux sites.

Station estivale très fréquentée, dénommée la « Suisse niçoise. » Excursions nombreuses. Service d'automobiles à partir du 15 mai entre Nice et Saint-Martin-Vesubie.

Établissement hydrothérapique. Hôtels, villas. Bel hôtel de ville moderne.

Source d'eaux minérales sulfurées sodiques froides.

SAINT-SAUVEUR

A 54 kilomètres de Puget-Théniers. Gares de la Mescla (à 24 kilomètres) et de la Tinée (à 28 kilomètres).

Source d'eaux minérales.

Eclairage électrique. Hôtels, voitures à volonté.

THORENC

Commune d'Andon, à 38 kilomètres de la gare de Grasse. Altitude 1,280 mètres, magnifique résidence d'été, au milieu de forêts de pins et de sapins, spécialement aménagée pour les cures d'air de montagne.

Saison du 1er mai au 1er novembre.

Station recommandée pour le rétablissement de la santé générale des enfants.

Service d'automobiles public du 15 mai au 15 octobre. Deux départs par jour de la gare de Grasse.

Hôtels, voitures publiques, chalets et villas.

VENCE

A 22 kilomètres de Grasse, à 23 kilomètres de Nice et à 20 kilomètres d'Antibes. Gare.

Station climatérique, sur la ligne du Sud. Air chaud, sec. Situation de demi-montagne, abritée.

Hôtels, villas, chalets. Eau excellente. Eclairage électrique.

Voir : ancienne cathédrale (xe-xie siècles).

Excursions : grottes, cavernes, pic des Pénitents-Blancs, clus de la Cagne, etc.

VILLEFRANCHE-SUR-MER

Ligne Marseille-Vintimille. Gare.

Bains de mer. Charmantes promenades en bateau à Passable, à Saint-Jean, au Cap Saint-Hospice, etc.

Ouvrages de défense fort anciens. Arsenal militaire avec poste de torpilleurs. Magnifique rade où séjournent, chaque année, les escadres française, russe et américaine. Les bals qui se donnent à bord des bâtiments donnent une grande animation à la ville et sont suivis par la haute société niçoise.

Voir la suite page 26.

ARDÈCHE

AIZAC

A 2 kilomètres d'Antraigues. Gare de Vals-Labégude, à 11 kilomètres.

Eau minérale d'un goût agréable et pétillant, limpide, gazeuse, exportée, recommandée dans les affections du sang et du tube digestif, influenza, etc Deux sources, l'une émerge au pied du petit volcan d'Aizac; l'autre jaillit à 200 mètres plus loin

ANTRAIGUES

A 9 kilomètres de la gare de Vals-les-Bains-Labégude.

Cette station est bâtie sur un rocher au pied duquel la Volane, la Bise et le Mas viennent se réunir

Lieu de pèlerinage le 16 août. Restes d'un ancien château. Belle vue.

Deux sources d'eaux minérales. Une source ferrugineuse jaillit au fond d'une caverne basaltique dont une cascade défend l'entrée

ASPERJOC

A 3 kilomètres de la gare de Vals.

Cette localité possède deux sources ferrugineuses : la « Reine du Fer » et la « Suprême », bicarbonatées sodiques, calciques et chlorurées sodiques.

Fabriques de soie

BEAUMONT

A 17 kilomètres de la gare de Largentière.

Source d'eaux minérales, « Duc-de-Joyeuse », carbonatées, alcalines, calciques, chlorurées sodiques et sulfatées sodiques.

Eclairage électrique

BOIS-LANTAL

Gare de Saint-Martin-de-Valamas

Sources d'eaux minérales très estimées. Excursion de Rochebonne.

CELLES-LES-BAINS

A 7 kilomètres d'Antraigues. Gare de Vals-Labégude à 13 kilomètres.

Cinq sources d'eaux minérales bicarbonatées sodiques, calciques et chlorurées sodiques, froides et limpides, ferrugineuses, avec forte proportion d'acide carbonique. Elles sont indiquées dans les engorgements des glandes, scrofule, phtisie.

Etablissement thermal.

CHANÉAC

A 7 kilomètres de la gare de Saint-Martin-de-Valamas.

Source d'eaux minérales, sur les bords de l'Erieux, bicarbonatées sodiques

CHIROLS

A 10 kilomètres de la gare de Nieigles-Prades

Deux sources d'eaux minérales bicarbonatées calciques. Eaux énormément chargées de gaz acide carbonique. On entend au loin un bruit aigu produit par le dégagement.

Fabrique de soie.

DESAIGNES

A 10 kilomètres de la gare de Lamastre, ligne de Tain-Tournon.

Source d'eaux minérales bicarbonatées sodiques, alcalines, très gazeuses, ayant quelque analogie avec les eaux de Vichy, recommandées dans la dyspepsie, albuminurie, anémie, diabète, engorgements. Eau de table.

Cette station a été fréquentée par les Romains, car on a découvert des restes de construction.

Voir : Temple protestant élevé sur les murs d'un temple romain ; vieilles maisons et ruines d'un château féodal.

GENESTELLE

A 7 kilomètres d'Antraigues. Gare de Vals-Labégude, à 13 kilomètres. Sources d'eaux minérales carbonatées calciques provenant du volcan de Craux.

JAUJAC

A 7 kilomètres de la gare de Nieigles-Prades.

Cette station, qui est située sur le Lignon, possède deux sources d'eaux minérales bicarbonatées sodiques, calciques et magnésiennes, exploitées, qui jaillissent au pied du petit volcan de Jaujac.

Près de là, ruines des châteaux de Jaujac et de Laulagnet, sur le rocher dominant l'entrée de la ville, à l'extrémité d'un vieux pont. Châteaux de Bruget et de Castrevielle. Cratère de Jaujac, au pied duquel jaillit la source du Peschier.

Voitures publiques pour Aubenas.

JOYEUSE

A 12 kilomètres de Largentière. Gare d'Uzer-Joyeuse.

Sources d'eaux minérales exploitées.

Voir : vestiges de vieux remparts avec tours. L'ancien château des sires de Joyeuse sert aujourd'hui d'hôtel de ville et d'école.

JUVINAS

A 9 kilomètres de la gare de Vals-Labégude.
Deux sources d'eaux minérales : « Rosa » et « Sainte-Marguerite », sur la rive droite du ruisseau la Bezorgue, l'une bicarbonatée sodique, l'autre carbonatée calcique.

LABÉGUDE

A 1 kilomètre de Vals-les-Bains. Bourg reliant Vals à Aubenas par la route nationale de Clermont à Viviers.
Bains résineux pour traitement des rhumatismes, maladies de la peau, affections des voies respiratoires, rhumes fréquents. Huit sources d'eaux minérales; eau de table digestive, tonique, contre affections des voies urinaires, etc. Gare de Vals-Labégude.
Près la gare, sur les bords de l'Ardèche, verreries fournissant aux sources du bassin de Vals les millions de bouteilles qui leur sont nécessaires.
A 1 kilomètre, sur la route d'Aubenas, grottes de Lautaret.

LA LOUVESC

A 1,050 mètres d'altitude et à 27 kilomètres de la gare d'Annonay.
Station estivale admirablement située dans un large col, dominé par des sommets couverts de sapins : montagnes du Chaix (1,213 mètres), de Besse (1,174 mètres) et pic de Mirabel (1,150 mètres).
Par dessus une mer de monticules, on a vue sur la merveilleuse plaine du Dauphiné et les massifs de la Chartreuse et du Vercors.
La Louvesc est à la fois un pèlerinage très fréquenté et un centre important de villégiature. Il y existe un établissement d'aérothérapeuthie.
Fabriques de chapelets.
Voir : église, construite en granit, dont la massivité s'harmonise avec l'aspect grave du pays. C'est un mélange de tous les styles.

LE PESTRIN

Commune de Meyras. Gare de Nieigles-Prades à 6 kilomètres.
Eaux alcalines bicarbonatées sodiques, légèrement ferrugineuses, froides. Nombreuses sources dites « volcaniques », réputées dans les pays chauds.
Anémie, dyspepsie, dysenterie, diarrhée, affections du foie, des reins, embarras gastrique.

MARCOLS-LES-EAUX

A 22 kilomètres de la gare Saint-Sauveur-de-Montagut.
Trois sources d'eaux bicarbonatées, sodiques, ferrugineuses; elles prennent naissance sur les bords de l'Érieux.
Recommandées dans le diabète, goutte, anémie, albuminurie, dyspepsie.

MAYRES

A 20 kilomètres de la gare de Nieigles-Prades.

Eaux bicarbonatées, sodiques, calciques et magnésiennes. Sources importantes de Montlaur. Riche mine de plomb argentifère.

Voir : château ruiné de Saint-Médard ; roches d'Astel.

MONTPEZAT

A 32 kilomètres de Largentière. Gare de Nieigles-Prades (à 14 kilomètres).

A l'entrée des gorges de la Fontoulière. Source d'eaux minérales bicarbonatées calciques, dite la « Samaritaine », qui prend naissance à 4 kilomètres de la Gravenne, sur la rive droite du ruisseau de Fontoulière.

Voir : la gravenne de Montpezat, forêt volcanique; vestiges de voie romaine ; ruines d'un temple consacré à Jupiter olympien et celles d'un vieux château. Dans les environs, un grand nombre de volcans éteints.

NEYRAC-LES-BAINS

Cette station dépend de la commune de Meyras et est située sur les flancs du volcan de Souilhol. Gare de Nieigles-Prades, à 6 kilomètres. Voitures publiques.

Eaux bicarbonatées sodiques, calciques, magnésiennes, légèrement ferrugineuses. Affections scrofuleuses, plaies, maladies de la peau, rhumatismes nerveux, névrose, affections catarrhales du larynx et du pharynx, maladies des femmes, engorgements glandulaires. Établissement thermal.

Des monnaies gallo-romaines, les traces d'une piscine antique, des poteries romaines assignent à Neyrac une haute antiquité.

Voir : la piscine des Lépreux et le Chemin de la Mort, excavation souterraine remplie d'acide carbonique jusqu'à la hauteur d'un mètre.

PRADES

A 2 kilomètres de la gare de Nieigles-Prades; ligne du Teil à Alais.

Sources d'eaux minérales, bicarbonatées sodiques, ferrugineuses et arsenicales avec forte proportion d'acide carbonique.

Les sources le « Vernet » et la « Lyonnaise » prennent naissance dans le même quartier et la « Salutaire » au hameau du Coulet.

Cette eau alcaline, très gazeuse, lithinée, est souveraine dans les maladies d'estomac, foie et reins, gastralgie, dyspepsie, diarrhée chronique. Excellente eau de table et de régime, précieuse pour les femmes, enfants convalescents et coloniaux.

Mines de houille. Pèlerinage à Sainte-Croix.

Voir à Nieigles : ruines du château de Ventadour. Mines de houille.

ROCHEMAURE

A 26 kilomètres de Privas. Gare.

Localité assise sur les flancs d'un rocher qui domine le Rhône. Ancienne station romaine.

Eau minérale alcaline et diurétique, éminemment pure, exportée, indiquée pour le traitement des maladies du tube digestif, des voies urinaires, diarrhées infantiles, dyspepsie, goutte, gravelle, rhumatisme chronique et toutes les névroses; excellente contre l'embonpoint.

Voir : ruines de remparts et d'un château-fort avec donjon du XIIe siècle construit au haut d'un roc élevé; ancien volcan de Chenavari, à 508 mètres d'altitude.

Près de Rochemaure, coulée de basalte dite « Pavé des Géants. » Pont suspendu sur le Rhône reliant la ville à Montélimar.

ROCLES

A 12 kilomètres de la gare de Largentière.

Source d'eaux minérales « Clovis », carbonatées, alcalines, calciques, chlorurées sodiques et sulfatées sodiques.

SAINT-ANDÉOL-DE-BOURLENC

A 8 kilomètres de la gare de Vals-Labégude.

Source d'eaux minérales, « Bertoile », bicarbonatées sodiques.

Hôtel, auberges.

SAINT-BONNET-LE-FROID

Ligne de la Voulte-sur-Rhône à Dunières. Gare de Monfaucon.

Station climatérique à 1,126 mètres d'altitude, recommandée aux personnes qui ne craignent pas l'air vif des grandes altitudes.

Saint-Bonnet n'est nullement abrité; situé sur un faible col de la grande ligne de partage des eaux où prennent naissance la Cance et le Doux qui vont à la Méditerranée et un affluent de la Dunière qui va à l'Océan. Bois de dins importants.

SAINT-FORTUNAT

Sources d'eaux minérales sur les bords de l'Erieux, bicarbonatées sodiques et calciques, gazeuses, ferrugineuses, lithinées. Station de chemin de fer.

SAINT-GEORGE-LES-BAINS

A 2 kil. 1/2 de la gare de Charmes.

Station ancienne. Deux sources, l'une chaude ferrugineuse à 25°, l'autre chlorurée calcique à 13° seulement, reconnues efficaces contre certaines affections. Etablissement thermal.

Voir : Charmes, joli village bâti près du Rhône, sur la rivière d'Embroye, autour d'une vieille forteresse féodale.

SAINT-JULIEN-DU-GUA

A 22 kilomètres de la gare de Privas.
A un kilomètres de cette localité, source d'eaux minérales, « Lithine », très ancienne, bicarbonatée sodique, qui prend naissance au ruisseau d'Auzène.
Fabriques de drap et de soie.

SAINT-LAURENT-LES-BAINS

A 7 kilomètres de la gare de Labastide-Saint-Laurent-les-Bains (Lozère).
Station à 900 mètres d'altitude, dans une gorge étroite des Cévennes.
Sources d'eaux thermales, à 53° centigrades, très chaudes, bicarbonatées sodiques, recommandées contre les rhumatismes, ulcères, maladies de la peau et dans les cas de paralysie hémiplégique ou paraplégique. Deux vastes établissements.
Voir : abbaye des trappistes de Notre-Dame-des-Neiges. Belles gorges de la Borne.

SAINT-MÉLANY

A 23 kilomètres de la gare de Largentière.
Source d'eaux minérales, dite de « l'Oulé », sulfureuses, carbonatées sodiques, située dans la montagne, au fond d'une gorge profonde appartenant au bassin supérieur de la Drobie. Elle se distingue nettement par sa composition des sources volcaniques du Vivarais.

SAINT-SAUVEUR-DE MONTAGUT

Ligne de la Voulte-sur-Rhône au Cheylard. Gare.
Trois sources d'eaux minérales, sur l'Érieux, exploitées, bicarbonatées sodiques assez fortement minéralisées.
La source « Excellente » est très ancienne ; elle était connue, dans le pays, sous le nom de « Bonne-Fontaine. »
Actuellement il existe un petit établissement de bains, utilisant les eaux de la source « Maléon. »
Eclairage électrique. Hôtels. Fabriques de soie. Voitures publiques.

SAINTE-AGRÈVE

Ligne de la Voulte-sur-Rhône à Dunières. Gare.
A 1,100 mètres d'altitude. Station renommée pour les cures d'air. Village très confortable et bien fréquenté.
Placé entre les gorges de l'Ardèche et les plateaux de la Haute-Loire, c'est le centre des excursions et des promenades.
Une route relie Lamastre à Sainte-Agrève, en suivant le Doux.

BANILHAC

A 8 kilomètres de la gare de Largentière.
Source d'eaux minérales « Eugénie-de-Montbrison », carbonatées, alcalines, calciques, chlorurées sodiques, sulfatées sodiques avec alumine et fer.

THUEYTS

Station thermale, sur l'Ardèche, bâtie sur la plus haute chaussée des géants du Vivarais, qui semble une vieille bourgade espagnole, entourée de merveilles volcaniques.

Sources d'eaux minérales, bicarbonatées sodiques, ferrugineuses, froides. Gare de Nieigles-Prades, à 10 kilomètres.

Voir : chaussée de Géant, Pont-du-Diable, etc.; vieilles et curieuses maisons, vieux château et la cour de Chadenac. Dans les environs, curiosités naturelles et belle cascade dite la « Gueule d'Enfer et de l'Echelle-du-Diable », qui est une sorte d'escalier de 65 mètres de haut et 2 kilomètres de long sur les flancs du volcan de la Gravenne.

TOURNON

Chef-lieu d'arrondissement. Gare.

Cette ville, située sur le Rhône, communique avec Tain (Drôme) par deux ponts suspendus.

A 500 mètres de la ville, à 2 kilomètres du Rhône et à 400 mètres au-dessus du fleuve, se trouve une source d'eaux minérales, dite « Henriette », carbonatée calcique.

Tournon possède aussi une autre source, « Barthaldy », bicarbonatée à bases terreuses

Commerce des vins de l'Ermitage et des Côtes-du-Rhône, récoltés sur l'autre rive.

Voir : vieux château bâti au temps de Charles Martel, vaste et belle école communale; statue du général Rampon; le lycée, un des plus beaux de France, bâti par le cardinal de Tournon en 1550; le lycée de filles construit en 1883.

Aux environs, ruines d'un pont sur le Doux, attribué à César.

VALS-LES-BAINS

Cette station est située sur le pittoresque torrent de la Volane et entourée de montagnes volcaniques. Un château en ruines domine la vallée. Ses eaux minérales sont estimées. La gare est reliée à la ville par un pont monumental en pierre sur l'Ardèche

Vals a trois établissements thermaux et plus de cent sources d'eaux alcalines; deux arsenicales. Ce qui fait leur mérite spécial, c'est leur graduation en sources à minéralisation faible, moyenne et forte (de 1 à 9 gr. de bicarbonates alcalins). Ces eaux sont indiquées pour épidémies, estomac, foie, nerfs, anémie, chlorose, diabète, catarrhes, bile, goutte, calculs, obésité, rhumatismes, gravelle, etc

Ouverture de la saison du 15 mai au 15 octobre. Gare. Casino, théâtre, parc des sources.

Voir : ruines des remparts et château-fort ; grottes égyptiennes.

Excursions : coupe d'Airac.

ARDENNES

LAIFOUR

Halte. **Ligne de Charleville à Givet.** Gare de Deville (à 5 kilomètres).

Localité **située dans un pays** pittoresque et riche en curiosités naturelles.

Gigantesque croissant de roches hautes de 402 mètres, juchées à 266 mètres au-dessus du fleuve; sombres Dames de Meuse, broussailleuses et moussues, illustrées par le crayon fantastique de Gustave Doré.

Source d'eaux minérales carbonatées et ferrugineuses, formant une cascade de 10 mètres d'élévation.

ARIÈGE

AUDINAC-LES-BAINS

Le Vichy de l'Ariège, commune de Montjoie, 3 kilomètres de la gare de Saint-Girons.

Eaux sulfatées froides (22°), purgatives et diurétiques, efficaces dans la chlorose, appareil digestif, gastralgie, affections du foie et de la vessie, gravelle, etc. — Établissement thermal. — Confort moderne, appartements pour familles. — Omnibus à tous les trains. — Grand parc complètement transformé. Belles promenades, chasse, pêche. Voitures pour excursions.

Voir à Montjoie, à 500 mètres : Maisons du XV° siècle; église qu'enveloppent une enceinte fortifiée et des tours (fin du XIV° siècle). Le portail romano-ogival du XIV° siècle, récemment classé comme monument historique, est surmonté d'un très curieux clocher-arcade. L'église occupe l'emplacement d'un ancien temple de Jupiter (mons Jovis, d'où le nom de Montjoie).

AULUS-LES-BAINS

Aulus est à 33 kilomètres de la gare de Saint-Girons. Le trajet en voiture s'effectue en trois heures environ. La station est à 762 mètres d'altitude, dans la vallée où le Garbet reçoit le Fouillet. A vol d'oiseau, la frontière espagnole est à moins de 600 mètres.

Les eaux sont thermales ou froides, sulfatées, calciques et ferrugineuses. Leur température varie de 14 à 21°; elles s'emploient en boissons, bains et douches et peuvent être transportées. Elles ont un effet laxatif, diurétique, tonique, reconstituant; elles sont recommandées contre la dyspepsie, la constipation, les hémorrhoïdes, les congestions chroniques, engorgements du foie, les maladies des reins, de la vessie, gravelle, l'arthritisme, l'herpétisme, la syphilis et l'obésité.

L'établissement possède une installation très complète et peut distribuer chaque jour de 1,000 à 1,400 bains.

Le Casino renferme une salle de spectacle, des salles de concerts, de jeux et de lecture. Beau parc.

Aulus est le point de départ de quelques belles excursions; citons notamment : Saint-Lizier-d'Ustou; le lac de Lhers, dont l'abord est très facile; le lac de Garbet; la vallée d'Ustou, où l'on peut se rendre en voiture; l'ascension du mont Vallier, etc.

AX-LES-THERMES

Ax-les-Thermes, petite ville distante de Foix de 41 kilomètres et située à 716 mètres d'altitude, se trouve assise au confluent de trois torrents : l'Ariège, l'Oriège et la Lauze; entre les trois belles vallées de Mérens, d'Orlu et d'Ascou. Gare.

Ses eaux étaient connues des Romains ; elles furent très fréquentées au moyen âge ; on retrouve, en effet, près de l'hôpital, un large bassin que saint Louis aurait fait construire en 1260, pour guérir ses soldats atteints de la peste en Palestine. C'est de cette époque déjà bien lointaine que date la fondation de l'hôpital.

Les eaux d'Ax-les-Thermes sont thermales, sulfurées, sodiques. Elles sont surtout efficaces dans trois maladies : les dartres, les scrofules et les rhumatismes. Se recommandent dans les affections tuberculeuses de la peau et des os.

On compte plus de soixante sources dont la température varie entre 24 et 78°.

Il existe quatre établissements thermaux. Le plus ancien et le mieux installé, au point de vue de la médecine et du confortable, est le Couloubret. Viennent ensuite : le Breilh, le Teich-Saint-Roch et le Modèle, qui a été ouvert en 1867.

Un superbe Casino a été inauguré en 1904.

Les promenades sont au nombre de quatre : le Couloubret (où a lieu tous les jours un agréable concert musical), le Parc du Teich, les Allées de Vieilleville et le Grand-Parc.

On passe par Ax-les-Thermes et le port de l'Hospitalet pour se rendre dans le Val d'Andorre, à Puycerda et à la Séo d'Urgel, villes espagnoles célèbres dans les annales des guerres carlistes.

BÉDEILLE

A 16 kilomètres de la gare de Saint-Girons.

Cette localité est formée par plusieurs groupes de maisons placées sur les petits coteaux qui s'étendent à gauche de la vallée du Leins. Le point de vue est splendide; au sud on voit se dessiner, comme les dents d'une scie, les cimes neigeuses des Pyrénées, tandis qu'à l'opposé, vers le nord, on voit s'étendre au loin une vaste plaine parsemée de villages et de métairies.

Petit établissement thermal. cabines bien aménagées. Eaux salines, employées contre les affections rhumatismales. Ces eaux ont beaucoup d'analogie avec celles de Foncirgue; utilisées en bains et en boisson.

Voir : église (clocher très ancien et très bien conservé) ; sur une colline, restes d'un château du moyen âge.

BETCHAT

A 19 kilomètres de la gare de Salies-du-Salat (Haute-Garonne). Deux courriers par jour.

Assis sur les coteaux qui séparent le Salat du Leins (altitude 431 mètres), Betchat possédait autrefois plusieurs couvents d'hommes et de femmes, dont on voit encore les traces. L'ancienne église était fortifiée et on peut remarquer encore le fossé d'enceinte.

Eau de Serritz-Berdou, exploitée et exportée. Dépurative, digestive, diurétique et reconstituante, elle combat l'anémie, les maladies d'estomac l'entérite, la constipation.

CARCANIÈRES-LES-BAINS

A 5 kilomètres de Quérigut. Service de voitures à la gare d'Axat (Aude).

Les visiteurs arrivent à Carcanières par la gorge célèbre de la Pierre-Lys. La route nationale numéro 110, d'Albi en Espagne, constitue une des curiosités les plus intéressantes du Midi et suit les bords du fleuve de l'Aude de Quillan à Formiguères.

Eaux minérales sulfurées sodiques. On compte treize sources différentes, dont la température varie de 27° à 58°. Ces eaux, très chaudes, sont, en particulier, très utiles dans les affections rhumatismales, arthritisme, paralysie, raideur des membres, goutte, lymphatisme, tumeurs, ulcères internes et externes, plaies, scrofules, abcès froids, fistules, herpétisme, affections psoriques, dermatoses, maladies cutanées chroniques, dartres, maladies de poitrine.

Deux établissements thermaux. Buvettes. Hôtels, cafés, restaurants, maisons garnies.

FONCIRGUE

Commune de la Bastide-sur-l'Hers, d'où il est distant de 1 kilomètre. Gare du Peyrat-Bastide-sur-l'Hers.

L'usage des eaux carbonatées, calciques, ferrugineuses et salines de Foncirgue, soit en bains, soit en boissons, a presque toujours opéré des guérisons complètes sur une infinité de sujets atteints des affections suivantes : gastrites et entérites chroniques, catharres ou autres maladies de la vessie, suppression du cours périodique, gonorrhées invétérées, jaunisses, hémorrhoïdes, ophthalmies rebelles, dysenteries opiniâtres, maladies cutanées, fistules, même avec carie des os. Enfin, c'est surtout dans la classe si étendue des névroses que leur emploi a fréquemment attesté leur opportunité.

Voir à la Bastide-sur-l'Hers : Fabriques de peignes et fabriques de bijouterie en jais, uniques en France.

Centre d'excursions nombreuses, variées et du plus haut intérêt pour le touriste. Le simple parcours de la Bastide à Laiguillon, en suivant la vallée de l'Hers, constitue une promenade charmante.

Établissement thermal-hôtel.

SAURAT

A 7 kilomètres de la gare de Tarascon, Voitures publiques à tous les trains.

Importante localité fréquentée, tous les ans, par de nombreux étrangers (674 mètres d'altitude). Hôtels, maisons meublées. Centre d'excursions, guides.

Cure d'air et cure d'eau. Les sources minérales abondent en maints endroits, les plus renommées sont celles de Canarilles (souveraines pour exciter l'appétit) et celle de Larval, située non loin de la rivière. La température de cette dernière source est de 14° centigrades; elle forme, dans le court trajet de ses eaux, un dépôt rougeâtre qui révèle sa nature ferrugineuse. Cette eau est prescrite, par les médecins du pays, pour les maladies de langueur, la chlorose, l'anémie, la faiblesse générale, les fièvres intermittentes et rebelles.

Sur le plateau de Pèce, à 1,559 mètres d'altitude, coule la fontaine de « Fount-Santo », dont la réputation miraculeuse est répandue jusqu'en Espagne ; naguère encore, elle était un but de pèlerinage pour les maladies des yeux et de la peau.

Patrie du général Laffitte.

Voir : le Roc de Karlong, château en ruines de Calamès, les Iretges, Montjoui, la tour de Montorgueil, les grottes de Sietch, de l'Arse, du Marchand. Excursion recommandée : visite de la grotte de Bédeillac (à 3 kilomètres), une des plus belles de France.

SEIX

A 18 kilomètres de la gare de Saint-Girons. Voitures publiques.

Seix (505 mètres d'altitude) est situé dans une charmante petite plaine vers laquelle convergent toutes les vallées du canton, qui offre les sites les plus variés. On y voit un amphithéâtre de collines et de montagnes, depuis les plus simples coteaux chargés de vignes jusqu'aux montagnes toutes hérissées de forêts et couronnées de pins.

Restes imposants du château de la Garde, bâti par Charlemagne, à son retour d'Espagne. Assise à l'entrée des vallées d'Ustou et de Couflens, sur le plus haut mamelon d'une arête qui s'élève au-dessus de la route d'Espagne, cette forteresse commandait le confluent du « pont de la Taule », où aboutissent les trois ports principaux du pays : Aula, Salau, Ustou.

Sources d'eaux minérales sulfatées calciques, recommandées dans l'hydropisie, digestions difficiles, coliques nerveuses et autres affections intestinales ; affections des reins et de la vessie, rhumatismes.

Établissement thermal. Hôtels.

SENTEIN

A 23 kilomètres de la gare de Saint-Girons. Voitures publiques.

Le bourg de Sentein, à 760 mètres d'altitude, est à l'extrémité de la vallée du Biros, sur le Lez, et au débouché de plusieurs vallons très pittoresques, au milieu de jolies prairies. Sa vieille église, entourée d'une enceinte fortifiée et flanquée de quatre tours, est assez remarquable.

Mines de fer, plomb, zinc, argent ; carrières de marbre et d'ardoise, exploitées. Cascades et chutes d'eau.

Sources d'eaux sulfatées, ferrugineuses, indiquées dans la chlorose, maladies de la peau, constipation, anémie, leucorrhée (flueurs blanches), aménorrhée, dysménorrhée, stérilité due à l'atonie des organes, débilités d'estomac, engorgements scrofuleux, tumeurs blanches, engorgements du foie, etc., maladies des voies urinaires, douleurs articulaires, fièvres, chorée, hystérie, nervosisme, etc.

Centre d'excursions ravissant. Lac d'Araing, aux environs, superficie de 23 hectares.

Petit établissement thermal Hôtels.

USSAT-LES-BAINS

Gare. Ligne du Midi, de Toulouse à Ax-les-Thermes, à 483 mètres d'altitude

Eaux thermales alcalines, bicarbonatées, calciques, employées surtout en bains à eau courante de 31°5 à 36° et en douches spéciales et générales, sédatives et toniques à la fois.

Souveraines dans le traitement de toutes affections utérines et péri-utérines ainsi que des névroses et dans les phlébites.

Utilisées, en outre, avec succès dans le traitement des maladies des appareils génito-urinaires chez les deux sexes, des affections de l'estomac et de l'intestin, des affections de la peau de nature neuro-arthritique. Buvette utilisée en boisson chez les goutteux, dyspeptiques et dans la gravelle et coliques néphrétiques.

Assise sur les deux rives de l'Ariège, entourée de montagnes, à l'abri des vents, la station d'Ussat est un séjour délicieux, au climat tempéré. — Beau parc. Nombreuses excursions aux environs.

Deux établissements : Thermes et Sainte-Germaine. — Casino.

Voir à Ussat : grotte de Lombrives ou des Echelles; grottes d'Ornolac, refuge des catholiques sous Jeanne d'Albret, fermées encore avec des murs percés de meurtrières et portant le nom de « Gleizos » (églises), en souvenir, dit-on, des offices que les prêtres persécutés y célébraient. Au-dessus d'Ornolac, vieille église et tombeaux dans le roc. On dit qu'il y avait, dans ce lieu, un village qui a été détruit par la peste

USSON-LES-BAINS

Etablissement thermal (760 mètres d'altitude), dépendant de la commune de Rouze, à 18 kilomètres de la gare d'Axat (Aude).

Ces eaux sulfureuses et arsenicales (bains et buvette) sont souveraines pour guérir les affections de la peau, dartres, eczémas, psoriasis, les bronchites chroniques; elles stimulent l'appétit et sont de puissants auxiliaires contre la tuberculose pulmonaire. — Omnibus et voitures à tous les trains Pêche, chasse, excursions. Musique. Hôtels. Garage et fosse pour automobiles Dépôt d'essences. Chambre noire pour la photographie. Eclairage électrique.

Voir : château d'Usson, détruit en 1792 et vanté par sa magnificence. Ponts en pierre, dont quelques-uns sont, dit-on, l'œuvre de Vauban. Grottes fort intéressantes et plâtrières de Salvanières.

EAUX NON EXPLOITÉES

Eaux du Rocher de Foix, séléniteuses et ferrugineuses; on les utilise principalement en boisson; le captage a été détruit par l'inondation du 23 juin 1875 qui, en outre de la chaussée et du terrain où était établie la fontaine, emporta une partie de l'établissement balnéaire.

Sources ferrugineuses froides à Mercus, Tarascon, Vèbre, Suc-et-Sentenac, las Forgues (Rivèrenert), Bouan, Larnat, Alos, Biert, Plancouronne (Baulou), Ruffié (Foix), Saleix, Escosse, Ségalas (Soulan), Lassur, Alzen (sapinière de la forêt domaniale), Baloussières (Alzen), Montagagne, Sorgeat, Aston.

Eau purgative à Répartés (Durban), Caussou.

Source thermale de Rieugudé (Soulan), 20° constants.

Source minérale de Lacave, possédant les mêmes qualités curatives que les eaux d'Aulus.

Sources ferrugineuses et sulfureuses à Castelnau-Durban et Ustou

Sources ferrugineuses magnésiennes de Garié (Encourtiech).

Source ferrugineuse sulfatée à Vaychis, sortant des schistes aluno-ferrugineux des montagnes de Vaychis et de Perles, autrefois exploitées pour leur vitriol et leur alun.

Source sulfureuse froide de Saillens (l'Hospitalet).

Quatre sources sulfureuses chaudes à Mérens.

Sources minérales aux Pujols, Contrazy, Verdun, Caussou, le Port

Sources sulfureuses froides, très abondantes, à Aston, déposant beaucoup de barégine.

Eaux sulfatées sédatives : Tarascon.

Eaux ferrugineuses : Ménac (Arignac), Siguer.

Eaux bicarbonatées calciques incrustantes : Verdun, Tarascon, Caussou, Fournier (Tarascon), Soudour (Arignac), Durban.

Eaux chlorurées sodiques : Camarade.

Voir la suite page 42.

AUDE

ALET

Ancien évêché sur la rive droite de l'Aude, dans un vallon fertile et d'un aspect charmant, appelé par Vivien de Saint-Martin « le Jardin de l'Aude », que des montagnes élevées abritent de toutes parts. Station favorisée par ses conditions climatériques et topographiques, d'une douce température qui active la végétation et conserve ou ramène la santé.

Etablissement thermal de la source Buvette. — Bains, douches, hydrothérapie. — Chlorose, anémie, maladies nerveuses, des intestins, dyspepsies et dans les convalescences. — Ouverture du 1er juin au 30 septembre. — Gare.

Source minérale communale bicarbonatée, calcique, dite les Eaux Chaudes, affermée à un concessionnaire. Efficace dans les affections de l'estomac et des intestins, gastrites, gastralgie, dyspepsie, vessie, chlorose, anémie.

Source ferrugineuse, à 1 kilomètre.

Voir : Restes d'une ancienne abbaye et de fortifications; remparts célèbres par leur antiquité, leurs tours, leurs belles portes ; ruines de l'ancienne cathédrale Saint-Pierre, bâtie en 1018 et détruite en 1577 (monument historique); maisons des XIIIe, XIVe, XVe siècles. Beau parc.

Belles excursions : la Roche Rouge, le pic de Roquetaillade, Pierre-Lys ; gorges de Saint-Georges; forêt des Fanges, etc.

BELCAIRE

Gare de Quillan, à 27 kilomètres.

Eaux minérales naturelles. Source d'Ayguesvives.

Belcaire (beau rocher) est situé sur une colline et possède un ancien château-fort.

Belles excursions dans les environs. Voici deux des plus intéressantes :

1° Revenir vers Espezel, prendre la route de Bélesta, tourner à gauche dans la forêt de Bunague ; on contourne le joli cirque de la Plaine; au pont de Langrail, monter à pied (200 m.) sur le plateau qui domine l'abreuvoir : merveilleux panorama sur le Saint-Barthélemy, Montségur, les forêts et la plaine du Languedoc ; on rentre à Belcaire par la forêt de la Plaine (voir à droite un magnifique sapin, géant de la forêt.) On peut aller en automobile jusqu'au pont de Langrail.

2° De Belcaire monter vers Camurac; au col des Sept-Frères, tourner à gauche vers la forêt de Nave et la vallée du Rebenty. On descend vers Niort et l'on remonte la magnifique vallée par Mérial (gorge des Adouxès) et la Fajolle; arriver si on a le temps au col du Pradel (très belle vue) ; aller à pied jusqu'à l'étang de Rebenty ; redescendre vers Niort et Belfort, voir le rocher de Louis XIV et remonter vers Espezel-Belcaire ou continuer sur Quillan.

CAMPAGNE-LES-BAINS

Établissement thermal, sur ligne Carcassonne-Rivesaltes. Omnibus tous les trains, gare Espéraza (à 3 kilomètres) et halte de Campagne.

Eaux salines tièdes, souveraines contre anémie, chlorose, fièvres, troubles fonctionnels, engorgements du foie. Bains et buvette. Parc. Chambres pour ménage. Plusieurs docteurs attachés à l'établissement. Garage cycles et automobiles. Ouvert du 1er juin à fin octobre.

Bains minéraux dans un autre établissement.

COURSAN

Importante localité sur la rive droite de l'Aude. Gare.

Source d'eaux minérales alcalines, gazeuses, ferrugineuses, arsenicales, efficaces contre la gravelle.

Établissement thermal. Hôtels. Puits artésiens (135 mètres de profondeur). Belle plaine de vignobles.

Voir : église ogivale fortifiée. Pont du XVIe siècle.

DURBAN

Chef-lieu de canton, à 32 kilomètres de Narbonne. Gare.

Source d'eaux gazeuses et minérales.

Voir : ruines du château de Gléon.

Hôtels. Voitures publiques.

ESCOULOUBRE

Dans une situation fort pittoresque. La route quitte le fond de la vallée et s'élève en lacets sur le versant de la montagne ; magnifiques échappées de vue sur les précipices et ravins creusés par l'Aude et ses affluents.

Sources d'eaux minérales sulfurées sodiques.

Deux établissements : le Bain Fort (6 baignoires, douche) et le Bain Doux (10 baignoires, douche, logements pour 150 personnes) exploitant quatre sources thermales (29° à 45°), sulfurées sodiques ; utilisées (boisson, bains et douches) contre rhumatisme, maladies de la peau, voies respiratoires, etc.

Gare d'Axat. Service de voitures.

FLEURY

A 14 kilomètres de Narbonne. Gare de Coursan, à 7 kilomètres.

Importante localité, anciennement baronnie de Pérignan, élevée en duché-pairie (1736) en faveur d'Hercule de Rosset, marquis de Rocossel, baron de Pérignan et neveu du cardinal Fleury, précepteur de Louis XV. Le château ducal (XVIIIe siècle) qui devait être très beau, mais ne fut jamais entièrement achevé, a été morcelé en habitations particulières.

Bains de mer du Roch-Saint-Pierre. Belle plage.

GINOLES

Gare de Quillan à 1 kilomètre. Omnibus à tous les trains.

Charmant établissement thermal, environné de plantations. Deux sources (23 et 27°), sulfatées calciques. Traitement du foie et de l'estomac, gravelle, cystites, entérites, neurasthénie, gastrites, névroses, coliques néphrétiques, hépathiques, dyspepsies. Buvette, bains, douches, hydrothérapie.

Hôtel, appartements pour familles. Chalets, villa, chapelle. Site renommé. Cure d'air. Grand parc. Centre des plus belles excursions. Pêche, chasse. Prix très modérés. Approvisionnements des plus faciles. Téléphone.

Excursions : montée par les bains et le village de Ginoles (beaux ombrages) jusqu'au col de Portel : panorama sur Nébias et l'Ariège ; retour par la route nationale.

Voir à Quillan : restes d'un vieux château, qui joua un certain rôle pendant les guerres de religion, et une statue, due à Bonnassieux, de l'abbé Félix Armand, qui ouvrit le premier chemin dans les gorges de Pierre-Lys.

GRUISSAN

A 13 kilomètres de Narbonne. Gare Gruissan-Tournebelle.

Cette localité, bâtie autour d'un château du VIIIe siècle, aujourd'hui délabré, est un important port de pêche relié à la mer par un chenal. Poissons et coquillages estimés.

Bains de mer. Port de pêche. Etablissements de bains sur la plage.

A 2 kilomètres, gorges de la Goutine, grotte préhistorique de la Crouzade, source.

A 3 kilomètres, près de l'étang, montagne de la Clape, sur le sommet de laquelle est construite la chapelle Notre-Dame-des-Auzils (XVIIIe siècle), altitude 147 mètres, beau panorama sur le golfe de Lion.

LA FAJOLLE

A 60 kilomètres de Limoux. Gare de Quillan à 35 kilomètres.

Source ferrugineuse à 2 kilomètres, sur les bords de la route, près d'un pont sur le Rébenty.

LA FRANQUI

A 45 minutes de Narbonne et à 1,800 mètres de la gare de Leucate. Service régulier de tramways-omnibus à tous les trains du 15 juin au 15 septembre.

Coquette station, grâce à son parc, garni de grands arbres, à ses jolis chalets et bien abritée des vents par la falaise, jouit en tout temps d'une délicieuse fraîcheur. C'est par excellence la plage des Bébés. Les docteurs la recommandent à tous les parents soucieux de la santé de leurs enfants.

Bains de mer. Etablissement balnéaire, un des plus agréables de la Méditerranée.

Hôtel-café-restaurant. Salle des fêtes. Appartements meublés complets pour familles faisant leur ménage. Grand magasin d'approvisionnements généraux. Garage automobiles. Sources d'eaux vives et ferrugineuses.

Jolies excursions sur la falaise, aux gorges de Pierre-Lys, de Saint-Georges, de Galamus et aux environs.

LA NOUVELLE

Ville maritime, à 26 kilomètres de Narbonne. Gare. Ligne de Narbonne à Perpignan et à la frontière d'Espagne. Tête de ligne des tramways vers les Corbières et Lézignan.

Port fermé par le chenal qui relie l'étang de Bages et de Sigean à la mer. Il communique avec Narbonne et le canal du Midi par le canal de la Robine et avec la mer (2 kilomètres) par un petit chenal sans profondeur et que les gros navires ne peuvent pas traverser. Le port de la Nouvelle est le seul débouché maritime du département et est fréquenté, chaque année, par 800 navires.

Hauts-fourneaux. Chantiers pour construction de barques.

A 1,500 mètres, bains de mer. Cure d'air. Deux établissements. Station de canot de sauvetage. Pêches, casino, promenades en Méditerranée. Chalets, appartements pour familles.

RENNES-LES-BAINS

Gare de Couiza-Montazels, à 9 kil. 1/2. Omnibus à tous les trains.

Au centre même des Corbières (altitude 310 mètres) dans une gorge étroite, traversée dans toute sa longueur par « la Salz », petite rivière remarquable par la forte proportion de sel marin et autres matières salines qu'elle renferme, cette station, très fréquentée l'été, se trouve entourée de montagnes peu élevées, aux sites pittoresques et remplis d'agréments. Climat à température égale, douce, peu sujette aux brusques variations de température.

Trois établissements (80 baignoires, 12 cabinets de douches : le Bain Fort, le Bain de la Reine et le Bain Doux). Deux buvettes froides : le Cercle et le Pont ; une chaude.

Ces eaux, salines chaudes et froides, réussissent dans le rhumatisme, anémie, névralgies, moelle épinière, affections des systèmes osseux et musculaires, maladies de la peau, muqueuses, névroses, engorgements glandulaires ou viscéraux liés au lymphatisme, à la scrofule et à l'arthritisme, ainsi qu'aux diarrhées infectieuses.

Sources ferrugineuses en amont de Rennes.

Voir : restes du château de Blanchefort.

Hôtels et chambres meublées, cuisine pour ménages.

SOUGRAIGNE

Gare de Couiza-Montazels, à 13 kilomètres.

Localité, à 700 mètres d'altitude, possédant des sources d'eau salée, qui ont été autrefois exploitées.

AVEYRON

ANDABRE

A 5 kil. 500 de Camarès. Gare de Saint-Affrique, 23 kilomètres. Voitures publiques.

Etablissement thermal. Eau bicarbonatée, sodique ferrugineuse froide, contre dyspepsie, goutte, maladies du foie, chlorose, anémie, gravelle, voies urinaires. Trois sources. Buvette.

AUBRAC

A 8 kilomètres de la commune de Saint-Chély-d'Aubrac Gare de Rodez, à 53 kilomètres.

Station d'été très fréquentée. Cure d'air et de petit-lait Sanatorium pour le traitement de la phtisie pulmonaire, ouvert toute l'année. Une superbe machine, d'une force de trente chevaux, assure à la fois le service du chauffage, de l'éclairage, de l'élévation des eaux froides et chaudes, de la stérilisation du linge et de la chauffe des bouillottes. Lumière électrique.

Le village d'Aubrac, situé à 1,250 mètres d'altitude, se compose des restes de l'ancien hôpital, fondé en 1120 par Adalard, fils d'un comte de Flandre, de trois hôtels, d'un café de construction récente, et de quatre ou cinq maisons de chétive apparence. La réunion de ces bâtiments, qui, protégés contre le vent du nord par une ceinture de sommets de 1,360 à 1,400 mètres d'altitude, sont exposés en plein midi et dominent la vallée de la Boralde, donne à ce village un aspect tout à fait original. Sa situation privilégiée y attire depuis une dizaine d'années, tous les étés, un grand nombre d'étrangers.

La montagne d'Aubrac donne naissance au torrent d'eau bouillante que déversent dans le Remontalou, un des affluents de la Truyère, les 25 sources de Chaudesaigues (Cantal).

Belles excursions dans les environs.

BROMMAT

Gare de Vic-sur-Cère (Cantal), à 28 kilomètres.

Source d'eaux minérales bicarbonatées, acidulées, gazeuses, appartenant au massif volcanique du Cantal.

Voir : vieux château de Brommat.

CASSUÉJOULS

A 32 kilomètres de la gare d'Espalion.

Petit bourg blotti dans un vrai nid de verdure. Possède une source d'eaux ferrugineuses, carbonatées froides. Pas d'établissement.

CRANSAC

A 36 kilomètres de Villefranche. Gare.

Ville de 6,000 habitants, centre ouvrier très important; houillères des Aciéries de France et de Campagnac, perpétuellement enflammées, dont la flamme n'est apparente que la nuit; elle s'échappe par 18 cratères. L'air qu'on y respire s'élève jusqu'à 45° centigrades. La profondeur de ces grottes est d'environ 15 mètres. Dans certains quartiers, le sol s'affaisse insensiblement, par suite de la présence des galeries souterraines d'extraction.

Cransac possède onze sources d'eaux minérales.

Seules eaux magnésiennes et magnésiennes sulfatées connues jusqu'à présent en Europe.

Guérison du rhumatisme, goutte, névralgies, etc.; constipation, affections intestinales, foie, reins, tube digestif, fièvres rebelles, traités par les eaux purgatives, diurétiques et dépuratives, combinées avec les étuves naturelles du volcan et avec les bains, douches, hydrothérapie, tout alimenté exclusivement à l'eau minérale.

Étuves chauffées par les émanations caloriques et sulfureuses de la montagne embrasée.

Casino. — Théâtres. — Deux établissements thermaux.

LA BRÉZÈGUE

A 7 kil. 1/2 de Millau. Gare d'Aguessac.

Source ferrugineuse non exploitée.

LAGUIOLE

A 28 kilomètres d'Espalion. Gare de Rodez, à 55 kilomètres. Voitures publiques.

Importante localité à 1,150 mètres d'altitude, au confluent de la Selve et du ruisseau de Vaissaire. La ville est bâtie en amphithéâtre sur le penchant d'une butte de basalte que couronne l'église, du XVIe siècle (curieux portail avec statues); de la plate-forme, vue très étendue; vieille maison avec porche et croix intéressante, dans une rue étroite, conduisant à l'église. Cette ville, anciennement l'une des châtellenies du Rouergue, dont le château a été brûlé par les Anglais, en 1338, fait un commerce important; sa situation lui a fait donner le nom de « Capitale de la Montagne »

Station de cure d'air, de lait et de petit-lait, amenant tous les ans de nombreux étrangers qui y séjournent durant l'été. Les nuits sont toujours fraîches, ce qui donne un sommeil réparateur et excite l'appétit. Les personnes fatiguées se remettent vite et reprennent des couleurs.

Établissement thermal de la Carderie, à 500 mètres de Laguiole. Bains sulfureux, bains de propreté, douches de toutes sortes. Traitements hydrothérapiques. Hôtels. Lumière électrique.

Excursions intéressantes. Fabrication du fromage d'Aubrac. Fabriques de coutellerie.

LE CAYLA

Cette station est à 2 kilomètres de Camarès. Gare de Saint-Affrique, à 23 kilomètres.

Sources d'eaux minérales, ferrugineuses, bicarbonatées calciques et froides, employées contre l'anémie, chlorose, etc. Trois sources (12°5).

Etablissement de bains.

MONTJAUX

A 25 kilomètres de Millau. Gare de Saint-Rome-de-Cernon, à 18 kilomètres.

Village pittoresquement assis sur une croupe qui domine la Muse.

Source d'eaux minérales, « dite du Cambon », bicarbonatées calciques, sulfatées calciques et ferrugineuses froides; elle naît à la base du massif jurassique de Millau.

Etablissement thermal.

Voir : joli château féodal.

PONT-LES-BAINS

Cette station est desservie par la gare de Salles-la-Source (à 3 kilomètres) et de Marcillac (3 kilomètres). Service de voitures, l'été, pour cette dernière.

Trois établissements de bains, très fréquentés. Eaux sulfureuses, efficaces dans le traitement des rhumatismes et voies respiratoires; douches, étuves.

Hôtels et maisons particulières.

A Salles, grotte pétrifiante, taillée en arc très ouvert, du fronton de laquelle saute une belle cascade, tandis que des perles brillantes filtrent dans un tissu de mousse et tombent goutte à goutte à l'entrée de la grotte.

PRUGNES

A 3 kilomètres de Camarès. Gare de Saint-Affrique, à 23 kilomètres.

Source minérale qui fournit une excellente eau de table gazeuse et digestive, bicarbonatée, sodique et ferrugineuse.

RANDIÈRES

A 1,500 mètres de Saint-Côme. Gare de Bertholène, à 18 kilomètres. Voitures publiques.

Petit établissement thermal dans un ravin encaissé. Eau minérale ayant quelque analogie avec celle de Vichy.

RODELLE

A 17 kilomètres de la gare de Rodez.

Le village, situé dans une verte et fraîche vallée au fond de laquelle coule le Dourdou, est bâti sur la crête d'une étroite colline aux pentes escarpées se terminant par un énorme rocher carré qui supportait autrefois un château appartenant aux comtes du Rouergue, et dont on aperçoit quelques rares vestiges.

Visiter, dans les environs, une grotte où, d'après la légende, vécut sainte Tarcisse; la source qui suinte au travers du rocher serait, s'il faut en croire les traditions locales, souveraine pour guérir les maladies des yeux.

SILVANÈS

A 32 kilomètres de la gare de Saint-Affrique.

Sylvanès est situé dans une magnifique prairie, très abritée et entourée de collines boisées

Station renommée par ses bains d'eaux salines bicarbonatées calciques et fortement ferrugineuses, chaudes (34 à 36°).

Maladies traitées : rhumatisme nerveux, affections catarrhales, voies digestives, chlorose, anémie, engorgements du foie, affections utérines, maladies nerveuses, hystérie. Trois sources. Buvettes.

Hôtels et maisons de famille. Etablissement thermal, ancienne abbaye des Bernardins (XVIIe et XVIIIe siècle), construit sur les sources mêmes.

TAUSSAC

Gare d'Arpajon (Cantal), à 28 kilomètres.

Petite ville, située dans les dépendances des terrains volcaniques du Cantal.

Il existe quatre sources d'eaux minérales bicarbonatées calciques, très gazeuses et ferrugineuses.

VILLEFRANCHE-DE-ROUERGUE

Chef-lieu d'arrondissement. Gare.

Au confluent de l'Aveyron et de l'Alzou. Petite ville à physionomie antique

Voir : église Notre-Dame, surmontée d'un énorme clocher; chapelle des Pénitents bleus, celle des Pénitents noirs; hospice installé dans un ancien couvent de Chartreux; un pont sur l'Aveyron. Mines argentifères de la Beaume et de la Madeleine, exploitées par les Aciéries de France.

A 2 kilomètres, source d'eaux minérales, dite « Notre-Dame-des-Treize-Pierres », sulfatées calciques, située dans le vallon des Imberts.

Il existe encore, près de Villefranche, d'autres sources d'eaux minérales, appelées « les Carriettes », bicarbonatées calciques et magnésiennes.

BASSES-ALPES

DIGNE

Chef-lieu de département. Gare.

Très ancienne ville, bâtie à 630 mètres d'altitude, sur la rive gauche de la Bléone, dominée par une crête pittoresque de montagnes et disposée en amphithéâtre.

Eaux muriatiques et sulfurées chaudes (35 à 43°) indiquées dans maladies atoniques de la peau, rhumatismes. Six sources.

Etablissement thermal, situé à 2 kilomètres, dans un petit vallon.

GRÉOULX

Joli village historique, situé près de la rive droite du Verdon, à 60 kilomètres de Digne. Gare de Manosque, à 25 kilomètres.

Eaux sulfureuses iodurées (37°50). Souveraines dans névralgies, rhumatismes, affections utérines, lésions du tissu osseux, tumeurs blanches, anciennes fractures, nécroses, caries, maladies de la peau, anciennes syphilis, paralysies.

Deux établissements thermaux, à 500 mètres du village, au milieu d'un superbe et vaste parc.

Voir : vieux manoir, beaux châteaux, carrières de pierres et minoteries.

SAINT-MARTIN-LES-EAUX

A 14 kilomètres de Forcalquier. Gare de Lincel-Saint-Martin, à 2 kilomètres.

Eaux sulfureuses et salines. Etablissement thermal du château de Saint-Martin.

Voir : église gothique, carrières de gypse, mines de charbon.

TURRIERS

A 42 kilomètres de la gare de Sisteron.
Sources d'eaux minérales. Hôtel.

Voir la suite page 51.

BASSES-PYRÉNÉES

ACCOUS

A 28 kilomètres de la gare d'Oloron et à 3 kilomètres de Bedous.

Village de 1,500 habitants, un des plus anciens de la vallée d'Aspe. Il était, dit-on, connu des Romains, mais, à l'exception de quelques médailles, on n'y a découvert aucun vestige d'antiquités romaines. C'est le lieu d'origine de Despourrins, le célèbre poète béarnais, auquel les montagnards, avec le concours d'un compatriote-roi, de Bernadotte, élevèrent un monument qui s'harmonise avec le paysage. Le monticule élevé que couronne cette stèle était la retraite favorite de Despourrins.

Sources d'eaux minérales exploitées. Etablissement thermal.

AHUSQUY

Commune d'Aussarucq, à 10 kilomètres de la gare de Mauléon.

A 1,000 mètres d'altitude, sur une terrasse en pente. Très belle vue.

Eaux minérales et gazeuses d'Ahusquy, recommandées pour les affections de la vessie. Etablissement thermal.

Excursion au sommet de la montagne (45 minutes), 1,215 mètres, vue très étendue; visiter les gouffres dans lesquels se perdent les eaux du plateau; faire l'ascension du pic des Escaliers (vue magnifique), 4 heures aller et retour.

ANGLET

A 4 kilomètres de Bayonne. Desservi par un tramway à vapeur de Bayonne à Biarritz.

Bains de mer. Etablissement sur la plage. Chalets, villas, hôtels.

BEDOUS

A 24 kilomètres de la gare d'Oloron.

Grand village au haut d'une côte, au milieu d'un joli bassin, auquel ses nombreuses éminences coniques donnent un aspect tout particulier.

Ancien relais de poste. Commissionnaires en transit et en marchandises pour l'Espagne.

Sur la grand'route d'Espagne, qui coupe en deux le village de Bedous, à peu près à mi-chemin d'Accous, établissement de bains sulfureux froids de Suberlaché. Eaux minérales naturelles : deux sources. Guérison des rhumatismes. Source ferrugineuse de Bulasquet. Voitures publiques; hôtels.

BIARRITZ

Port de pêche dont l'entrée est éclairée par un phare élevé sur le cap Martin.

Importante station balnéaire et lieu de villégiature, situé au bord de l'Océan, sur un plateau de falaises, formant promontoire dans le golfe de Gascogne entre la Pointe-Saint-Martin et la côte des Basques. Grâce à la douceur de son climat, Biarritz, outre sa saison d'été, qui commence en mai et finit en octobre, a une saison d'hiver, qui va de novembre à février ou mars Eaux muriatiques froides : tuberculose, métrites, fibromes, neurasthénie, lymphatisme, rachitisme, scrofule, épuisements.

Trois grands établissements de bains ; belles villas, hôtels somptueux. Casinos et cercles Théâtre la Mer sur le rivage du Port-Vieux.

De Bayonne, on se rend à Biarritz par la ligne du Midi ou par tramways à vapeur. Gare.

Voir : le Port-Vieux ; le tunnel de 75 mètres conduisant au Rocher de la Vierge ; la plage de la côte des Basques et Grande Plage ; le phare de 45 mètres de hauteur ; la grotte nommée « la Chambre d'Amour » ; le château de Gramont ; parc public du Helder, etc.

BIDART

A 12 kilomètres de Bayonne. Gare.

Village basque, situé au point culminant de la falaise, Vue magnifique sur la mer. Etablissement de bains.

BILHÈRES

A 26 kilomètres d'Oloron. Gare de Bielle à 3 kilomètres. Ligne de Pau-Buzy-Laruns.

Source d'eaux minérales.

BORCE

A 37 kilomètres de la gare d'Oloron.

Source d'eaux minérales. Etablissement thermal.

CAMBO-LES-BAINS

A 18 kilomètres de Bayonne. Gare.

Gros bourg, divisé en deux parties : Cambo-Ville et Cambo-les-Bains ; cette dernière se trouve sur une gracieuse colline dominant la rive gauche de la Nive.

Les eaux de Cambo étaient très fréquentées au XVIIe siècle. Deux sources : thermale sulfurée (22° à 23°), employée en boisson, bains et douches Une troisième source a été découverte de nos jours Eaux sulfureuses et ferrugineuses, apéritives et fortifiantes, efficaces pour fièvres intermittentes, pâles couleurs, névroses et affections des intestins. Le climat, délicieux et salubre au printemps et à l'automne, est chaud en été. Deux saisons : avril et mai, septembre et octobre. Etablissement thermal. Hôtels et villas.

CIBOURE

A 22 kilomètres de Bayonne Gare de Saint-Jean-de Luz, à 1 kilomètre.

Village peuplé presque uniquement de marins.

Etablissement de bains de mer. Petite plage entourée de rochers. Bains chauds d'eau de mer.

Voir : ancien couvent des Récollets, vieux cloître et fontaine de la Renaissance, mutilée

EAUX-BONNES

A 35 kilomètres d'Oloron. Gare de Laruns-Eaux-Bonnes.

Localité à 750 mètres d'altitude, à l'entrée de la gorge de la Soude, en pleine montagne, coquettement nichée au milieu d'une vaste forêt de hêtres et de sapins à émanations balsamiques, la ville d'Eaux-Bonnes est un des plus agréables séjour d'été. La température moyenne est de 18 à 21° dans les mois de juin à septembre.

Les sources minérales (12 à 32°), au nombre de sept, appartiennent au groupe des eaux sulfurées, avec ces particularités que, faiblement alcalines et riches en chlorure de sodium, elles possèdent la double sulfuration sodique et calcique. La source « Vieille » est la plus employée en boisson, et sur elle repose la grande renommée des thermes de la vallée d'Ossau.

On y traite avec succès les affections chroniques des muqueuses du nez, de la gorge, des bronches et du poumon. Cure préventive des maladies de poitrine, anémie, lymphatisme et scrofule.

Etablissement thermal. Casino.

Excursions en montagne. Superbes lacs.

EAUX-CHAUDES

A 37 kilomètres d'Oloron. Gare de Laruns-Eaux-Bonnes.

Au-delà de Laruns, après avoir traversé la gare d'Ossau sur le pont de Louguère, on laisse à gauche la route conduisant à Eaux-Bonnes, on pénètre dans la magnifique gorge du Hourat qui conduit à Eaux-Chaudes. La route, minée dans le flanc de la montagne, est une des curiosités de la vallée. Elle est d'une hardiesse rare et mérite d'être parcourue.

Etablissement thermal. Eaux sulfurées sodiques ; sept sources de 36°,25 à 10°,6. On les emploie en boisson, bains et douches. Elles sont excitantes à degré modéré et réussissent dans le rhumatisme, la goutte, les affections de la peau, les maladies des femmes, etc. L'eau de Minvielle est spécialement indiquée dans la gravelle urique et autres manifestations goutteuses. L'eau de l'Esquirette jouit de vertus spéciales contre la stérilité.

A visiter la grotte des Eaux-Chaudes, curiosité naturelle, qui s'enfonce de 450 mètres dans le flanc abrupt de la montagne et qui présente la caractéristique unique d'un tumultueux torrent intérieur et d'une cataracte souterraine.

ESCOT

A 14 kilomètres de la gare d'Oloron.

Village possédant une source d'eaux minérales. Petit établissement thermal.

Le pont d'Escot, sur lequel on franchit le Gave, est étroit et le Gave est profond. Sur la rive droite, on aperçoit, à gauche, une inscription romaine, gravée sur le rocher appelé Pène d'Escot.

Splendide route thermale partant du pont d'Escot dans la vallée d'Aspe. Elle offre un développement de 230 kilomètres, franchissant des cols, serpentant le long des crêtes, cotoyant les précipices à des hauteurs de plus de 2,000 mètres d'altitude, et traversant les stations thermales de Saint-Christan, Eaux-Bonnes, Argelès, Luz-Saint-Sauveur, Barèges, Bagnères-de-Bigorre, pour aboutir à Luchon.

GAN

A 8 kilomètres de Pau. Gare.

Patrie de Corisande d'Andoins, maîtresse de Henri IV, et de Pierre de Marca, historien du Béarn, dont on montre, près de la place, la maison style renaissance.

Au bout du village, à droite, dans un bosquet, source ferrugineuse entourée de vestiges bien conservés de bains romains. Etablissement thermal.

Voir : une porte de défense style ogival, carrières de pierre et de marbre.

GARRIS

A 3 kilomètres de la gare de Saint-Palais.

Source d'eaux minérales carbonatées calciques, sulfatées calciques, chlorurées sodiques et ferrugineuses.

Etablissement thermal.

Voir : ancien château des rois de Navarre, aujourd'hui mairie.

GOARDÈRES

Commune de Salles-Mongiscard, à 6 kilomètres d'Orthez. Gare de Baigts, à 3 kilom. 1/2.

Source d'eaux minérales. Etablissement de bains.

GUÉTHARY

A 15 kilomètres de Bayonne. Halte. Gare de Biarritz, à 4 kilomètres.

Petit port de pêche.

Bains de mer assez fréquentés. La station est dans le vallon de l'Ouhabia. Le village se montre sur les coteaux. Pêche du thon. Etablisssement de bains de mer.

HENDAYE

Dernière station française. Ligne de Bayonne à Irun. A l'embouchure de la Bidassoa.

Séjour ravissant. Bains de mer. Plage magnifique, rivalisant celle d'Ostende. Nombreuses excursions : Béhobie, île des Faisans, Fontarabie ville espagnole, Casino (style mauresque).

Voir : Curieux château d'Arrogory, construit par Viollet-le-Duc.

LABÉROU

Gare d'Arreau-Cadéac (Hautes-Pyrénées).

Etablissement thermal (10 baignoires). Eau sulfureuse.

LABETS-BISCAY

A 32 kilomètres de Mauléon. Gare de Saint-Palais, à 9 kilomètres.

Sources d'eaux minérales, sulfurées calciques. Etablissement thermal.

LACARRE

A 33 kilomètres de Mauléon. Gare de Saint-Jean-Pied-de-Port.

Etablissement d'eaux sulfureuses (6 baignoires).

Voir : château et tombe du maréchal Harispe.

LACARRY-ARHAN-CHARITTE-DE-HAUT

A 20 kilomètres de la gare de Mauléon.

Sources d'eaux minérales, sulfureuses froides Etablissement de bains (6 baignoires).

LESCUN

A 33 kilomètres de la gare d'Oloron.

Au sommet d'un plateau, à 902 mètres d'altitude. Vue magnifique, En 1794, les habitants repoussèrent à eux seuls 7,000 Espagnols qui venaient envahir le territoire français.

Ascension du Pic d'Anie (2,504 mètres), une journée aller et retour.

Voir : cascade de Lescun.

Source d'eaux minérales. Etablissement thermal.

LICQ-ATHEREY

A 18 kilomètres de la gare de Mauléon.

Dernier poste de la douane.

Eaux minérales. Etablissement de bains. Hôtel. Villa. Mairie monumentale.

Passerelles qui rendent possible la traversée des gorges du Cacoueta.

Excursions dans la Haute-Soule.

LOUVIE-JUZON

A 20 kilomètres d'Oloron. Gare d'Izeste, à 200 mètres, et d'Arudy, à 2 kilom. 1/2.

Eaux minérales. Etablissement thermal.

Voir : église ogivale avec ancienne flèche en pierre, la seule du Béarn; petite tour tronquée; maison du XVIe et du XVIIe siècle.

Ascension des premiers contreforts de la montagne.

MAULÉON

Petite ville bâtie sur le penchant d'une colline, près de la rive droite du gave de Mauléon (le Saison). Gare. Ligne de Puyoo à Mauléon.

Ancienne capitale du pays de Soule, chef-lieu d'arrondissement.

Eaux minérales : Fontaine de Saint-Jean-de-Licharre Etablissement thermal.

Voir : en face de la mairie, sur la grande place, deux ormes extrêmement vieux et d'une hauteur étonnante, frappant la vue; superbe château Renaissance avec une charmante porte surmontée d'un balcon en fer ; hôtel d'Andurrain, très curieux en bien des détails ; colonne de marbre, style Henri II, au milieu de la place ; le vieux château aux tours rondes, qui a donné son nom à la ville (Malo Leone, Mauvais Lion), à peu près ruiné, et dont l'intérieur est transformé en jardin ; on n'y voit guère que d'anciennes prisons et un puits très profond, mais du chemin de ronde, la vue est très étendue et fort belle.

MONTORY

A 5 kilomètres de la gare de Tardets.

Source d'eau sulfureuse. Etablissement de bains. Voitures à volonté.

OGEU

A 10 kilomètres d'Oloron. Gare. Ligne de Pau à Oloron. Sources d'eaux minérales, bicarbonatées calciques et ferrugineuses. Petit établissement de bains.

ORDIARP

A 7 kilomètres de la gare de Mauléon.

Ligne de Saint-Jean-Pied-de-Port à Mauléon.

Sources sulfureuses sur le Saison. Deux petits établissements de bains.

PAU

Ancienne capitale du Béarn. Outre sa belle position, Pau a pour lui son délicieux climat qui attire, pendant l'hiver, un grand nombre d'étrangers. Cette station jouit

d'un climat sédatif et remarquable par le calme de l'atmosphère ; la température moyenne de l'hiver varie entre 8° et 9°.

Pau convient aux nerveux, aux éréthiques, aux excitables. Les maladies qui trouvent leur efficacité sont : l'hystérie, la chorée, l'épilepsie avec crises convulsives, les névralgies, la neurasthénie et le surmenage intellectuel et physique, crises douloureuses du tabes, tuberculose du poumon, particulièrement à la forme éréthique, aux congestifs, à hémoptysie facile, aux malades dont la plèvre est fragile, bronchites aiguës ou chroniques, reliquats de pleurésie ou de pneumonie, asthme nerveux, dyspepsies avec gastralgies, affections catarrhales de l'intestin, angine de poitrine, insuffisance aortique.

Cette station est recommandée aux enfants, vieillards et convalescents.

En revanche, le climat de Pau est contre-indiqué pour les déprimés, tuberculeux torpides, asystoliques, rhumatisants, enfants mous, vieillards à réactions insuffisantes.

Nombreuses distractions : Casino, courses de chevaux, chasses au renard, visite du château Henri IV. Promenades. Gare.

Source d'eaux minérales bicarbonatées calciques et ferrugineuses, qui émerge sur les bords du Gave, à l'extrémité du parc du château de Pau.

REBÉNACQ

A 15 kilomètres de la gare de Pau.

Village coquettement situé. Grotte d'une centaine de mètres de profondeur, abime qui n'a jamais encore été visité.

Sources d'eaux minérales ferrugineuses. Etablissement thermal près du village, sur la route.

Voir : château de Bitaubé; source abondante « l'Oueil de Néez » (l'œil du Néez), dont un aqueduc de 22 kilomètres amène les eaux jusqu'à Pau. La source thermale se trouve dans le lit du Néez.

SAINT-BOËS

A 6 kilomètres d'Orthez. Gare de Baigts.

Etablissement de bains de Moumic. Source froide sulfureuse et bitumineuse. Maladies traitées : affections chroniques de toutes les muqueuses, affections des voies respiratoires, surtout ozène, asthme humide et catarrhe pulmonaire, pharyngite granuleuse.

Voir : restes d'un château (XIIe siècle).

SAINT-CHRISTAU

Commune de Lurbe. Gare d'Oloron, à 10 kilomètres.

Charmante station balnéaire à 320 mètres d'altitude, entourée d'un beau parc séduisant par la beauté de ses pelouses et de ses ombrages, sur le Gave, près de l'entrée de la vallée d'Aspe, dans un joli vallon arrosé par l'Ourtau et dominé par le Mont-Binet. Climat doux.

Saint-Christau possède cinq sources d'eaux minérales (12°,2 à 14°). Quatre sources se distinguent par le fer qu'elles contiennent et par une alcalinité notable; celle des Arceaux alimente les deux établissements. La cinquième est froide, sulfurée calcique.

L'eau de Saint-Christau est utilisée en boisson, bains, douches, lotions, fomentations, irrigations et surtout en pulvérisation. Elle est recommandée dans les affections de la muqueuse buccale, la leucoplasie et les glossites scléreuses superficielles, affections chroniques de la peau et des muqueuses, surtout lorsqu'elles sont de nature arthritique, eczéma, acné, lupus, blépharites, kératites, plaies superficielles de la cornée, rétrécissements des conduits lacrymaux, affections des fosses nasales, coryza chronique simple ou ulcéreux, pharyngites chroniques.

SAINT-JEAN-DE-LUZ

A 20 kilomètres de Bayonne. Gare.

Ravissante station de bains de mer, protégée en grande partie du vent de mer par les collines qui bordent la baie. Superbe rade, formée par une anse en arc de cercle, large de 1,500 mètres et profonde de 1,000 mètres environ limitée par les hauts rochers de Sainte-Barbe, par la tour et les jetées du Socoa.

Port de refuge et port de pêche.

Etablissement de bains de mer, en face d'un établissement de bains chauds Casino

Voir : maison Louis XIV; maison de l'Infante (XVII° siècle); église Saint-Jean (XIII° siècle); vieilles maisons.

SALIES-DE-BÉARN

Etablissement thermal ouvert toute l'année. Salines à visiter. Casino. Gare.

Importante localité sur les rives du Saleys, affluent du gave d'Oloron. La vieille ville se trouve en entier sur la rive gauche, tandis que la ville moderne ou balnéaire et les salines sont sur la rive droite. De jolies villas signalent les abords de la petite cité.

Salies doit son nom et sa réputation à deux sources : l'une d'eau froide salée (15°), l'autre bicarbonatée chlorurée (14°). La source salée produit en outre 2,500 tonnes environ de sel servant à la salaison des jambons de Bayonne. L'eau du Bayaà, essentiellement reconstituante est beaucoup plus riche en chlorure de sodium que les eaux les plus célèbres de l'Allemagne. Bains chlorurés sodiques, bromo-iodurés. Traitement de l'hygiène de l'enfance, scrofule, lymphatisme, anémie, rachitisme carie des côtes, tumeurs, engorgements ganglionnaires lupus scrofuleux, maladies particulières aux dames, rhumatismes et certains cas de paralysie, etc.

SARRANCE

A 18 kilomètres de la gare d'Oloron.

Commune de 1,200 habitants. Lieu de pèlerinage célèbre et autrefois très fréquenté.

Source d'eaux minérales. Etablissement thermal.

Voir : les ruines, tapissées de mousse et de lierre; couvent de Prémontrés, où Louis XI fit ses dévotions à la Madone, renommée par ses miracles. Pèlerinage annuel le 15 août. L'église est flanquée d'une petit tour que décorent des statues dans des niches. A l'entrée et à la sortie du village s'élèvent des chapelles où un artiste naïf a sculpté, avec une naïveté originale, les principales scènes de la Passion.

SÉVIGNACQ-MEYRACQ

A 18 kilomètres d'Oloron. Gare d'Arudy.

Petit village encastré à droite et à gauche de la route dans le col qui fait communiquer la vallée du Néez avec le bassin d'Arudy. Très belle vue sur la vallée d'Ossau.

Etablissement thermal, appelé Secours, à 3 kilomètres. Eaux sulfureuses et ferrugineuses.

Voir : église romane, abîmée par les réparations ; elle s'élève sur l'emplacement d'un ancien camp romain.

VILLERVILLE

A 13 kilomètres de Pont-l'Evêque. Gare de Trouville-Deauville, à 6 kilomètres. Voitures publiques.

Villerville est située sur une falaise coupée à pic vers la mer. On ne peut s'y baigner qu'à mer pleine. Les baraques de bains s'alignent sur une terrasse au-dessous de laquelle on trouve des galets, du sable et des varechs.

Casino, hôtels, restaurants. Jolies villas.

Voir la suite page 53.

BOUCHES-DU-RHONE

AIX-EN-PROVENCE

Chef-lieu d'arrondissement à 29 kilomètres de Marseille. Gare.

Etablissement thermal de Sextius, entouré d'un vaste jardin.

Sources d'eaux froides gazeuses carbonatées ferrugineuses, propriété de la ville, connues au temps des Romains : affections utérines (congestion, métrite chronique, etc.), maladies de la peau, eczéma, prurigo, psoriasis, rhumatisme nerveux, névroses.

Aix, ancienne capitale de la Provence, possède de belles antiquités. Cour d'appel, facultés des lettres et de droit, archevêché, école d'arts et métiers.

Voir : église de la Madeleine ; cathédrale Saint-Sauveur (cloître) ; hôtel de ville du XVIIe siècle ; tour de Toureluco ; église Saint-Jean-de-Malte. Musée. Cours Mirabeau. Statue de René d'Anjou.

FOS-SUR-MER

A 52 kilomètres d'Aix et à 47 kilomètres de Marseille. Gare.

Bains de mer. Superbe plage pour les baigneurs, à 300 mètres de la ville. Salines de Lavalduc et de Fos-sur-Mer.

Voir : sur des restes de fortifications romaines, château-fort datant du XIVe siècle.

LA CIOTAT

Ligne de Marseille à Vintimille. Gare.

Jolie ville maritime, au bord d'un grand golfe, à 32 kilomètres de Marseille.

Port de mer important, éclairé par deux phares et abrité par le cap de l'Aigle.

La rade offre un bon abri contre le mistral sur des fonds couverts d'herbes d'une forte tenue. Jolie plage pour bains de mer, très fréquentée de juin à septembre.

Ateliers de construction maritime. Belle promenade de la Terrasse.

LASCOURS

Commune et gare de Roquevaire, à 2 kilom. 500. Ligne d'Aubagne à Valdonne.

Source d'eaux minérales.

MARSEILLE

Troisième ville de France (450.000 habitants), sur la Méditerranée.

Assise au fond d'un golfe, sur le penchant d'une colline qui s'étend jusqu'à la mer, entourée d'élégantes villas qui ont remplacé les bastides d'autrefois, avec les îles qui gardent l'entrée du port, elle offre un coup d'œil incomparable.

Bains de mer. Divers établissements. Il existe des sources d'eaux minérales sulfurées calciques aux Camoins, près Marseille, et chlorurées sodiques au Roucas-Blanc, à Marseille, sur la Corniche.

Les collines encerclant Marseille conduisent, en quelques heures, à des altitudes de 1,043 mètres (Pic de Bretagne).

A visiter, à Marseille : Parc Borély, Prado, la Corniche; gravir avec l'ascenseur la colline de Notre-Dame-de-la-Garde, d'où on jouit d'un panorama splendide.

Voir aux environs : château du roi René, la curieuse grotte de la Beaume de Rolland; le château d'If, dans l'île de ce nom; les belles grottes Monnard, à 1 heure de la ville; le sanatorium de Notre-Dame des Anges, etc.

Voir la suite page 59.

CALVADOS

ANCTOVILLE

A 20 kilomètres de Bayeux. Gare de Villers-Bocage, à 6 kilomètres.

Source d'eaux minérales ferrugineuses, gazeuses.

ARROMANCHES-LES-BAINS

A 10 kilomètres de la gare de Bayeux.

Bains de mer très fréquentés. Belle plage. Etablissement de bains de mer chauds.

Voitures publiques pendant la saison.

Excursions : Creully (château féodal) ; château de Fontaines ; abbaye de Fontenelle ; les Rochers.

ASNELLES-LA-BELLE-PLAGE

A 12 kilomètres de la gare de Bayeux.

Bains de mer. Plage magnifique. Etablissement de bains chauds. Hôtels. Voitures publiques.

BENERVILLE

A 16 kilomètres de Pont-l'Evêque. Gares de Blonville, à 1 kilomètre, et de Trouville, à 3 kilomètres.

Bains de mer.

BERNIÈRES-SUR-MER

A 19 kilomètres de Caen. Halte. Gare de Saint-Aubin-sur-Mer, à 2 kilomètres.

Bains de mer. Belle plage.

Voir : église du XIIe siècle avec tour surmontée d'une flèche de 65 mètres.

BEUZEVAL-HOULGATE

Sur la Manche, à 20 kilomètres de Pont-l'Evêque. Gare.

Deux jolies stations balnéaires admirablement situées sur la côte entre Trouville et Dives : Beuzeval et Houlgate, fréquentées, pendant la belle saison, par près de 6,000 étrangers. Au centre d'une vallée magnifique, entre les collines de Caumont et d'Houlgate, couvertes de nombreuses et somptueuses villas. Belles plages. Casino.

Excursions : le Désert, à 5 kilomètres ; les Falaises.

BLONVILLE-SUR-MER

A 13 kilomètres de Pont-l'Evêque. Halte.

Bains de mer. Hôtels. La plage est à 2 kilomètres du village.

BRETTEVILLE

Commune de Boulon. Gare de Bretteville-sur-Laize. Ligne de Caen à Falaise.

Source d'eaux minérales, bicarbonatées, calciques et ferrugineuses, dite « Yvette. »

Voir : église du XIIIe siècle ; ruines du château de Quilly.

BRUCOURT

A 20 kilomètres de Pont-l'Evêque. Gare de Brucourt-Varaville, à 2 kilomètres.

Sources d'eaux minérales, carbonatées, sulfatées calciques, ferrugineuses, magnésiennes, exploitées, dans la vallée de la Dives, à proximité des plages normandes.

CABOURG-SUR-DIVES

Sur la Manche, à 23 kilomètres de Caen, près de l'embouchure de la Dives. Gare.

Devenu à la mode depuis la création de son établissement de bains de mer, Cabourg a pris un accroissement considérable. Beaux hôtels. Vaste casino.

La plage, très unie, est garnie d'un sable fin, sans aucun mélange de gravier.

Voir : église XIVe-XVe siècles (christ, vitraux) ; halles XVIe siècle.

COURSEULES-SUR-MER

A 18 kilomètres de Caen. Gare.

Port sur la Manche. Nombreux parcs d'huîtres. Bains de mer. Plage assez étendue.

Voir : château du XVIIe siècle.

DEAUVILLE-LES-TROUVILLE

En face de Trouville, à 12 kilomètres de Pont-l'Evêque, à l'embouchure de la Toucques. Gare de Trouville-Deauville, à 600 mètres.

Cette station est intimement liée à Trouville. Port maritime. Bains de mer. Casino remarquable. Courses de chevaux. Hôtels. Villas.

GRANDCAMP-LES BAINS

A 31 kilomètres de Bayeux. Gare.

Station balneaire importante, près des rochers fameux de ce nom. Grand commerce de pêche. Station de canot de sauvetage.

Etablissement de bains. Casino. Hôtels.

HERMANVILLE-SUR-MER

A 13 kilomètres de Caen. Gare de la Brèche-d'Hermanville.

Bains de mer.

HONFLEUR

A 16 kilomètres de Pont-l'Evêque. Gare

Ville maritime à l'embouchure et sur la rive gauche de la Seine, bâtie en amphithéâtre dans une jolie situation.

Port très fréquenté, surtout par les navires anglais, américains, russes, allemands, suédois et norvégiens.

Bains de mer. Jardins publics au bord de la mer

Voir : ruines d'un château-fort, maisons du XVIe siècle ; hôtel de ville moderne ; musée ; églises Sainte-Catherine, Saint-Léonard et Saint-Etienne ; chapelle de la Côte-de-Grâce.

Belles promenades dans les environs.

LANGRUNE-SUR-MER

A 17 kilomètres de Caen. Gare

Bains de mer. Hôtels. Chalets.

Vaste plage de sable, varech abondant, bains chargés d'iode.

Voir : église du XIIIe siècle (flèche, chaire).

LE HOME

Commune de Varaville, situé au bord de la mer. Gare.
Station balnéaire. Nombreuses villas. Hôtels. Jolie plage.

LION-SUR-MER

A 14 kilomètres de Caen. Gare.

Trois établissements de bains de mer. Très belle plage. Digue-promenoir.

Hôtels, villas.

Voir : Tour romaine de l'église (XIe siècle), très remarquable ; château du XVIe siècle.

LUC-SUR-MER

A 15 kilomètres de Caen, en face les rochers le Lion. Gare.

Sur la plage, au lieu dit le « Petit Enfer », s'élève un établissement de bains assez fréquenté. C'est à Luc que commence la chaîne des rochers du Calvados, qui se prolongent jusqu'à Port-en-Bessin.

L'église est en partie romaine (voir tour) et son architecture offre des détails intéressants. Casino. Théâtre.

OUISTREHAM

A 14 kilomètres de Caen. Gare.

Ouistreham est le port de Caen auquel le joint un canal maritime qu'on a achevé d'approfondir en 1882.

Bains de mer très fréquentés. Plage de Riva-Bella, une des plus belles de France.

Baie de l'Orne. Sémaphore. Parcs à huîtres.

Voir : magnifique église du XIIe siècle avec curieuse façade.

PORT-EN-BESSIN

A 9 kilomètres de la gare de Bayeux.

Village maritime, petit port de refuge, à deux bassins : le premier formé par une fort belle jetée et le second creusé à la suite pour faire un bassin à flot.

Bains de mer. Pêche de poisson frais. Plage de galets.

ROCQUES

A 3 kilomètres de la gare de Lisieux.

Source d'eaux minérales, bicarbonatées, calciques et ferrugineuses.

SAINT-AUBIN-SUR-MER

A 17 kilomètres de Caen. Gare.

Bains de mer. Plage de sable fin et de varech. Jeu de longue paume. Casino.

Immense terrasse dominant la mer.

SAINT-COME-DE-FRESNÉ

A 11 kilomètres de la gare de Bayeux.

Bains de mer.

SAINT-LAURENT-SUR-MER

A 16 kilomètres de la gare de Bayeux ou du Molay-Littry. Voitures publiques.

Bains de mer. Belle plage, excellentes eaux de source.

SAINTE-HONORINE-DES-PERTES

A 13 kilomètres de la gare de Bayeux.

Bains de mer.

SALLENELLES

A 15 kilomètres de Caen, à l'embouchure de l'Orne. Gare.

Bains de mer. Hôtels.

TOUFFRÉVILLE

A 5 kilomètres de la gare de Troarn. Ligne de Caen à Trouville.

Source d'eaux minérales, bicarbonatées, calciques et ferrugineuses.

TOURGÉVILLE

A 14 kilomètres de Pont-l'Evêque. Halte.

Bains de mer.

TROUVILLE

A 12 kilomètres de Pont-l'Evêque. Gare.

Petit port à l'embouchure de la Seine et de la Touques, en face du Hâvre.

Bâtie au pied d'une haute colline, couverte d'arbres, qui s'abaisse à pic sur la mer formant des rochers que l'on nomme les « Roches Noires », Trouville doit sa renommée et sa prospérité à ses bains de mer très fréquentés où se rendent particulièrement un grand nombre d'Anglais pendant la saison (1er juin au 15 octobre). La plage, aussi belle que sûre, est située sur le plus beau rivage de la Normandie. Jusque sur le bord de la mer, des fourrés de bois entourent les habitations d'un aspect riant.

Magnifique casino, avec salons de jeux, de lecture, de musique, de danse, etc. Deux fois par jour, les bateaux font la traversée de Trouville au Hâvre. Promenades aux environs. Beaux hôtels, superbes villas.

Voir : hôtel de ville, style Louis XIII

VER-SUR-MER

A 15 kilomètres de Bayeux. Gare de Courseulles, à 6 kilomètres.

Station balnéaire à 1,500 mètres de la plage. Hôtels, villas et casino au hameau la Rivière.

VIERVILLE-SUR-MER

A 20 kilomètres de Bayeux. Gare du Molay-Littry, à 16 kilomètres.

Bains de mer. Plage très belle, sable doré, falaises en pente douce.

VILLERS-SUR-MER

A 17 kilomètres de Pont-l'Evêque. Gare.

Etablissement de bains de mer. Belle plage très fréquentée, à 11 kilomètres de Trouville. Casino, hôtels, villas.

Voir : église du XIIe siècle.

Excursions : Trouville-Houlgate, par les Roches-Noires.

VILLERVILLE

A 13 kilomètres de Pont-l'Evêque. Gare de Trouville-Deauville, à 6 kilomètres. Voitures publiques.

Villerville est située sur une falaise coupée à pic vers la mer. On ne peut s'y baigner qu'à mer pleine. Les baraques de bains s'alignent sur une terrasse au-dessous de laquelle on trouve des galets, du sable et des varechs.

Casinos, hôtels, restaurants. Jolies villas.

CANTAL

ALLY

A 11 kilomètres de Mauriac. Gare de Drignac-Ally, à 5 kilomètres.

Eaux ferrugineuses.

CHAMPAGNAC-LES-MINES

A 25 kilomètres de Mauriac. Gare. Ligne d'Eygurande à Mauriac.

Source ferrugineuse.

Voir : ruines du couvent des Templiers de Tildes.

CHAUDESAIGUES

Importante station thermale à [illegible] kilomètres de la gare de Saint-Flour. Service régulier d'autobus.

Eaux salines, thermales, les plus chaudes de France, dont la température s'élève jusqu'à 82 degrés centigrades.

Vingt-cinq sources : une seule ferrugineuse froide.

Maladies cutanées, névrose, paralysie, douleurs rhumatismales, engorgements des articulations et des viscères, ankyloses incomplètes, maladies du cœur, névralgies.

Trois établissements de bains.

Non loin de Saint-Flour, le chemin de fer franchit la vallée de la Truyère, sur le fameux viaduc métallique de Garabit, mesurant 450 mètres de long et 122 mètres de haut.

CHEYLADE

A 31 kilomètres de Murat. Gare de Bort (Corrèze). Ligne d'Eygurande à Aurillac.

Source d'eaux minérales, ferrugineuses, bicarbonatées, froides.

CONDAT-EN-FÉNIERS

A 32 kilomètres de la gare de Bort (Corrèze). Ligne d'Eygurande à Aurillac.

Localité située au confluent de la Rue et du Boujan.

Sources d'eaux minérales et fontaine pétrifiante dans les bois des Gaulis.

Voir : restes de murailles de l'abbaye cirtercienne de Féniers.

COREN

A 7 kilomètres de la gare de Saint-Flour.

Source d'eaux minérales ferrugineuses, dite de « Font-de-Vie », carbonatées, alcalines, chlorurées sodiques.

Eau de table exportée.

FAVEROLLES

A 18 kilomètres de Saint-Flour. Gare de Garaby, à 6 kilomètres, ou de Ruines, à 11 kilomètres.

Source d'eaux minérales de Montchanson, bicarbonatées sodiques, exploitées par une société.

FONTANÈGRE

Source d'eaux minérales ferrugineuses et bicarbonatées froides.

FONT SAINTE

Source d'eaux minérales bicarbonatées, ferrugineuses, froides.

FOUILLOUX

Gare de Murat.

Cette localité, située dans le canton de Murat, possède une source d'eaux minérales bicarbonatées sodiques.

LA BASTIDE

Commune de Chanterelles. Gare du Bort (Corrèze), à 44 kilomètres.

Source d'eaux minérales ferrugineuses, bicarbonatées froides.

LE FAU

A 44 kilomètres de Mauriac. Gare de Loupiac-Saint-Christophe.

Village situé dans la partie centrale du massif montagneux au fond d'un cirque formé par le Puy de Chaverociie, la Roche-Taillade et le Roc-des-Ombres.

Deux sources d'eaux minérales, bicarbonatées sodiques et ferrugineuses froides, gazeuses.

LE LIORAN

Commune de Lavaissière. Gare.

Importante cure d'air, à 1,150 mètres d'altitude.

Le Lioran est le centre de toute une série d'excursions et d'ascensions d'accès assez facile et qui peuvent être faites en une journée, aller et retour.

Plomb du Cantal (1,858 mètres); Puy de Griou (1,694 m.) Puy Mary (1,787 mètres), etc.

MADIC

A 10 kilomètres de la gare de Saignes-Ydes. Ligne d'Eygurande à Aurillac.

Source d'eaux minérales froides, bicarbonatées, ferrugineuses.

MAGNAC

Commune de Sarrus, à 10 kilomètres de Faverolles.
Gares de Garaby ou de Ruines.
Source d'eaux minérales bicarbonatées et ferrugineuses, froides.

MAURIAC

Chef-lieu d'arrondissement. Gare. Ligne d'Eygurande à Aurillac.
Dans une plaine fort élevée entre l'Auze et la Dordogne.
Eaux minérales bicarbonatées alcalines et ferrugineuses à Chambres, au Moulin du Roc et au Pont-d'Auze. Eau de table exportée.
Voir : église Notre-Dame-des-Miracles (XIIe siècle), bâtie en forme de croix latine ; hôtel de ville ; à l'entrée du cimetière, lanterne des morts datant de 1268.
Près Mauriac : ruines celtiques au village d'Albos ; à Roussilhes, tombeau ayant forme humaine.

SAINT-JULIEN-DE-JORDANNE

Gare d'Aurillac, à 24 kilomètres.
Cette station possède des sources d'eaux minérales, exploitées par deux propriétaires.
Ces eaux, bicarbonatées et ferrugineuses, qui s'échappent en forme d'ébullition, se rapprochent beaucoup des eaux de Vals-Saint-Jean, conviennent aux dyspeptiques et sont employées comme eaux de table dans toute la région.

SAINT-MARTIN-VALMEROUX

A 21 kilomètres de Mauriac. Gare de Drugeac, à 9 kilomètres.
Localité située sur la Maronne, dans un site particulièrement remarquable.
Voir : ruines de l'ancien château de Crèvecœur.
Sources d'eaux minérales.

SAINTE-MARIE-DU-CANTAL

A 31 kilomètres de la gare de Saint-Flour et à 8 kilomètres de Chaudesaigues.
Cette station thermale doit sa grande renommée à ses sources froides, gazeuses ; une seule, la plus abondante, est utilisée. Elle est bicarbonatée mixte, ferrugineuse et chlorurée sodique ; une autre est sulfatée calcique, moins gazeuse. Ces eaux sont employées en boisson et efficaces dans la dyspepsie, anémie, chlorose, gravelle.

TEISSIÈRES-LES-BOULIES

A 19 kilomètres de la gare d'Arpajon.

Sources d'eaux minérales naturelles, à Canines et à Teissières; eau de table acidulée très gazeuse, agréable, améliorant le vin sans le décomposer, employée chez convalescents de fièvre typhoïde, inappétence, vomissements, migraines, dyspepsie, anémie.

VIC-SUR-CÈRE

A 16 kilomètres d'Aurillac. Gare. Ligne de Figeac à Arvant.

Chef-lieu du Carladès au moyen âge. La ville a gardé quelque chose de sa physionomie féodale dans la partie haute.

Etablissement thermal, à 1,200 mètres de la ville. Eaux bicarbonatées, sodiques, ferrugineuses, gazeuses, employées comme stomachiques et diurétiques dans les maladies du foie, les gastralgies, la gravelle urinaire, etc.

Casino, jeux, parc.

Ouverture de la saison du 15 juin au 30 septembre.

Voir : restes de fortifications, maisons fortes. L'église est ornée au dehors de sculptures figurant des têtes grimaçantes; maison du prince de Monaco.

Excursions : le chaos, falaises de la Roucalle, de Fallitoux; le Pas de Cère (3 kilomètres), le Pas de Compaing (8 kilomètres), le trou de la Coudre, le tunnel du Lioran (14 kilomètres).

YDES

A 24 kilomètres de Mauriac. Gare de Saignes-Ydes, de Champagnac-les-Mines et de Largnac (dans la commune).

Deux sources d'eaux minérales; l'une est simplement laxative; l'autre, sulfatée, chlorurée, sodique, la plus minéralisée de France; elle est supérieure aux eaux de Carlsbad et de Marienbad et à toutes les eaux purgatives étrangères.

Voir : ruines d'un vieux château.

CHARENTE

ABZAC

A 11 kilomètres de la gare de Confolens.
Trois sources d'eaux minérales chlorurées sodiques froides, dites d' « Availles. »
Maladies traitées : adénopathie, atonie, coxalgie, fièvres intermittentes, anémie.
Établissement thermal. Hôtels.
Voir : château de Fayolle (XVe siècle) et restes du château de Serres, même époque.

BARBEZIEUX

Chef-lieu d'arrondissement. Gare.
Jolie petite ville bâtie en amphithéâtre sur les gradins d'un monticule circulaire, orné à sa base de belles promenades et couronné au sommet d'un château construit au XVe siècle par Marguerite de Larochefoucauld. Vue des plus hautes terrasses de la ville ; elle se présente sous forme d'une immense corbeille coronaire, avec des horizons profonds et des paysages pittoresques.
Source d'eaux minérales de Font-Brune, carbonatées calciques, magnésiennes et ferrugineuses.
Voir : hippodrome ; vieille et belle église Sainte-Mathilde.

CONDÉON

A 8 kilomètres de la gare de Barbezieux.
Source d'eaux minérales carbonatées calciques, magnésiennes et ferrugineuses, appelée la Font-Rouillée.

PASSIRAC

A 3 kilomètres de Brossac et à 13 kilomètres de la gare de Chalais.
Source d'eaux minérales carbonatées calciques, magnésiennes et ferrugineuses.

YVIERS

A 4 kilomètres de la gare de Chalais.
Source d'eaux minérales carbonatées calciques, magnésiennes et ferrugineuses.

Voir la suite page 69.

CHARENTE - INFERIEURE

ANGOULINS

A 8 kilomètres de La Rochelle. Gare. Lignes de Nantes à Bordeaux et de La Rochelle à Fouras.
Bains de mer très fréquentés.

ARCHINGEAY

A 16 kilomètres de Saint-Jean-d'Angély. Gare de Saint-Savinien, à 6 kilomètres.
Source d'eau ferrugineuse.

ARS (ILE DE RÉ)

Petit port. Station de bains de mer, au bord de l'Océan. A 25 kilomètres de la gare de La Rochelle. De cette dernière, tramway à vapeur en correspondance avec le bateau faisant le service entre l'île de Ré et La Rochelle.
Voir église du XIVe siècle.

AYTRÉ

A 4 kilomètres de La Rochelle. Gare. Bains de mer. Salines et marais salants.

CHATELAILLON

Petite localité possédant une magnifique plage sur l'Océan. A 10 kilomètres de La Rochelle. Gare.
Nombreux établissements de bains de mer. Hôtels, villas, chalets. Casino. Excursions aux îles d'Aix, d'Oléron, de Ré.

FOURAS

A 14 kilomètres de Rochefort. Gare.
Trois plages et trois établissements de bains de mer. Cercle et casino dans le Château du Bois-Vert.
Station de pilotes. Lieu d'atterrissage, par la jetée, de la rade de l'île d'Aix et du golfe de Gascogne.

ILE D'AIX

Dépendant du canton de Rochefort. Gare de Fouras.
Bains de mer.

LA COUARDE

Petite ville au centre de l'île de Ré. Gare de La Rochelle, à 40 kilomètres.
Bains de mer sur l'une des plus magnifiques plages de l'Océan.

LA ROCHELLE

Ville maritime, sur l'Océan, chef-lieu du département, à rues larges ; quelques-unes garnies de portiques. Défendue par des fortifications, ouvrage de Vauban.

Bains de mer. Trois établissements, situés près de la promenade du Mail : Bains Chauds ; Bains Louise (femmes) ; Bains du Mail ; Plaza de la Concurrence. Plusieurs plages. Casino entouré d'un superbe parc. Pendant la saison, fêtes, bals, soirées dansantes, concerts, auditions musicales. Gare.

Voir : musée de peinture, musée d'artillerie.

LE BOIS

Ile de Ré. A 22 kilomètres de la gare de La Rochelle. Etablissement de bains de mer. Curiosités et antiquités. Tour Malakoff, dunes, plages magnifiques.

Voir : tombelles et petit musée.

LE CHATEAU

Ile d'Oléron. A 12 kilomètres de Marennes. Gare de Chapus, à 5 kilomètres, avec correspondance par bateau pour Château-Quai.

Petit port formant en quelque sorte la tête de ligne de la nouvelle voie ferrée qui met en communication l'ile avec le continent.

Station balnéaire. Elevage des huîtres de Marennes. Etablissement de la marée du port à 4 heures.

LE PORT-DES-BARQUES

Commune de Saint-Nazaire. Gare de Rochefort, à 12 kilomètres.

Village à l'embouchure de la Charente.

Petite station balnéaire, très remarquable, en face de Fouras. Hôtel. Voitures publiques.

LES MATHES

A 13 kilomètres de Marennes. Gare d'Arvert, à 4 kilomètres.

Bains de mer.

MARSILLY

A 8 kilomètres de la gare de La Rochelle.

Bains de mer. Huîtres et moules.

Voir : oratoire protestant.

MESCHERS-SUR-GIRONDE

A 36 kilomètres de Saintes. Gare de La Traverserie, à 3 kilomètres.

Bains de mer.

Voir : conche de Nonnes et surtout les fameuses cavernes creusées de main d'homme dans la roche friable et blanche, et qui, de temps immémorial, ont servi et servent encore d'habitations.

NIEUL-SUR-MER

A 5 kilomètres de la gare de La Rochelle.

Petit port. Bains de mer. Sels. Parcs d'huîtres et bancs de moules.

Voir : église du XIIIe siècle; abbaye en ruines de Sermaize.

PONS

Jolie petite ville sur la Seugne, à 22 kilomètres de Saintes. Gare.

Source d'eau minérale.

Voir : débris des anciennes fortifications ; vieux château surmonté d'un donjon et converti en hôtel de ville ; beau jardin public ; temple et chapelle romane très jolie, à côté du jardin ; monument d'Edgar Combes.

PORT-DE-BOYARDVILLE

Commune de Saint-Georges-d'Oléron. Gares : Le Chapus ou La Rochelle, correspondant avec la gare du Château-d'Oléron. Service de bateaux.

Dans cette localité existait, autrefois, une école de torpilleurs.

Station balnéaire.

ROCHEFORT-SUR-MER

Ville maritime. Troisième port militaire de France, à 16 kilomètres de l'Océan, sur la Charente. Place forte. Port de commerce important. Quatre bassins. Gare.

L'hôpital de la marine, dit de « Saint-Charles », l'un des plus beaux de l'Europe, renferme un puits artésien d'eaux minérales ferrugineuses et sulfureuses (45°) d'une profondeur de près de 900 mètres.

Voir : Préfecture maritime, arsenal, école de médecine navale, etc.

RONCE-LES-BAINS

A 8 kilomètres de Marennes. Commune et gare de La Tremblade, à 5 kilomètres.

Station de bains de mer au milieu d'une forêt de pins. Etablissement très confortable. Voitures publiques. Belle plage sablonneuse. Parcs à huitres vertes, chasse, pêche. Hôtel, villa.

ROYAN

A 30 kilomètres de Marennes et à 130 kilomètres de Bordeaux. Gare.

Port important sur l'Océan, à l'entrée de la Gironde.

Station de bains de mer très fréquentés. Station d'été et station d'hiver. On s'y rend, par Bordeaux, avec de confortables vapeurs, ou directement par le chemin de fer de l'Etat.

Importante station de pilotage et de pêche. Station du vapeur de sauvetage des naufragés de France. Fort très bien conservé. Etablissement de la marée du port à 4 heures.

Casino Foncillon et Grand Casino Municipal. Phare de Cordouan, au milieu de l'Océan, en vue de Royan.

Pontaillac (commune de Royan) possède une plage magnifique.

SAINT-DENIS

Dans l'île d'Oléron, à 34 kilomètres de Marennes. Gare Château-Quai, à 24 kilomètres. Bateaux à vapeur.

Bains de mer. Station de canot de sauvetage.

Petit port et phare de Chassiron, destiné à éclairer la marche des vaisseaux en plein Océan.

SAINT-GEORGES

Ile d'Oléron. Bains de mer. Gares : Le Chapus ou La Rochelle, correspondant avec la gare du Château-d'Oléron. Service de bateaux.

Distilleries et marais salants.

SAINT-GEORGES-DE-DIDONNE

A 36 kilomètres de Saintes. Gare de Royan, à 4 kilomètres. Tramway à vapeur reliant les deux stations.

Bains de mer très fréquentés.

Villas éparpillées au bord d'une anse harmonieuse et parmi les bois touffus. C'est là que Michelet écrivit ce poème en prose qui a pour titre « La Mer. »

SAINT-MARTIN

Ville maritime (Ile de Ré). Gare de La Rochelle.

Etablissement de la marée du port à 3 kilomètres. Bains de mer ; bains chauds.

Voir : église XIIIe siècle avec porte romane, temple, vieil hôtel des Cadets de la Marine.

SAINT-PALAIS-SUR-MER

A 22 kilomètres de Marennes. Gare de Royan.

Station balnéaire. Tramway à vapeur reliant Royan, Saint-Palais et la Grande-Côte. Casino à la Grande-Côte.

SAINT-TROJAN-LES-BAINS

A 18 kilomètres de Marennes. Gare de Chapus, à 6 kilomètres.

Bains de mer. Forêt de pins. Sanatorium de l'Œuvre des Hôpitaux marins pour le traitement des enfants rachitiques et scrofuleux.

TROIS-CANONS

Commune d'Yves, à 12 kilomètres de Rochefort. Halte du Marouillet, à 3 kilomètres, et gare de Saint-Laurent-de-la-Prée, à 4 kilomètres.

Station de bains de mer.

VAUX

A 25 kilomètres de Marennes. Gare de Royan, à 4 kilomètres.

Bains de mer.

LA BRÉE-LES-BAINS

Ile d'Oléron. Bains de mer. Gare.

Village dépendant de la commune de Saint-Georges, en face le perthuis d'Antioche, où passent les bateaux de pêche, les grands navires qui viennent et vont à la Rochelle, à la Pallice et à Rochefort.

Plage sûre, immense, interminable, un vrai paradis pour les enfants.

Hôtels, appartements meublés.

Voir la suite page 71.

CHER

BOURGES

Chef-lieu de département. Gare.

Ancienne ville gauloise, dont on n'a retrouvé aucun vestige. Les nombreuses sépultures mises au jour dans les environs de Bourges montrent, par leur mobilier funéraire, ce qu'étaient les ustensiles, les armes, les parures, et renseignent ainsi sur les usages et les mœurs des Bituriges.

Voir : musée Cujas, l'un des plus riches de province; restes de remparts romains, dont l'enceinte subsiste encore partout dans ses bases (elle est visible sur plusieurs points notamment sur la place Berry où elle supporte le palais de Jacques Cœur); cathédrale du IXe siècle; lycée. Sous les caves du duc Jean de Berry existent, à l'état de substructions : les ruines d'une fontaine monumentale, qui orna le « Forum » romain et celles d'un grand édifice (basilique ou théâtre); une suite d'arcades qui est à la base de sa façade a été reconnue sur une longueur de près de 100 mètres.

Source d'eaux minérales à Saint-Firmin.

DAMPIERRE-EN-GRAÇAY

A 50 kilomètres de Bourges. Gare de Thénioux, à 10 kilomètres.

Source d'eaux minérales.

DREVANT

Ligne de Saint-Amand à Montluçon. Gare de Saint-Amand-Montrond.

Sources d'eaux minérales. Deux établissements thermaux, dont l'un avec portique corinthien.

Ancienne ville gauloise. Ruines importantes remontant à l'époque romaine, notamment les fondements d'un temple protestant.

Voir : en face du village, sur une colline, camp antique de la Groutte, connu sous le nom d' « Oppidum des Murettes », et les restes d'un immense théâtre.

GRAND-MONT

Commune de Genouilly, à 6 kilomètres de Graçay. Gare de Vierzon.

Source d'eaux minérales.

SAINT-BAUDEL

A 32 kilomètres de Saint-Amand. Gare de Châteauneuf-sur-Cher, à 8 kilomètres.

Source d'eaux minérales.

SAINT-MAROUX

Commune de Lantan. A 8 kilomètres de la gare de Dun-sur-Auron.

Source d'eaux minérales.

CORRÈZE

DONZENAC

Lignes Paris-Montauban-Toulouse et Bordeaux-Brive. Gare.

Source d'eaux minérales sulfureuses, dite des « Saulières », bicarbonatées calciques, ferrugineuses.

Voir : exploitation d'ardoisières, carderie de laines.

SAINT-EXUPÉRY

A 7 kilomètres de la gare d'Ussel.

Source d'eaux minérales.

Voir la suite page 80.

COTE-D'OR

ALISE-SAINTE-REINE

A 12 kilomètres de Semur-en-Auxois Gare des Laumes, à 3 kilomètres.

Cette petite localité, située au milieu de sites ravissants, est célèbre par la procession du martyre de sainte Reine, autrefois retenue en prison à l'abbaye de Flavigny. Au pied du mont Auxois, emplacement de l'antique Alésia de César, où s'élève la belle et monumentale statue de Vercingétorix.

Alise a trois sources renommées : celle de la « Porte », celle des « Dartreux » et celle des « Cordeliers ». Les deux premières alimentent l'hôpital, où se trouve un établissement de bains. Un établissement thermal est annexé à l'hospice ; il est ouvert du 15 mai au 15 octobre.

L'eau de la « Porte » est ferrugineuse ; celle des « Dartreux » est recommandée pour toutes les maladies de la peau. Cette eau est savonneuse et limpide L'eau des « Cordeliers », connue et appréciée depuis le XVIe siècle, est d'une légèreté et d'une pureté incomparable ; des médecins l'ont comparée à de l'eau distillée. Casimir, roi de Pologne, vint, en 1672, demander la guérison à ces eaux favorables à la digestion, à la nutrition et diurétiques.

Voir : musée gallo-romain ; nombreuses antiquités.

CHATILLON-SUR-SEINE

Chef-lieu d'arrondissement. Gare.

Châtillon est un paradis terrestre, une oasis ignorée, un Eden de repos et de villégiature paisible, un idéal pour les constitutions affaiblies et énervées qui ont soif de détente et besoin de tranquillité.

A côté de la source de la Douix, il existe une fontaine ou source des Ducs, qui laisse échapper en abondance une eau lithinée, d'une extrême pureté, et dont l'action sur le rein est des plus salutaires.

Hôtels, appartements et chalets meublés.

Voir : église Sainte-Vorle, style roman ; ancien château (ruines) ; maison du XVIe siècle.

Excursions : vallon de la Chouette.

FIXIN

A 11 kilomètres de Dijon. Gare de Gevrey-Chambertin, à 2 kilomètres.

L'eau minérale ferrugineuse de la fontaine Chaulois passe, dans le pays, pour guérir les obstructions de l'intestin. Source inexploitée.

GRISY

Commune et halte de Saint-Symphorien-de-Marmagne, à 8 kilomètres de Montcenis et à 16 kilomètres d'Autun.

Source dont l'eau a révélé des propriétés médicinales assez importantes; elle se trouve non loin de gisements de radium et d'uranium, dans un terrain marécageux et tourbeux de plus d'un mètre d'épaisseur.

Il est question de créer un établissement thermal à Grizy, dont le site sauvage est des plus attrayants.

MAGNIEN

A 6 kilomètres de la gare d'Arnay-le-Duc.

Source d'eaux minérales, dite « Romaine », chlorurées sodiques et ferrugineuses.

MAIZIÈRES

A 33 kilomètres de Beaune et à 28 kilomètres d'Autun. Gare d'Arnay-le-Duc, à 7 kilomètres.

L'eau de la source « Romaine », chlorurée sodique moyenne, très lithinée, la plus riche en hélium, radioactive, est puissamment diurétique, et convient admirablement pour combattre les coliques hépathiques et néphrétiques, les affections des voies urinaires (reins, vessie); les urines troubles sédimenteuses, graveleuses, qui laissent un dépôt rouge au fond du vase, sont promptement modifiées et redeviennent limpides après quelques semaines ou quelques mois de traitement, selon la gravité ou l'ancienneté de la maladie; c'est pourquoi les graveleux, les goutteux et rhumatisants se trouvent très bien de son usage et voient leurs accès diminuer peu à peu de fréquence et d'intensité. Cette eau est aussi indiquée dans les affections atoniques de l'estomac et de l'intestin (hypochlorhydrie), défaut d'appétit, digestions lentes et pénibles, dyspepsie, gastrite, constipation, anémie, scrofule, engorgements du foie. Ses effets calmants sur le cœur ont été constatés ainsi que son influence favorable sur la tuberculose pulmonaire au début.

Eau de table exportée. Cure d'air.

Etablissement thermal ouvert toute l'année. Saison de mai à septembre.

Voir à Arnay : vieux château des ducs de Bourgogne. Fabrique de limes.

PRÉMEAUX

A 12 kilomètres de Beaune. Gare de Nuits, à 3 kilomètres.

Source d'eaux minérales très renommées, efficaces pour les maladies de la peau, les affections du foie et des intestins.

ROUVRAY

A 24 kilomètres de Semur-en-Auxois. Gare de Sincey-lez-Rouvray, à 1 kilom. 500.

Deux sources d'eaux minérales, exploitées.

SAINT-SEINE-L'ABBAYE

A 26 kilomètres de Dijon. Gare.

Cette localité possède une église, style ogival pur, ancienne abbatiale, très remarquable, et la Porte au Lion.

Le logis abbatial est devenu une propriété privée avec un fort beau parc, arrosé par des eaux abondantes et pures qui alimentaient un établissement hydrothérapique, actuellement inexploité.

Cet établissement eut son heure de renommée, une reine de Hollande vint y suivre un traitement. On pourrait, à peu de frais, le faire revivre et lui amener une clientèle assurée par la proximité de Dijon, et la facilité des communications avec cette ville, y installer un hôtel-pension où l'on ferait à la fois cure d'eau et cure d'air.

Excursions : Sources de la Seine et de l'Ignon (10 kilom.)

SANTENAY-LES-BAINS

A 19 kilomètres de Beaune. Gare.

Petite ville située au pied de l'admirable vallée de la Dheune, à l'extrémité méridionale de la célèbre Côte-d'Or. Tout ce qu'on demande à la campagne : forêts, montagnes, prairies, rivières, sources, cascades, horizons larges, promenades pittoresques, souvenirs archéologiques, vignes aux vins fameux, cultures variées, Santenay le possède. Complètement abritée des vents du nord, cette station jouit d'un climat parfait. Les étés sont généralement secs ; les grandes chaleurs sont tempérées par la brise qui court entre le canal du Centre et la rivière la Dheune. Du mont de Sène (600 mètres d'altitude), on a un panorama merveilleux sur la Côte-d'Or, les vallées de Dheune et de la Saône, la Bresse, le Jura, les Alpes, le Morvan, etc.

Santenay possède quatre sources, dont l'une la « Fontaine salée », était déjà grandement exploitée du temps des Romains ; elle jaillit au fond d'un vallon. La source « Lithium » et la source « Carnot » jaillissent plus haut, là où l'on a retrouvé les vestiges d'une ville romaine.

Les eaux de Santenay, chlorurées sodiques, sulfatées et richement lithinées, sont souveraines dans l'atonie gastro-intestinale, les engorgements du foie (bile, coliques hépatiques), dans la goutte, l'obésité, le rhumatisme chronique, l'eczéma, le diabète et l'anémie coloniale. Eau de table exportée, ayant quelque analogie avec celle de Hombourg ou Karlsbad. Buvettes.

Vue splendide, panorama du camp préhistorique de Chassey. Fêtes, nombreuses distractions. Casino. Jeux, salle de lecture, salle de bal. Hôtels. Kursaal. Parcs magnifiques.

Service de voitures de Chagny à Santenay et 20 trains par jour (6 minutes de trajet).

COTES-DU-NORD

BINIC

A 12 kilomètres de la gare de Saint-Brieuc. Voitures publiques.

Petit port sur la Manche, dont tous les habitants sont marins ou pêcheurs.

Bains de mer. Bateaux à vapeur tous les lundis pour Guernesey. Établissement de bains.

Plage sûre et bien abritée, formée de sable mélangé de tangue.

Voir : ruines de forts, vestiges de vieilles constructions romaines.

CREHEN

A 16 kilomètres de Dinan. Gare de Plancoët, à 3 kilom. Bains de mer.

DINAN

Chef-lieu d'arrondissement. Gare.

A l'embouchure du canal d'Ille-et-Rance, à 36 kilomètres de Saint-Malo, avec lequel son port communique par le flux et le reflux. Bateaux entre Saint-Malo et Dinan pendant la saison d'été.

Remparts, en grande partie conservés, couverts de jardins particuliers et entourés de boulevards percés de trois portes, dont la plus curieuse est celle de Jerzual.

Voir : le château, faisant partie des fortifications ; églises Saint-Malo et Saint-Sauveur, remarquables par leur architecture ; tour de l'Horloge (xve siècle) ; plusieurs couvents ou monastères qui ont changé de destination ; maisons du Moyen âge. Place et statue de Du Guesclin. Beau viaduc sur la Rance.

A 2 kilomètres, source d'eaux minérales bicarbonatées sodiques et ferrugineuses froides. Buvette. Promenade plantée d'arbres, dans un site ravissant.

ERQUY

Port de mer, à 35 kilomètres de Saint-Brieuc. Gare de Lamballe, à 21 kilomètres.

Station balnéaire très fréquentée. Hôtels.

Ancienne cité gallo-romaine dont on retrouve encore des vestiges. Plage du bourg et de Carou.

A visiter le beau sémaphore de « Tu-es-Roc. »

ÉTABLES

A 16 kilomètres de la gare de Saint-Brieuc.
Bains de mer.

HILLION

A 12 kilomètres de Saint-Brieuc. Gare d'Yffiniac, à 5 kilomètres).

Bains de mer.

ILE DE BREHAT

A 40 kilomètres de Saint-Brieuc. Gare de Paimpol, à 8 kilomètres, dont 4 par mer.

Station balnéaire. Hôtels. Bateaux à vapeur de Pontrieux par Lezardrieux.

KERITY

A 40 kilomètres de Saint-Brieuc. Gare de Paimpol, à 3 kilomètres.

Bains de mer. Hôtels.

LA GARDE-SAINT-CAST

A 28 kilomètres de Dinan. Gare de Plancoët, à 12 kilom.

Station balnéaire importante. Bataille contre les Anglais en 1758; belle colonne en granit érigée en 1858.

Hôtels. Voitures publiques.

LAMBALLE

A 20 kilomètres de Saint-Brieuc. Gare.

Ancienne capitale du duché de Penthièvre, divisée en deux quartiers : l'un à la base, l'autre sur la pente d'une colline qui domine la chapelle d'une forteresse démolie. La porte Saint-Martin est le seul reste de ses fortifications. Son collège est établi dans les dépendances du vieux château.

Voir : églises Saint-Martin, Saint-Jean et Notre-Dame. Cette dernière est surmontée d'une tour carrée dominant un paysage délicieux.

Source d'eaux minérales à la Guevrière, près de Lamballe.

LANCIEUX

Sur le bord de la mer, à 22 kilomètres de Dinan. Gare de Pleurtuit, à 7 kilomètres.

Bains de mer. Hôtels.

Plage bien abritée par de hauts rochers.

LANLOUP

A 30 kilomètres de la gare de Saint-Brieuc.

Bains de mer.

LANMODEZ

A 32 kilomètres de Lannion. Gare de Belle-Isle-Begard, à 32 kilomètres.

Bains de mer.

LANNION

Chef-lieu d'arrondissement. Gare.

Jolie ville située avantageusement pour le commerce, sur le Guer, où elle a un pont d'un accès facile, peu éloigné de l'Océan.

Source d'eaux minérales.

Voir : vieilles maisons ; église des XVIe-XVIIe siècles (autels) ; église de Brélévenez des XIIe, XVe, XVIe siècles.

Excursions : vallée du Léguer ; château de Coëtfrec, de Kergrist, etc.

Voitures publiques pour Tréguier, Paimpol et Perros-Guirec.

LE VAL-ANDRE

Commune de Pléneuf, près du havre de Dahouët, à 26 kilomètres de Saint-Brieuc. Gare de Lamballe, à 14 kilomètres. Voitures publiques.

Charmante station balnéaire. La plage, formée de sable fin, mêlé de débris de coquillages et de galet, est abritée par la haute falaise de Château-Tanguy, du sommet de laquelle on découvre un superbe panorama.

Casino. Hôtels, villas, cabines.

Voir à Pléneuf : manoir et grotte de Ville-Berneuf ; châteaux de Nantois et du Cloître ; deux tumulus.

L'ILE-GRANDE

Commune de Pleumeur-Bodou, sur le bord de la Manche, à 12 kilomètres de la gare de Lannion.

Bains de mer. Pêche de crevettes, homards, etc.

LOUANNEC

A 8 kilomètres de la gare de Lannion.

Bains de mer

PAIMPOL

A 42 kilomètres de Saint-Brieuc. Gare.

Ville ancienne et curieuse à visiter. Il n'existe pas de plage ; les bains se prennent dans plusieurs petites criques sablonneuses. Population de marins, qui compte au premier rang dans les expéditions dangereuses, lancées sur les côtes d'Islande pour la pêche de la morue. Pierre Loti, dans son livre *Pêcheur d'Islande* et la chanson populaire *La Paimpolaise* l'ont, du reste, immortalisée.

Port sûr et commode sur la Manche. Chantiers pour construction de navires. Hôtels.

Voir : curieuse église.

PENVENAN

A 17 kilomètres de la gare de Lannion (par gare Pontrieux). Omnibus ou tramways.

Station balnéaire du Port-Blanc. Hôtels.

Deux plages. Aux villages des Grottes, nombreuses et jolies villas.

PERROS-GUIREC

A 10 kilomètres de la gare de Lannion. Voitures publiques.

Station de bains de mer à Trestaou et à Trestignac, deux plages situées à 2 kilomètres, en face le groupe des Sept-Iles.

Port abritant toute une flottille de barques de pêche. Sémaphore. Hôtels.

Voir : rochers, pierres tremblantes et phare de Ploumanac'h.

PLEHEREL

A 39 kilomètres de Dinan. Gare de Plancoët, à 22 kilomètres.

Bains de mer.

PLESTIN-LES-GRÈVES

A 18 kilomètres de Lannion. Gare de Plouaret, à 10 kilomètres. Voitures publiques.

Station balnéaire recherchée sur la baie de Saint-Michel, dont la plage se confond avec celle de Saint-Efflam. Hôtels.

PLÉVENON

A 42 kilomètres de Dinan. Gare de Landébia, à 20 kilomètres.

Bains de mer. Syndicat maritime.

PLOUÉZEC

A 38 kilomètres de Saint-Brieuc. Gare de Paimpol, à 4 kilomètres.

Bains de mer. Hôtels.

PLOUHA

A 25 kilomètres de la gare de Saint-Brieuc (par gare de Châtelaudren).

Bains de mer. Hôtels

Voir : chapelle du XIIIe siècle renfermant des peintures murales qui représentent une danse des morts que l'on peut regarder, à juste titre, comme un monument unique en France

SAINT-BRIEUC

Chef-lieu de département. Gare.

Ville maritime, sur un plateau à 1 kilomètre du Gouet et à 6 kilomètres de son embouchure, dans l'anse de la pointe à l'Aigle, dans la mer de la Manche. Le port, qu'on nomme le Légué, est situé à 1 kilomètre de la ville ; il est sûr, d'un abord assez difficile et bordé de beaux quais. On y arme des navires pour Terre-Neuve et le petit cabotage.

Bains de mer.

Voir : cathédrale, dont quelques parties sont du XIIIe siècle ; préfecture, hôtel de ville, maisons curieuses des XVe et XVIe siècles, entre autres l'hôtel des ducs de Bretagne et l'hôtel de Rohan. Dans les environs, tour de Cesson, dernier vestige d'un château-fort détruit en 1598.

SAINT-JACUT-DE-LA-MER

Anciennement appelé Landouart, à 20 kilomètres de Dinan. Gare de Plancoët, à 12 kilomètres. Voitures publiques.

Station importante de bains de mer. Grande pêche de maquereau et autres poissons. Abbaye recevant des voyageurs pendant la saison des bains. Parcs à huîtres. Hôtels.

SAINT-MICHEL-EN-GRÈVE

A 11 kilomètres de la gare de Lannion.

Bains de mer. Belle plage très fréquentée. Hôtels.

SAINT-QUAY

A 20 kilomètres de la gare de Saint-Brieuc. Voitures publiques.

Bains de mer. Villas. Plages nombreuses.

Voir : beaux rochers dominant la mer.

Portrieux (commune de Saint-Quay), petite ville maritime. Bains de mer fréquentés. Nombreux hôtels.

TRÉBEURDEN

A 10 kilomètres de la gare de Lannion.

Bains de mer. Hôtels. Pêche de homards, langoustes, etc.

TRÉGASTEL

A 12 kilomètres de la gare de Lannion. Voitures publiques.

Grand établissement balnéaire au village de Sainte-Anne. La plage est une sorte de piscine creusée au fond d'une anse entourée d'un cordon de rochers fantastiques, au-dessous desquels se trouvent des chambres ou grottes naturelles ; grèves magnifiques.

Villas, hôtels.

TRÉGUIER

A 19 kilomètres de Lannion. Gare de Pontrieux, à 16 kilomètres. Jolie petite ville de 2,644 habitants possédant une source d'eaux minérales.

Voir : ancienne cathédrale, XIVe-XVe siècles (cloître, tombeau, stalles, lutrin, autel). Statue de Renan.

TRÉVENEUC

A 22 kilomètres de la gare de Saint-Brieuc.
Bains de mer.

TRÉVRON

A 9 kilomètres de Dinar. Halte.

Gare de Le Hinglé (à 2 kilomètres). Ligne de Dinar-Saint-Enogat à Paris.

Source d'eaux minérales.

CREUSE

EVAUX-LES-BAINS

A 42 kilomètres d'Aubusson. Gare. Ligne de Montluçon à Eygurande.

Sur un petit affluent de la Tardes.

Eaux salines chaudes, très renommées. Guérison de l'arthritisme sous toutes ses formes, rhumatismes, goutte, gravelle et maladies des femmes. Trois établissements.

Dix-huit sources d'eaux sulfatées sodiques et ferrugineuses. Anciens thermes romains.

Voir : viaduc de Tardes, château de Salvert et ruines du château de la Roche-Aynton.

Aux environs, succession de vallons et de ravins fort pittoresques.

DEUX-SÈVRES

BILAZAIS

A 41 kilomètres de **Bressuire. Gare** de Pas-de-Jeu, à 7 kilomètres.

Source d'eaux minérales sulfureuses, carbonatées calciques.

Etablissement de bains.

DORDOGNE

BARDICALET

Commune de Maurens, à 12 kilomètres de Bergerac. Gare. Ligne de Bergerac à Mussidan.

Source d'eaux minérales et ferrugineuses, exploitée.

FONTAINE-CORDELIÈRE

Dépendant de la commune de Saint-Laurent-sur-Manoire, à 8 kilomètres de Périgueux. Gare de Niversac.

Source d'eaux minérales. Ruines romaines.

LA BACHELLERIE

A 38 kilomètres de Sarlat. Gare, à 1 kilomètre.

Sources d'eaux minérales.

Voir : château moderne de Rastignac et curieuses roches dans les environs.

SAINT-CYPRIEN

Ville à 19 kilomètres de Sarlat. Gare. Ligne du Buisson à Saint-Denis-Près-Martel.

Eaux minérales naturelles et boues. Source de Panassou. Hôtels, maisons, villas.

Voir : ancienne abbaye, restes du monastère de Reignac; château de Fages.

A visiter, non loin de Saint-Cyprien, la belle grotte de Cro-Magnon, où habita " l'homme préhistorique".

DOUBS

BESANÇON-LES-BAINS

Chef-lieu de département Gare.

Place forte défendue par les forts de Chailluz, Châtillon, Benoît, Rolland-Monfaucon, Planoise, Monts-Boucons, la Justice, etc.

Située en amphithéâtre sur le Doubs qui l'environne de toutes parts, cette ville avait déjà une grande importance au temps des Romains.

Voir : palais Franvelle, palais de Justice, arsenal, lycée, cathédrale, préfecture, musées, école de médecine Statues du général Pajol ; marquis de Jouffroy, inventeur de la navigation à vapeur. Fabriques d'horlogerie, etc.

Bains salins de la Mouillère, ouverts toute l'année. Etablissement thermal.

Source salée de Miserey, chlorurée, sodique, forte, iodo-bromurée ; 60 cabines de bains très confortables. Installation hydrothérapique pour les deux sexes, bains russes, bains de vapeur ; électrothérapie ; aérothérapie ; massage médical ; anémie, chlorose, troubles de la menstruation, lymphatisme, débilités, scrofule, métrites, névroses, paralysie, rhumatisme, goutte atonique, rachitisme, obésité.

Grand casino, restaurant-café, théâtre, cercle.

Excursions aux environs et dans le Doubs.

GUILLON-LES-BAINS

Village sur le Cuisancin. Gare de Beaume-les-Dames, à 9 kilomètres.

Etablissement d'eaux minérales sulfureuses, chlorurées sodiques : anémie, affections catarrhales des voies respiratoires et digestives, maladies de la peau. Source ferrugineuse. Rivière, bois, excursions. Parc. Pêche, canotage, tennis, jeux de jardin. Ecaux-mères de la saline de Miserey à Besançon.

JOUGNE

A 10 kilomètres de Pontarlier. Gare des Hôpitaux-Jougne, à 2 kilomètres.

Cure d'air. Site très pittoresque, station très recherchée des touristes pendant l'été. Promenades variées sur les montagnes environnantes : le Suchet, le Mont-d'Or, l'Aiguille de Baulmes, la vallée de Joux, etc.

Altitude 950 mètres. Grandes forêts de sapins.

DROME

AUREL

A 18 kilomètres de Die. Gare de Vercheny, à 8 kilomètres.

Source d'eaux minérales exploitées de Bourdeyre, dans la vallée de Colombe, bicarbonatées calciques, gazeuses, froides.

BEAUMES-LES-BAINS

A 1 kil. 500 de la gare de Valence.

Etablissement ouvert toute l'année.

Fours résineux, hydrothérapie. Maladies traitées : rhumatismes, goutte, névralgie, maladies nerveuses. Villégiature, eau exquise, vélodrome.

BONDONNEAU

Commune d'Allan, à 3 kilomètres de la gare de Montélimar.

Etablissement thermal. Eaux froides gazeuses carbonatées calciques et magnésiennes : maladies constitutionnelles, obésité, cancers, affections cutanées, induration des articulations, fièvres, scrofule, syphilis, tumeurs, goitres.

CONDILLAC

A 15 kilomètres de Montélimar. Gare de Lachamp-Condillac, à 4 kilomètres.

Eaux minérales froides gazeuses carbonatées calciques, utilisées comme eau de table. Efficaces pour les estomacs faibles, fièvre typhoïde, embarras gastriques.

Voir : tour antique de Lène et vieux château orné de fresques.

CONDORCET

A 9 kilomètres de la gare de Nyons.

Sources d'eaux minérales bicarbonatées calciques gazeuses, froides.

DIEULEFIT

A 28 kilomètres de Montélimar. Gare.

Etablissement de bains thérébenthinés. Bibliothèques populaires. Hôtels, voitures publiques. La ville est éclairée à la lumière électrique.

Fabriques de draps.

LUC-EN-DIOIS

A 18 kilomètres de Die. Gare.

Deux sources d'eaux minérales bicarbonatées calciques gazeuses, froides.

Voir : antiquités romaines ; fort ruiné et digue de Claps, formée au XVe siècle par un éboulement.

Beau viaduc sur la Drôme.

MONTBRUN-LES-BAINS

A 53 kilomètres de Nyons. Gare de Carpentras (Vaucluse), à 55 kilomètres.

Eaux sulfureuses froides : maladies des voies respiratoires, scrofules, dermatoses, affections rhumatismales.

Superbe établissement thermal dans un parc de 5 hectares. Hôtels.

Voir : belles ruines du château de Dupuy-Montbrun. Carrières de plâtre.

MUREILS

A 42 kilomètres de Valence. Station de tramways à vapeur et gare de Saint-Vallier, à 12 kilomètres.

Source d'eaux minérales carbonatées calciques et ferrugineuses.

NYONS

Chef-lieu d'arrondissement. Ville très ancienne, à 90 kilomètres de Valence.

Source d'eau ferrugineuse et magnésienne.

Commerce très important de truffes, essences, olives vertes et noires, fruits ; poterie, huile d'olive ; mine de lignite.

PONT-DE-BARRET

A 22 kilomètres de Montélimar. Gare de la Bégude-de-Mazenc, à 10 kilomètres.

Sources d'eaux minérales dans le massif montagneux de Dieu-le-Fit, bicarbonatées calciques ferrugineuses, froides, souveraines dans gravelle, dyspepsie, gastralgie.

POYOLS

A 20 kilomètres de Die. Gare de Luc-en-Diois, à 4 kilomètres.

Village bâti sur les bords de la Béoux, au pied d'une roche de 1,525 mètres.

Source d'eaux minérales chlorurées sodiques ; elle prend naissance dans la région montagneuse de Die.

PROPRIAC

A 25 kilomètres de la gare de Nyons.
Deux sources, bicarbonatées, sulfatées et chlorurées sodiques, froides : l'une, la Française, se recommande dans névroses, scrofule, anémie, affections articulaires, système nerveux, parésies, affections de l'utérus ; l'autre, Daniel, dans le rhumatisme, cystite, sciatique, catarrhe vésical, coliques néphrétiques, gravelle, affections du foie et des reins.
Établissement thermal.
Voitures publiques pendant la saison des eaux.

ROMEYER

A 5 kilomètres de la gare de Die.
Source d'eau sulfureuse.

SAINT-NAZAIRE-EN-ROYANS

A 33 kilomètres de Valence. Gare de Saint-Hilaire-Saint-Nazaire.
Grottes très célèbres et très bien conservées, visitées chaque année par de nombreux étrangers.

HOTELS

Voir la suite page 89.

EURE

AIZIER

A 14 kilomètres de la gare de Pont-Audemer.
Sources d'eaux minérales ferrugineuses, exploitées par deux propriétaires.

BEAUMONT-LE-ROGER

Gare. Ligne de Cherbourg à Paris.
Source d'eaux minérales.
Voir : riche église Saint-Nicolas et les très curieux vestiges de l'abbaye de la Trinité ; ruines d'un ancien château-fort bâti, en 1040, par Roger des Vieilles, et démantelé par Duguesclin en 1378.

CONCHES

A 18 kilomètres d'Evreux. Gare.
Cette localité, dominée par un pittoresque donjon féodal en ruines, possède une belle et très riche église de la Renaissance (monument historique), dotée de magnifiques verrières et d'une flèche élancée Importants hauts-fourneaux. Près de là, on voit les vestiges d'une abbaye bénédictine.
Au *Vieux-Conches*, source d'eaux minérales.

LE MESNIL-SUR-L'ESTRÉE

A 35 kilomètres d'Evreux. Gare de Saint-Germain-Saint-Rémy, à 4 kilomètres.
Source d'eau minérale nitrée, apéritive et digestive, du Prieuré d'Heudreville, recommandée dans les affections des voies urinaires, gravelle, goutte, rhumatismes.

LE NEUBOURG

A 22 kilomètres de Louviers Gare.
Localité située au milieu d'un plateau.
Source d'eaux minérales naturelles
Voir : église gothique et château historique. Statue de Dupont de l'Eure sur la place.

LE VIEIL-EVREUX

A 7 kilomètres de la gare d'Evreux.
Autrefois, importante station romaine, dont on a mis à jour des substructions avec théâtre, bains et aqueduc.

EURE-ET-LOIR

CHARTRES

Chef-lieu de département. Gare.

Jolie ville divisée en deux parties : haute et basse ville. Une partie est bâtie sur la colline. La partie principale de le ville est à l'extrémité d'un plateau (plaine de la Beauce). On a profité d'une partie des anciens remparts pour en faire de belles promenades.

Chartres a conservé son aspect du Moyen âge, elle a plusieurs faubourgs, dont le plus important est celui de Saint-Brice.

Source d'eaux minérales.

Voir : cathédrale du xe siècle, chef-d'œuvre du style gothique, ayant 144 mètres de longueur sur 35 mètres de hauteur ; l'église souterraine n'a pas moins d'étendue que l'église haute, l'un des clochers est d'une hardiesse prodigieuse et est remarquable par la richesse et la délicatesse de ses ornements. Préfecture, théâtre moderne, la porte Guillaume, flanquée de deux tours. Statue de Marceau.

LA FERTÉ-VIDAME

Gare. Ligne d'Evreux à La Loupe.

Localité située près de la forêt de ce nom.

Source d'eaux minérales.

Voir : église du XVIIe siècle ; ruines d'un château-fort et d'un château du XVIIIe siècle Château moderne entouré d'un beau parc

Voir la suite page 97.

FINISTÈRE

ANSE-DE-BERTHEAUME

Commune de Plougonvelin, à 19 kilomètres de la gare de Brest.

Bains de mer.

AUDIERNE

Petite ville maritime, à 40 kilomètres de Quimper. Gare.

Assez joli port.

Bains de mer. Station de canot de sauvetage. Plage de Raoulic, ruines du château de Kermabon. Excursion à la Pointe de Raz, 10 kilomètres. Hôtels. Restaurants.

BÉNODET

A 16 kilomètres de Quimper. Gare de Tréméoc, à 8 kilomètres.

Bains de mer. Plage de sable encadrée de rochers. Jolis costumes, jolis types. On comprend le goût de Lucien Simon pour ce petit coin.

Excursion à Sainte-Marine par bac.

BREST

Chef-lieu d'arrondissement. Gare.

Grande et forte ville maritime située sur le bord d'une superbe rade, formée par l'Océan, et sur le Penfeld, qui se divise en deux parties : Recouvrance, réuni en 1680, et Brest proprement dit. La rade, une des plus belles et des plus sûres du monde, n'a qu'une étroite passe, le Goulet, défendue par le fort Bertheaume.

Port militaire où se font les grands armements de France.

Bains de mer. Pêche de la sardine, maquereau, etc. Excursions.

Voir : Pont tournant, d'une hardiesse excessive. Le château avec ses cinq tours énormes, aussi remarquable par sa force et son imprenable position que par les souvenirs qui s'y rattachent ; c'est aujourd'hui une fort belle place d'armes. Le cours d'Ajot, les quais, le théâtre, l'arsenal.

BRIGNOGAN

Ligne de l'Ouest et départementaux du Finistère. Gare.

Belle plage de sable fin. On remarque dans les environs de nombreux dolmens et pierres tremblantes.

CAMARET-SUR-MER

Petite ville maritime, à 44 kilomètres de Châteaulin. Gare de Brest, à 12 kilomètres.

Bains de mer. Traversée par bateaux à vapeur de Brest pour Le Fret et Quélern tous les jours, excepté le jeudi. Voitures du Fret à Camaret-sur-Mer. Port de refuge. Station de canot de sauvetage. Construction de bateaux.

CARANTEC

A 14 kilomètres de Morlaix. Gare de Taulé, à 8 kilomètres. Bains de mer; magnifiques plages de sables; hôtels et pensions; voitures à volonté. Construction de navires.

CONCARNEAU

A 23 kilomètres de Quimper et à l'entrée de la baie de La Forest. Gare.

Port où se font de très importants armements pour la pêche de la sardine.

Station de bains de mer. Plage de sable fin couvert de goëmon. Hôtels, restaurants.

Pays remarquablement riche, boisé, planté, luxuriant de verdure et de fruits.

Voir : la Ville-Close, vieille ville fortifiée, crénelée, entourée d'eaux de toutes parts, et ne communiquant avec la terre et le reste de la ville que par un pont-levis. Bel établissement de pisciculture dans un superbe parc.

Tout près de Concarneau : ombrages frais d'un bois de châtaigniers; landes d'ajoncs gigantesques, particulièrement garnies de menhirs, dolmens et cromlechs. L'une de ces pierres, la « Pierre tremblante de Trégunc », est célèbre par le souvenir de sa terrible légende.

CROZON-MORGAT

A 34 kilomètres de la gare de Châteaulin. Voitures publiques.

Presqu'île située sur la baie de Douarnenez, communiquant avec le port du Fret sur la rade de Brest et le port de Morgat et entourée de monuments druidiques.

Plage de Morgat, à 1,500 mètres, en face la baie de Douarnenez, attirant de nombreux baigneurs. Belles grottes. Casino.

Excursions : cap de la Chèvre et, à l'extrémité, sémaphore. Grottes. Pointes de Dinant, Pen-Hir et Tas de Pois. Château de Dinant.

DOUARNENEZ

A 22 kilomètres de Quimper. Gare.

Port de mer où les armements pour la pêche à la sardine se font sur la plus vaste échelle.

Bains de mer. Station de canot de sauvetage. Plusieurs plages de 1 à 3 kilomètres de la ville.

Voir : « Pardon » célèbre; tombeau de Laennec; pont de 30 mètres de haut qui relie la ville à la gare.

FOUESNANT

A 15 kilomètres de la gare de Quimper.

Bains de mer. Station de canot de sauvetage, aux îles Glénans. Plage de Cap-Coz.

Beg-Meil (commune de Fouesnant), à 6 kilomètres.

Station de bains de mer voisine de Quimper. Sémaphore. Plage séduisante. Vue de l'anse de la Forêt. Hôtel.

QUILVINEC

Gare de Quimper, à 24 kilomètres, et Pont-l'Abbé, à 11 kilomètres. Voitures publiques.

Petit port de pêche. Plage attirant des baigneurs. Logements. Vie simple et modeste.

QUISSÉNY

A 32 kilomètres de Brest. Gare de Lannilis, à 14 kilom. Bains de mer. Restaurants

ILE DE BATZ

Située dans la Manche, à 25 kilomètres de Morlaix Gare de Roscoff, à 3 kilomètres.

Bains de mer Plusieurs plages, en face la pointe de Roscoff. Hôtel. Sémaphore.

ILE DE SEINS

A 65 kilomètres de Quimper Gare d'Audierne, à 20 kilom. Un des plus célèbres sanctuaires druidiques.

Bains de mer Station de canot de sauvetage. Il existe à Plogoff un étroit escalier taillé dans le roc, qui sert aux Iliens de Seins quand, par exception, ils vont à terre.

KERFANY

Commune de Moëlan, à 8 kilomètres de la gare de Quimperlé.

Bains de mer.

KERLOUAN

Gare de Plouénour-Trez, à 4 kilomètres. Ligne de Landerneau à Brigognan.

Source d'eaux minérales sulfurées, iodo-chlorurées sodiques, provenant des infiltrations de la mer; elle émerge au lieu dit « le Louch-an-Dreft. »

KERMARIA

Commune de Plougasnou. Sur la presqu'île de Tudy. Gare de Morlaix, à 16 kilomètres.

Bains de mer. Plage magnifique. Villas. Sémaphore de la Pointe-de-Primel, à 2 kilcmètres.

LA FOREST

A 15 kilomètres de Brest. Halte. Gare de Landerneau, à 6 kilomètres.

La Forest, ainsi nommée d'une ancienne forêt engloutie par les eaux et dont les restes se retrouvent à marée basse, sous le sable des plages.

Bains de mer.

En face, et au large, se trouvent les îles des Glénans.

LA FORÊT

A 14 kilomètres de Quimper. Gare de La Boissière, à 8 kilomètres.

Bains de mer. Joli site.

Excursions : moulin du Chef-de-Bois, où l'on se croirait en pays de montagne. Vallon d'herbe fine, fraîche et veloutée comme celle d'une alpe ; amphithéâtre, boisé d'arbres centenaires avec cascade bouillonnante.

LANDÉVENNEC

A 33 kilomètres de Châteaulin. Gare de Quimerch, à 14 kilomètres.

Bains de mer. Escale du bateau à vapeur de Brest à Châteaulin (trois fois par semaine).

LANDUNVEZ

A 29 kilomètres de Brest. Gare de Plourin-Ploudalmézeau, à 6 kilomètres.

Bains de mer.

LANILDUT

A 27 kilomètres de Brest. Gare de Plourin, à 7 kilom. Bains de mer. Construction de bateaux. Hôtel.

LANVEOC

A 35 kilomètres de la gare de Châteaulin. Gare de Brest, à 10 kilomètres par mer.

Bains de mer. Hôtel

LE CONQUET

A 22 kilomètres de Brest. Gare de Saint-Renan, à 15 kilomètres.

Belle plage pour bains de mer. Service par bateau à vapeur entre Le Conquet et les îles Molène et Ouessant. Station de canot de sauvetage. Hôtels, voitures publiques.

Voir : église récemment construite, qui renferme le tombeau du missionnaire Michel Le Nobletz. Nombreux monuments mégalithiques dans la presqu'île de Kermovan.

LE FAOU

A 19 kilomètres de Châteaulin. Gare de Quimerch, à 7 kilomètres.

Au fond de la rade de Brest. Petit port où le mouvement maritime est assez actif.

Bains de mer. Voitures publiques.

LE POULDU

Commune de Clohars-Carnoët, à 10 kilomètres de la gare de Quimperlé.

Station de bains de mer, située à l'embouchure de l'Ellé. Très belle plage, qui se confond avec celle des Grands Sables, de Clohars-Carnoët.

L'ILE-TUDY

A 23 kilomètres de Quimper. Gare de Pont-l'Abbé, à 6 kilomètres. Voitures publiques jusqu'à Loctudy, où l'on passe la rivière en bac.

Bains de mer. La plage, de sable fin, est à 500 mètres.

LOCQUENOLÉ

A 6 kilomètres de Morlaix. Gare de Taule, à 4 kilomètres. Bains de mer.

LOCQUIREC

A 22 kilomètres de la gare de Morlaix. Bains de mer. Hôtels.

LOCTUDY

A 23 kilomètres de Quimper. Gare de Pont-l'Abbé, à 6 kilomètres. Voitures publiques.

Bains de mer. Plages de la Calle et de Langoz.

NÉVEZ

A 25 kilomètres de la gare de Quimperlé. Bains de mer. Hôtels.

PENMARCH

A 28 kilomètres de Quimper. Gare de Pont-l'Abbé, à 10 kilomètres.

Ville autrefois rivale de Nantes, située sur un promontoire qu'assiègent les flots. Restes de ses six églises; sauf celle du bourg qui est conservée, les autres n'offrent que des ruines; une partie des ruines des églises Saint-Fiacre et N.-D.-de-la-Joie a été transformée en chapelle.

Bains de mer. Hôtels.

Kérity (commune de Penmarch). Bains de mer. Station de canot de sauvetage.

Saint-Guénolé (commune de Penmarch). Bains de mer.

PLOGOFF

A 48 kilomètres de Quimper. Gare d'Audierne, à 10 kilomètres.

Bains de mer. Phare.

Localité célèbre par le gouffre nommé « l'Enfer de

Plogoff ». La tradition y met l'emplacement de la ville légendaire d'Is. Ce gouffre est en forme d'entonnoir, où la mer s'engage et gronde avec de sourdes détonations, jusqu'à la paroi abrupte d'où l'on voit, en se penchant, le jour et la mer de l'autre côté d'une fissure qui perce comme un tunnel la masse du cap.

Etroit escalier taillé dans le roc, qui sert aux iliens de Seins, quand, par exception, ils viennent à terre.

PLOUDALMÉZEAU

A 26 kilomètres de Brest. Gare.

Construction de bateaux de pêche. Bains de mer à Portsal-Kersaint

Voir : restes intéressants du château de Tremazen (XIIIe siècle); église reconstruite en 1857.

PLOUÉNOUR-TREZ

A 33 kilomètres de Brest Gare.

Station de canot de sauvetage à Pontusval. Hôtels.

Brigognan (commune de Plouénour-Trez), bains de mer.

PLOUGASNOU

A 16 kilomètres de la gare de Morlaix Voitures publiques.

Bains de mer Sémaphore de Pointe de Primel, en Plougasnou, à 2 kilomètres Hôtels Jolies excursions et beaux points de vue sur les côtes bretonnes.

PLOVAN

A 27 kilomètres de Quimper. Gare de Pont-l'Abbé, à 14 kilomètres.

Bains de mer.

PONT-AVEN

Gares de Quimperlé, Rosporden ou Concarneau. Service de voitures à ces trois gares

Cette station balnéaire est remarquable par le grand nombre de ses moulins, aussi les Bretons l'appellent-elle « la ville des meuniers » Port sur l'Aven, à 6 kilomètres de la mer.

Plage de Saint-Nicolas, à quelques kilomètres Cabines de bains.

Pays très fréquenté des artistes peintres qui trouvent dans les jolis sites de l'Aven de nombreux sujets d'études.

Voir : ruines remarquables d'un vieux château ; le bois d'Amour.

PONT-L'ABBÉ

Petite ville maritime, à 18 kilomètres de Quimper. Gare. Bains de mer.

Pont-l'Abbé est un des bourgs de Bretagne où le costume d'autrefois a le moins changé.

Voir : vieilles maisons à pignons sculptés.

PORSPODER

A 29 kilomètres de Brest. Gare de Plourin, à 9 kilom.

Joli petit bourg maritime, grèves splendides, vue magnifique sur l'Océan, les îles d'Ouessant et Molène. Plage fréquentée par les baigneurs. Hôtel.

ROSCOFF

Petite ville maritime, à 26 kilomètres de Morlaix. Gare. Trois plages. Bains de mer très fréquentés. Station de canot de sauvetage. Etablissement de bains et hydrothérapie. Construction de navires ; vivier de homards et de langoustes.

Excursion à l'île de Batz, par bateau, et à Saint-Pol-de-Léon (voie ferrée), à 3 kilomètres.

Voir : immense figuier qui forme à lui seul tout un bosquet ; église avec clocher original et chapelle en ruines de Saint-Ninien, élevée par Marie Stuart, à l'endroit même où elle débarqua en France. Mairie. Laboratoire de zoologie.

SAINT-JEAN-DU-DOIGT

A 16 kilomètres de la gare de Morlaix.

Bains de mer. Hôtel.

Belle plage abritée de galets formant digue naturelle. Il existe un « Pardon » célèbre, une église avec chapelle funéraire et une fontaine intéressantes à visiter.

SAINT-MARC

Jolie plage très fréquentée par les baigneurs, à 2 kilomètres de la gare de Brest.

Bains de mer. Etablissements de bains. Restaurants.

SAINT PABU

A 32 kilomètres de Brest. Gare de Ploudalmezeau, à 6 kilomètres.

Bains de mer.

SAINT-PIERRE QUILBIGNON

A 2 kilom. 500 de la gare de Brest.

Bains de mer. Petit port à l'Aiguade. Etablissement de bains. Restaurants.

Sainte-Anne (même commune). Bains de mer.

SAINT-POL-DE-LÉON

A 22 kilomètres de Morlaix. Gare.

Ancienne ville épiscopale très importante au Moyen âge, déchue aujourd'hui et pourtant encore l'une des plus intéressantes de Bretagne.

Bains de mer. Plusieurs plages, entre autres celle de Paimpoul, assez fréquentée.

Hôtels. Voitures publiques.

Monuments remarquables : la cathédrale, du style ogival normand, qui est, après celle de Quimper, la plus parfaite de la contrée. La chapelle du Creisker, de 77 mètres de hauteur, ornée de porches et de fenêtres de style gothique flamand. C'est ce qu'il y a de plus beau en France comme édifices religieux. Hôtel de ville superbe.

SANTEC

Commune et gare de Roscoff, à 6 kilomètres.

Station balnéaire. Site privilégié au point de vue du pittoresque et de la tranquillité.

Bains de mer. Plage de toute beauté. Hôtel.

Voir : récifs extrêmement curieux.

TELGRUC

A 24 kilomètres de la gare de Châteaulin.

Bains de mer. Hôtels.

TRÉBOUL

A 24 kilomètres de Quimper. Gare de Douardenez, à 1 kilomètre.

Bains de mer. Petit port entouré de deux grèves. Nombreuses villas.

Voir la suite page 101.

GARD

CAUVALAT

Commune d'Avèze, à 12 kilomètres de la gare du Vigan. Sources d'eaux minérales hydro-sulfureuses. Etablissement thermal. Maladies cutanées, dartres, anémie, chlorose, fièvres intermittentes, catarrhe, psoriasis, rhumatisme, syphilis, scrofule.

EUZET-LES-BAINS

A 13 kilomètres d'Alais. Gare.

Eaux minérales. Etablissement thermal, sources Lavalette et Bechamp. Eaux sulfureuses, bitumineuses, magnésiennes. Bains, douches, hydrothérapie complète, inhalations.

Ces eaux sont efficaces pour la maladie des voies respiratoires, laryngite, asthme, catarrhe, arthritisme, ralentissement de la nutrition, albuminurie, gravelle, suites influenza, etc.

FONSANGES-LES-BAINS

A 38 kilomètres du Vigan. Gare de Sauve. Ligne de Nîmes au Vigan. Voitures publiques.

Sources d'eaux minérales sulfurées sodiques. Bains sulfureux. Traitement du rhumatisme, maladies de la peau, angines, bronchites chroniques, entéralgie, gastralgie, maladies nerveuses, chlorose, voies urinaires.

Etablissement thermal. Hôtels. Maisons meublées.

FONT-BELLE

Commune d'Allègre, à 16 kilomètres d'Alais. Gare de Saint-Julien-de-Cassagnas, à 2 kilomètres.

Quatre sources d'eaux minérales sulfatées calciques, situées au quartier de Font-Belle, voisin des Fumades; elles sont indiquées dans les rhumatismes, sciatiques, eczémas les plus rebelles, bronchites, laryngites, catarrhes.

Etablissement thermal.

GRAU-DU-ROI

A 45 kilomètres de Nîmes. Gare d'Aigues-Mortes, à 6 kilomètres.

Station de bains de mer. Casino.

Nombreux hôtels et maisons meublées.

LES FUMADES

Commune d'Allègre, à 16 kilomètres d'Alais. Gare de Saint-Julien-de-Cassagnas, à 2 kilomètres.

Superbe station thermale, estivale et hivernale Dix

sources sulphydriquées, calcaires, bitumineuses. Parc de 25 hectares traversé par jolie rivière. Bains, douches, massages, pulvérisations, inhalations, étuves, etc., etc. — Guérison assurée des bronchites, laryngites, catharres, rhumatismes, sciatiques, eczémas les plus rebelles. — Grand hôtel, pavillon de Diane, pavillon d'Appollon, pavillon romain.

Casino municipal. Théâtre.

Correspondances : à Alais, par voitures automobiles à tous les trains (bureau en face de la gare) ; à Saint-Julien-de-Cassagnas, par les omnibus de l'établissement.

Saison du 1er juin au 30 septembre.

SAINT-FÉLIX-DE-PALLIÈRES

A 43 kilomètres du Vigan. Gare d'Anduze, à 7 kilomètres, par gare de Saint-Hippolyte-du-Fort.

Source d'eaux minérales carbonatées calciques, chlorurées sodiques et ferrugineuses, à peu de distance de la montagne de Pallières.

SAINT-HIPPOLYTE-DE-CATON

A 13 kilomètres d'Alais et à 4 kilomètres de la gare d'Euzet-les-Bains.

Source d'eaux minérales carbonatées calciques, ferrugineuses, renfermant beaucoup d'acide carbonique.

SAINT-JEAN-DE-CEYRARGUES

A 15 kilomètres d'Alais. Gare d'Euzet-les-Bains, à 4 kilomètres.

Deux sources d'eaux minérales sulfatées calciques, exploitées.

SAINT-MARTIN-DE-VALGALGUES

A 5 kilomètres d'Alais. Gare de Tamaris, à 2 kilomètres.

Source d'eaux minérales bicarbonatées calciques et ferrugineuses.

Forges et hauts fourneaux, mines de houille, carrières de castine.

VERGÈZE

A 16 kilomètres de Nîmes. Ligne de Nîmes à Montpellier. Gare.

Trois sources d'eaux minérales carbonatées calciques, ferrugineuses et gazeuses : Dalembert, des Bouillants et Granier (15 à 17°).

La source des Bouillants ou Bouillens, toujours en ébullition, jaillit et produit un fort dégagement d'acide carbonique. L'eau est mise en bouteilles et vendue comme eau de table ; elle sert aussi pour la fabrication des limonades gazeuses.

GERS

AURENSAN

A 67 kilomètres de Mirande. Gare de Riscle, à 14 kilomètres.

Source d'eaux minérales.

BARBOTAN-LES-BAINS

Commune de Cazaubon Gare Poste, télégraphe Ligne de Nérac à Mont-de-Marsan Dix trains par jour; 2 heures d'Agen, 4 heures de Toulouse et de Bordeaux, 12 heures de Paris.

Station très fréquentée. Boues végéto-minérales sans rivales. Bains sulfureux à eau courante, chaude. Installation hydrothérapique complète.

Piscine de natation

Traitement du rhumatisme chronique sous toutes les formes, de l'arthrite, des névralgies rebelles, sciatique principalement, etc., etc

Etablissement thermal complètement remis à neuf, Ouvert toute l'année Parcs des bains et des boues entièrement clos, nouvellement restaurés

On entre dans l'établissement par une porte fortifiée reliant l'église (XIIe et XVIe siècles) à un bâtiment qui faisait partie comme elle d'un couvent de Templiers

BASSOUES

A 18 kilomètres de Mirande Gare de l'Isle-de-Noé, à 15 kilomètres.

Sources d'eaux minérales Etablissement thermal.

Voir ; Beaux vestiges féodaux.

CASTELNAU-BARBARENS

A 16 kilomètres d'Auch. Gare d'Aubiet.

Sources d'eaux minérales. Etablissement thermal sur l'Arrats.

Commerce de miel.

CASTÉRA-VERDUZAN

A 18 kilomètres de la gare de Condom Service de voitures.

Etablissement entièrement remis à neuf. Pavillon d'hydrothérapie perfectionnée Inhalations et fumigations. Bains de vapeur Massage Sources sulfureuse, ferrugineuse, diurétique, laxative.

Maladies de l'estomac et de l'intestin, affections du foie, appendicite, coliques hépathiques et néphrétiques, maladies de la vessie, diabète, hémorroïdes et varices. Affec-

tions arthritiques, anémie, chlorose et neurasthénie, affections gynécologiques, métrite, etc.

Docteur-médecin attaché à l'établissement. — **Villégiature de vacances, attractions diverses. Excursions, concert** le matin et l'après-midi. **Représentation théâtrale tous** les soirs. Hôtel-restaurant. Casino. **Lumière électrique.** Saison du 15 juin au 1er **octobre.**

Voir : **antiquités romaines.**

LANNUX

A 69 **kilomètres de Mirande et à 8 kilomètres de Barcelonne, chef-lieu de canton. Gare d'Aire, à 8 kilomètres.**

Établissement de bains thermaux.

LAVARDENS

A 18 **kilomètres d'Auch.** Gare de Sainte-Christie, à 10 kilomètres.

Source d'eaux minérales **ferrugineuses et salines, exploitées**, dite « Fontaine Chaude ».

Voir : château féodal défiguré.

LIGARDES

A 20 kilomètres de Lectoure. **Gare de Castex-Lectourois** et de Lasserre, à 12 kilomètres.

Sources d'eaux minérales **bicarbonatées calciques**, dites « des Torts ».

PUYCASQUIER

A 23 kilomètres d'Auch. Gare de Sainte-Christie ou Aubiet, à 12 kilomètres.

Établissement de bains **minéraux.**

Voir : anciens remparts.

RAMOUZENS

A 30 **kilomètres de Condom. Gare d'Eauze, à 9 kilomètres.**

Établissement **minéral du Moura.**

Voir la suite page 106.

GIRONDE

BORDEAUX

Ancienne, grande, riche et belle ville maritime de 250,000 habitants, sur les deux rives de la Garonne, à 96 kilomètres de l'Océan et à 25 kilomètres du confluent de la Garonne et de la Dordogne (Bec d'Ambès).

Bordeaux possède diverses gares : État, Midi, Médoc, Orléans. Bateaux à vapeur de Bordeaux à Royan, à Blaye, à Langon. Tramways électriques ville et banlieue.

A visiter : pont de Bordeaux-Bastide en pierre (500 mètres de long) et la passerelle métallique du chemin de fer (même longueur), les églises Saint-Ferdinand, Saint-Louis, Sacré-Cœur ; le Palais de justice, l'hôpital Saint-André, le lycée, les Facultés des sciences et des lettres et la Faculté de médecine, l'Institution nationale des sourdes-muettes ; l'école navale, les musées, le Jardin public, le Parc bordelais, l'immense place des Quinconces, où se trouve le monument des Girondins ; les quais et docks, la Bourse et la Douane, la place de la Comédie et le Grand-Théâtre.

ANDERNOS-LES-BAINS

A 45 kilomètres de Bordeaux. Gare.

Station de bains de mer agréable et très fréquentée près du bassin d'Arcachon, jolie plage. Parcs à huîtres très renommés.

ARCACHON

Bains de mer. Station d'été et d'hiver. Forêt de pins abritée par les vents de la mer, et où l'on trouve de nombreuses villas. Casino de la ville d'hiver, style mauresque.

Le climat d'Arcachon montre de grandes qualités de constance et d'uniformité dues à l'humidité de l'air. Cette humidité n'est jamais malsaine, un sol poreux et les racines des arbres remédient aux inconvénients que l'on pourrait craindre. Les vents dominants sont tièdes et la pression élevée. Le climat de la ville d'hiver exerce sur l'organisme une action préservatrice et sédative, locale et générale. L'action de la forêt de pins est tonique, reconstituante.

L'immense bassin d'Arcachon mesure environ 100 kilomètres de circonférence.

La plage est commode et sûre, le sable est très uni. — Excursions à l'île des Oiseaux, cap Ferret, pointe du Sud, Truc de la Truque, lac de Cazaux, parcs à huîtres, arche de Noé, etc. — Casino de la Plage, villas, hôtels. Établissements de bains. Gare.

Pêche, chasse, sports nautiques et sports modernes.

ARCINS

A 33 kilomètres de Bordeaux. Gare de Moulis, à 2 kilomètres. Fontaine ferrugineuse très abondante.

AUDENGE

Ligne de Lesparre à Facture. Gare.

Petite ville située près du bassin d'Arcachon, au milieu d'anciens marais salants.

Bains de mer. Plage assez fréquentée.

BELLOC

Commune et gare de Bazas.

Source d'eaux minérales carbonatées calciques et ferrugineuses de Belloc.

Voir : Bazas, ville très ancienne, importante au temps des Romains, bâtie dans une situation pittoresque, sur un rocher escarpé ; remarquable par sa belle cathédrale construite au XIIIe siècle ; entourée de belles promenades.

BERNOS

A 8 kilomètres de la gare de Bazas. Ligne de Langon à Bourriot-Bergonce.

Source d'eaux minérales carbonatées calciques et ferrugineuses.

Forges et fonderies.

CANÉJAN

A 12 kilomètres de Bordeaux. Gare de Pessac, à 6 kilomètres. Fontaines d'eau ferrugineuse.

CASTELNAU-DE-MÉDOC

A 29 kilomètres de Bordeaux. Gare. Fontaines ferrugineuses. Cette localité était, autrefois, l'une des seigneuries les plus considérables du Médoc. Le château existait dès le IXe siècle.

CESTAS

A 17 kilomètres de Bordeaux. Gare de Gazinet, à 4 kilomètres.

Deux sources d'eaux minérales : Fontaines et Sablons, carbonatées, calciques et ferrugineuses ; elles se trouvent dans la propriété du docteur Roller, à proximité de la vallée des Eaux-Bourdes.

COURS-LES-BAINS

A 18 kilomètres de la gare de Bazas et gare de Casteljaloux, à 12 kilomètres.

Établissement thermal de la Rode. Eaux carbonatées calciques et ferrugineuses froides. Guérison de toutes les maladies de l'estomac.

GUJAN-MESTRAS

A 48 kilomètres de Bordeaux Gare.

Station balnéaire, située sur les bords du bassin d'Arcachon. Parcs à huîtres. Bains de mer, froids et chauds.

L'industrie huîtrière et la pêche sont les principales ressources de cette localité.

LACANAU-OCEAN

A 56 kilomètres de Bordeaux. Ligne de Lesparre à Saint-Symphorien et de Bordeaux à Lacanau-Océan. Gare.

Charmante station balnéaire, coquettement assise sur les bords de l'Océan, près de l'étang de Lacanau.

Une route carrossable permet, depuis peu, de relier Lacanau à la plage de Lacanau-Océan

LA HUME

Commune de Gujan-Mestras, à 6 kilomètres d'Arcachon. Gare. Ligne de Bordeaux à Arcachon. Bains de mer. Etablissement sur la plage. Parc à huîtres. Canal servant de déversoir au lac de Cazaux.

LA TESTE-DE-BUCH

A 55 kilomètres de Bordeaux. Gare. Ligne de la Teste à Arcachon et au lac de Cazaux.

Ville maritime, balnéaire et le centre ostréicole le plus important du bassin d'Arcachon. Statue du docteur Jean Hameau. Commerce de résine, thérébenthine, bois de chauffage et de construction, huîtres et poissons.

Etablissement de bains. Sanatorium. Hippodrome.

LE MOULLEAU

Bains de mer à 5 kilomètres de la gare d'Arcachon, sur les bords du bassin, desservie par une route carrossable, pourvue d'un hôtel, agrémentée de plusieurs jolis chalets et villas. Une petite chapelle N.-D. des Passes assure le service du culte catholique. Dans ce quartier sont situés deux sanatoria pour enfants. La belle organisation de ces établissements ne saurait laisser les étrangers indifférents. De la plage on aperçoit les brisants qui moutonnent et marquent l'entrée du bassin.

LINAS

Commune et gare de Blanquefort, à 10 kilomètres de Bordeaux Ligne de Bordeaux à la Pointe-de-Grave. Tramway électrique de Bordeaux à Blanquefort.

Source d'eaux minérales, carbonatées, calciques et ferrugineuses.

MONREPOS

Commune de Cenon. Gare Bordeaux-Bastide, à 5 kilom.
Source d'eaux minérales, ferrugineuses, carbonatées, calciques, qui prend naissance près Bordeaux, dans le côté boisé de Cypressat.

MONTALIVET

Commune de Vendays, à 13 kilomètres de Lesparre. Gare de Queyrac, à 5 kilomètres
Bains de mer de Montalivet, très fréquentés Belle plage, pourvue d'un poste de sauvetage et de secours. Immense forêt de pins et lèdes giboyeuses Voitures publiques pendant la saison Bains chauds et cabines.

PESSAC

A 6 kilomètres de Bordeaux. Gare. Lignes Bordeaux-Hendaye et Bordeaux-Arcachon. Tramways électriques.
Source d'eaux minérales carbonatées calciques et ferrugineuses.
Excellents vins rouges de Graves. Crus classés.

SAINT-FÉLIX-DE-FONCAUDE

A 10 kilomètres de la gare de La Réole.
Cascades et sources thermales

SALLES

Petite ville sur la Leyre, surnommée le « Paradis des Landes », à 43 kilomètres de Bordeaux et à 11 kilomètres de la gare de Belin Vaste forêt de sapins Belles sources. Minerai de fer Ancien manoir seigneurial Carrières de pierres Grand commerce de bois et de produits résineux.

SAUCATS

A 23 kilomètres de Bordeaux. Gare de la Brède, à 6 k. 500, et de Saint-Morillon, à 5 kilomètres. Ligne de Beautiran à Saint-Symphorien.
Source d'eaux minérales, carbonatées, calciques et ferrugineuses.

SOULAC-SUR-MER

A 30 kilomètres de Lesparre. Gare. Ligne de Bordeaux au Verdon.
Station balnéaire, au bord de l'Océan, aux pieds des dunes. Plage unique par sa beauté. Sémaphore. — Casino. Hôtels, chalets. Forêt séculaire.
Digue destinée à empêcher la Gironde de s'ouvrir un chemin à travers les dunes.

On remarque une ancienne église, récemment restaurée, qui avait été ensevelie sous les sables, et à qui on a donné le nom de « Notre-Dame de la Fin-des-Terres ».

Excursions : Royan, *via* le Verdon, 5 kilomètres (par mer) ; Pointe de Grave, 9 kilomètres (par mer).

TAUSSAT-LES-BAINS

Commune de Lanton. A 50 kilomètres de Bordeaux. Gare.

Agréable station balnéaire. Etablissements. Nombreuses distractions. Belle plage sur le bassin d'Arcachon.

VILLANDRAUT

A 14 kilomètres de Bazas. Gare. Importante localité. Etablissement de bains térébenthinés. Commerce de résine.

Source d'eaux minérales carbonatées, calciques et ferrugineuses, dite « Credo ».

Voir : restes d'un château bâti par le pape Clément V.

Voir la suite page 113.

HAUTE-GARONNE

TOULOUSE

Belle ville de 150,000 habitants, chef-lieu de la Haute-Garonne, à 714 kilomètres de Paris et 257 kilomètres de Bordeaux, ancienne capitale du Languedoc, située au point d'intersection des lignes de Cette à Bordeaux; de Toulouse à Bayonne; de Toulouse à Auch, de Toulouse à Ax-les-Thermes; de Toulouse à Saint-Girons; de Toulouse à Paris (réseau d'Orléans et du Midi).

Monuments à visiter: cathédrale Saint-Étienne; basilique Saint-Sernin et ses cryptes; les églises de la Daurade, du Taur, Saint-Pierre, Dalbade, des Jacobins; le Capitole ou Hôtel de Ville; l'Arsenal; les Musées; l'Observatoire; l'Hôtel d'Assézat.

Promenades: Jardin des Plantes, Grand-Rond, allées Saint-Michel, Grande allée, allées Lafayette.

Aux environs de Toulouse est l'église de Pibrac où l'on voit une statue miraculeuse de sainte Germaine. C'est un lieu de pèlerinage.

BARBAZAN

A 13 kilomètres de Saint-Gaudens. Gare de Loures-Barbazan, à 2 kilomètres. Ligne de Montréjeau à Luchon.

Établissement thermal. Eau sulfatée calcique magnésienne ferrugineuse froide (20°), recommandée dans la constipation aiguë et habituelle, obésité, dégénérescence graisseuse des divers organes, pléthore, maladies de l'estomac et des intestins, coliques hépatiques et néphrétiques, congestions, maux de tête, vertiges, bourdonnements, oppression. Spécifique des fièvres intermittentes, par son action dérivative et son oxyde de fer assimilable, très actif contre l'anémie palustre.

Hôtels. Promenades en bateau sur le lac. Pêche.

Grand Casino de Loures.

Visiter, non loin de Barbazan, la vieille cathédrale de Saint-Bertrand-de-Comminges et les gorges de Gargas, réputées comme étant les plus belles des Pyrénées.

BOURRASSOL

A 4 kilomètres de la gare de Toulouse.

Fontaine ferrugineuse bicarbonatée calcique. Eau de table, consommée sur place. Exportée, cette eau se conserve indéfiniment; elle est recommandée dans l'anémie, chlorose, engorgement des viscères, lymphatisme.

BOUSSAN-LES-BAINS

Par Aurignac. Gare de Boussens, à 13 kilomètres. Ligne de Toulouse à Bayonne. Service de voitures.

Source d'eaux minérales bicarbonatées calciques, froides.

Établissement thermal de Barthète (dans un parc). Bains, douches et buvette.

Traitement des rhumatismes, chlorose, anémie, maladies nerveuses, de l'estomac, des voies urinaires, dyspepsie, hémorroïdes.

Voir : château de Nine, ancien rendez-vous de chasse des comtes de Comminges.

CASTAGNÈDE

Halte de chemin de fer. Gare d'His-Mane-Touille, à 3 kilomètres.

Sources d'eaux minérales de Pyrenne.

COURET

A 15 kilomètres de la gare de Saint-Gaudens.

Source d'eaux minérales bicarbonatées calciques et ferrugineuses, qui alimente en même temps les bains de Ganties; elles sont indiquées dans les maladies nerveuses, affections cutanées, maladies des femmes, manifestations arthritiques, goutte, gravelle urique, maladies de la vessie.

Petit établissement thermal.

ENCAUSSE-LES-BAINS

Station thermale des Pyrénées, ancienne baronnie, déjà fréquentée pendant la période gallo-romaine, desservie par la gare de Saint-Gaudens (10 kilomètres) et par le chemin de fer d'intérêt local à la 2e station d'Encausse-Lespiteau.

Eaux salines, sulfatées, calciques et magnésiennes, souveraines pour fièvres intermittentes, cachexie paludéenne, dyspepsie, atonie des voies digestives, combattent victorieusement obésité, goutte, gravelle et toutes maladies des voies urinaires, maladies du foie, paralysie, scrofules ulcéreuses et maladies de peau.

Climat tempéré. Bataille de fleurs. Excursions nombreuses. Voitures à volonté. Établissement thermal. Hôtels, restaurants et maisons garnies à prix modérés. Correspondance à tous les trains.

GANTIES-LES-BAINS

A 15 kilomètres de Saint-Gaudens. Gare de Pointis-Isnard-Ganties. Service de voitures.

Sources bicarbonatées, calciques, diurétiques, dépuratives, sédatives et antiuricémiques, spécialement recommandées dans toutes les manifestations arthritiques, goutte, gravelle urique, maladies de la vessie, maladies nerveuses, affections cutanées et maladies des femmes. Établissement thermal. Hôtels. Pensions de famille.

LABARTHE-RIVIÈRE

A 6 kilomètres de Saint-Gaudens. Gare de Martres-de-Rivière, à 2 kilomètres.

Source d'eau minérale, saline, laxative, digestive, diurétique, tonique, de la classe des calcico-magnésiennes (21°).

Deux établissements thermaux.

Voir : monument romain. Carrière calcaire pour pierres taillées.

LUCHON

Altitude, 629 mètres Température moyenne de juin à octobre, 17°1. — Cette charmante station, déjà fréquentée du temps des Romains, surnommée à juste titre la reine des Pyrénées, doit sa célébrité à ses eaux sulfureuses (42°6 à 64°5), fréquentées par plus de 50,000 baigneurs.

Elle offre, à côté du spectacle reposant de la nature d'aspect superbe et grandiose en l'angle de la vallée où elle est située, tous les agréments de la vie mondaine à laquelle ses batailles de fleurs, ses défilés si pittoresques de guides, ses retraites aux flambeaux, ses courses de chevaux et l'innombrable variété de ses fêtes donnent une extraordinaire intensité.

Les allées d'Etigny, formées de quatre allées de tilleuls magnifiques, sont le rendez-vous des baigneurs et des guides. Funiculaire.

Eaux efficaces pour les maladies de la peau, la pharyngite granuleuse, les cachexies métalliques, rhumatisme, lymphatisme, etc. On les emploie en boisson, bains d'eau, d'étuves, de vapeur, douches, piscines, inhalation.

Etablissement thermal ouvert toute l'année. Casinos.

Cures de petit-lait dans le chalet bâti près du lac des Quinconces.

A Barcugnas (faubourg de Luchon), source ferrugineuse.

Cascade et source ferrugineuse, arsenicale, iodurée de Sourrouille, débitée en boisson dans un kiosque.

Excursions. — A visiter : lac d'Oô vallée du Lys, gouffre infernal, cascade d'Enfer (de Luchon à Bagnères-de-Bigorre par la montagne), cascades des Demoiselles, Portillon, cascade de Montauban

MARIGNAC-SAINT-BÉAT

Ces deux importantes localités, distantes l'une de l'autre de 2 kil. 500, se trouvent à 34 kilomètres de Saint Gaudens et sont desservies par la même gare : Marignac-Saint-Béat (ligne de Montréjeau à Luchon). Elles sont recommandées comme cure d'air et cure d'eau

Marignac (à 500 mètres de la gare) possède une fruitière-école. Centre d'excursion pour le pic de Burat, altitude 2,158 mètres ; cabane de Raous à 1,400 mètres ; cabane de Burat à 1,800 mètres.

A *Benques* (à demi-heure dans la montagne), source très ferrugineuse.

Saint-Béat (à 3 kilomètres de la gare), le Passus-Lupis des Romains, une des premières communes affranchies par Louis le Gros.

Petit établissement thermal. Eaux efficaces dans les maladies nerveuses, de la peau, des yeux, rhumatismes, etc.

Voir : importantes carrières de marbre blanc, exploitées ; nombreux autels votifs ; église du XIIe siècle ; ruines d'un château.

Voitures publiques en gare de Marignac-Saint-Béat, desservant la vallée d'Aran. A 1 kilomètre de la gare existent des carrières de phosphates, dépendant de la commune de Cierp.

MONTÉGUT-SÉGLA

Gare de Muret. Ligne de Toulouse à Bayonne.

Eau ferrugineuse bicarbonatée calcique, recommandée aux arthritiques, aux goutteux, ainsi qu'à toutes les personnes qui souffrent dans le fonctionnement des reins et de la vessie. Elle évite par conséquent les maladies de cœur, qui en sont les conséquences.

Elle est également souveraine dans le traitement des affections de l'estomac, du foie et de l'intestin, aussi bien que dans les maladies des organes génito-urinaires. Eau de table exportée.

OÔ

A 9 kilomètres de la gare de Luchon.

Village à 983 mètres d'altitude. Belle zône montagneuse ; lacs, dont le plus vaste mesure 39 hectares de superficie et a 69 mètres de profondeur ; magnifique cascade de 273 mètres de hauteur ; glaciers du Quaïrat, du Montarqué et de Spijoles. Une barque transporte en 15 minutes à la rive sud du lac, au pied de la cascade.

Cette localité est visitée annuellement par des milliers de touristes. Guide. Hôtel sur les bords du lac d'Oô.

Voir à Oô : Eglise du XIe siècle (jolie abside) ; dans le cimetière, superbe arbre de la liberté, planté sous la première République ; tour du XVe siècle.

PONT-DE-RAVI

Petite station, à 5 kilomètres de la gare de Luchon, non loin de l'entrée de la vallée du Lys.

Source d'eaux minérales sulfurées sodiques (18°5), recommandées dans le rhumatisme, lymphatisme, maladies de la peau, pharyngite granuleuse, cachexies métalliques, etc.

Petit établissement thermal.

SAINTE-MADELEINE

Commune de Flourens, à 12 kilomètres de la gare de Toulouse.

Source d'eaux minérales ferrugineuses, bicarbonatées, calciques, froides.

SAINT-FERRÉOL

Gare de Revel (Haute-Garonne). Voitures de louage.

Riquet choisit la Montagne Noire pour lui fournir les eaux nécessaires au Canal du Midi. Ses principaux travaux sont : la prise d'Alzau (origine du Canal du Midi ; belles cascades au milieu de rochers ; monument de Paul Riquet ; la Rigole de la Montagne (13 kilomètres de chemin sablé, à flanc de montagne, le long de l'eau, sous les grands arbres) ; les bassins du Lampy vieux et du Lampy neuf, réservoirs du Canal du Midi, situés en pleine forêt, autour du lac pittoresque de Lampy, sources ferrugineuses et sources diurétiques), le bassin de Saint-Ferréol, situé à la fois dans les trois départements de l'Aude, de la Haute-Garonne et du Tarn, a une superficie de 67 hectares Voir sa digue de 800 mètres de longueur et 70 mètres d'épaisseur, le parc et sa célèbre gerbe, le souterrain et les robinets.

Toutes ces curiosités sont des plus connues et fréquemment visitées

A Saint-Ferréol, Lampy et Arfons, hôtelleries.

SAINT-PÉ-D'ARDET

A 15 kilomètres de Saint-Gaudens. Gares de Fronsac, Loures et Saint-Gaudens Service de voitures.

Station climatérique (altitude 698 mètres), cure d'air, sise sur un plateau assez élevé, inaugurée en 1906 Source d'eaux purgatives et diurétiques, attirant, tous les ans, un grand nombre d'étrangers Superbe lac attenant au village. Promenade en bateau Hôtels, cafés, restaurants.

A partir de fin septembre a lieu, aux Pantières, une intéressante chasse aux palombes volant par groupes, au moyen d'immenses filets, et à laquelle assiste une foule de curieux

Éclairage électrique Hôtels, cafés.

Voir : église romane du XIe siècle.

SALEICH

Gare de Salies-du-Salat et halte de Castagnède, à 5 kilomètres

Source d'eaux minérales bicarbonatées calciques et ferrugineuses acidulées de Pyrène.

SALIES-DU-SALAT

A 1 h 20 de Toulouse. Ligne de Boussens à Saint-Girons. Gare

Bains salins Eaux chlorurées sodiques fortes et sulfatées calciques. Employées en bains, douches, inhalation et boisson.

Traitement du lymphatisme, chlorose, anémie, corysa, rhinite, blépharite, engorgement ganglionnaire, adénite suppurée, catarrhe chronique du nez, de la gorge, ozène, otorrhée, scrofule, tumeur blanche, coxalgie, trajets fistuleux, ostéites, etc. Maladies des femmes, aménorrhées, dyménorrhée, ménorrhagie, fibrôme, métrite, etc Une seule contre-indication tuberculose pulmonaire fébrile.

Concerts, jeux, excursions. Etablissement thermal.

Usine pour la fabrication du sel. Sanatorium départemental.

SALLES

Commune de Salles-et-Pratviel, à 6 kilomètres de la gare de Luchon et à 1 kilomètre de la halte d'Antignac.

Sur la rive droite de la Pique, source d'eaux minérales sulfatées calciques, ferrugineuses, gazeuses.

EAUX DIVERSES

— A Jurvielle (12 kilomètres de Luchon), source ferrugineuse de Gavardos.

— La fontaine, dite du Lert (commune de Gensac, canton de Boulogne), attire de nombreux visiteurs. Eau purgative et diurétique.

— A Argut-Dessus (canton de Saint-Béat), sources et eaux ferrugineuses très renommées.

— A Montgaillard-de-Salies (canton de Salies-du-Salat), fontaine des Esclops, ferrugineuse et purgative.

— A Castilley (commune du Plan), eaux minérales, ferrugineuses et bicarbonatées calciques.

— Au Thil, eaux minérales de Tulle-Haut, récemment découvertes ; elles promettent d'être très efficaces pour la guérison de certaines maladies. Il existe cinq sources minérales différentes.

— A Chein-Dessus (canton d'Aspet), fontaine du Clot de la Bédère, très estimée, dans la contrée, pour son eau ferrugineuse.

— A Lagrâce-Dieu (canton d'Auterive), grande dévotion à saint Jean-Baptiste ; il y existe une fontaine dont l'eau sert à laver les personnes atteintes de la maladie épidermique, dite « mal de Saint-Jean ».

— A Arlos, source excessivement ferrugineuse, au pied de la montagne dite « Artigue de Prat », dans une épaisse sapinaie.

— A Castelvieil, à 3 kilomètres de Luchon, au bord de la Pique, source ferrugineuse.

— A Salles, 3 kilom. 500 de Luchon, à moitié chemin de Juzet, sources ferrugineuses.

— A Boulogne-sur-Gesse, source d'eaux minérales de la Fontaine-Divine.

— A Cier-de-Luchon, à 9 kilomètres de Luchon, source ferrugineuse de Molles.

— A Cierp, eaux sulfatées calciques. Fontaine de Waterloo.

— A Rebigue, pèlerinage à Saint-Lizier. L'église possède des reliques qu'on invoque pour la guérison des croûtes laiteuses, dites « mal de Saint-Lizier ».

LUCHON GRAND HOTEL DE BORDEAUX, 15, allées d'Etigny. ARRIEU, propriétaire.
Recommandé aux familles. Grand confortable. Table d'hôte. Restaurant. Grand jardin. Eclairage électrique. Prix modérés. Omnibus à tous les trains. Journée depuis 7 francs.

PENSION VERDIN

Fondée en 1887 par Mme VERDIN

AVEC TOUT LE DERNIER CONFORTABLE

Près les Champs-Élysées et le Bois-de-Boulogne

100 et 102, Avenue Victor-Hugo. — PARIS

RESTAURANTS

CAFÉ-RESTAURANT CARDINAL

1, Boulevard des Italiens. — PARIS

BERNARD, PROPRIÉTAIRE

Restaurant LARUE

7, rue Royale. — PARIS

Grands et Petits Salons

Restaurant Champeaux

FONDÉ EN 1800

JARDIN D'HIVER ET D'ÉTÉ

PARIS, Place de la Bourse

HUITRES ET POISSON

Restaurant Prunier

9, RUE DUPHOT

PARIS

HAUTE-LOIRE

AUZON

Ancienne et pittoresque petite ville, à 13 kilomètres de Brioude. Gare de Brassac, à 6 kilomètres.

Source d'eaux minérales.

Voir : église romane.

BAS-EN-BASSET

A 26 kilomètres d'Yssingeaux. Gare de Bas-Monistrol, à 3 kilomètres.

Deux sources d'eaux ferrugineuses de Mantour, exploitées.

Voir : ruines du château de Rochebaron, bâti par Charles VII, détruit par ordre de Richelieu.

Les inondations de la Loire (novembre 1907) ont mis à nu, en deux endroits, dans le lit du fleuve, des constructions remarquables qui remontent à l'époque gallo-romaine.

BEAULIEU

A 16 kilomètres du Puy. Halte. Ligne La Voûte-sur-Loire à Raucoules-Brossettes et gare de la La Voûte-sur-Loire, à 3 kilomètres.

Source d'eaux minérales, carbonatées, sodiques ; elle émerge d'une plage cailloutense, sur les bords de la Loire et donne lieu à un dépôt ocreux.

BEAUMONT

A 4 kilomètres de la gare de Brioude.

Source d'eaux minérales bicarbonatées sodiques et calciques, froides.

BLESLE

A 23 kilomètres de Brioude. Gare.

Sur la rivière du même nom, au pied de colonnes basaltiques qu'on nomme « Orgues de Bresle ». Riante vallée de l'Alirgnon.

Sources d'eaux minérales de Chantegeat.

BRIOUDE

Chef-lieu d'arrondissement. Gare.

Ville fort ancienne, près de l'Allier, dont on peut suivre l'histoire jusqu'au delà des invasions des Barbares.

Voir : église Saint-Julien, un des plus curieux spécimens de l'architecture romano-byzantine ; église des Cordeliers, palais de justice, hôtel de ville ; nombreuses fontaines jaillissantes, boulevards.

Etablissement d'hydrothérapie, qui attire beaucoup de malades.

CLÉMENSAT-LES-EAUX

Commune d'Azerat. Gare de Brassac-les-Mines (Puy-de-Dôme), à 11 kilomètres.

Sources d'eaux minérales ferrugineuses, exploitées.

Cette station est située sur le pittoresque torrent du Bois-Noir. Climat très doux.

FAY-LE-FROID

A 42 kilomètres de la gare du Puy et à 34 kilomètres de la gare de Dunières-Montfaucon.

Chef-lieu de canton, à 1,200 mètres d'altitude, sur une colline dominant le Lignon-du-Velay, en plein Vivarais. Pays de « bedeaux » avec sa race et ses mœurs spéciales, où tout respire l'ancien, et que la civilisation a oublié.

Diligences, courriers, auberges, qui tout le temps font penser à celle fameuse, et voisine, de Peyrebelle. Plutôt délabrées les auberges, mais hôteliers probes.

Source d'eaux minérales.

LA CHAISE-DIEU

A 32 kilomètres de Brioude. Gare d'Arlanc, à 17 kilomètres.

Perdue dans les belles forêts de sapins, cette localité doit son origine à une abbaye célèbre, la Casa Dei, fondée en 1036 par saint Robert. Un de ses abbés devint pape sous le nom de Clément VI. Cette abbaye est aujourd'hui ruinée; il ne reste guère plus que l'église, qui est devenue église paroissiale; dans le chœur se trouve le tombeau de Clément VI. Les habitants se livrent presque tous à la fabrique de la dentelle.

Sources d'eaux minérales à Charlette, à 2 kilomètres. Établissement thermal.

LANGEAC

A 28 kilomètres de Brioude. Lignes Saint-Germain-des-Fossés à Nîmes et Saint-Étienne-Le-Puy-Langeac. Gare.

Localité située sur l'Allier, près d'un bassin houiller assez important.

Source d'eaux minérales bicarbonatées sodiques et calciques, froides.

Voir : église du XVe siècle.

LA SOUCHÈRE-LES-BAINS

Commune de Lambadel, à 39 kilomètres de Brioude. Gare.

Cette localité, située dans le massif montagneux de la Chaise-Dieu, à 1,100 mètres d'altitude, pourrait être comparée, comme situation, à bon nombre de stations de la Suisse. Elle est entourée et abritée par le « Bois-Noir »

On y respire l'air le plus pur et le plus balsamique qui se puisse imaginer. Lieu paisible, véritable oasis de santé, à 300 mètres d'une station de chemin de fer et à 500 mètres de la grande route d'Arlanc au Puy.

Etablissement thermal. Sources d'eaux minérales ferrugineuses, gazeuses. Des sources nouvelles d'eaux ferrugineuses ont été captées récemment. Bois de sapins qui, sur un long périmètre, entourent la Souchère-les-Bains.

Hôtel primitif, qui peut contenir une trentaine de personnes. On assure qu'une Compagnie de chemins de fer est sur le point d'édifier un vaste hôtel moderne et que, grâce à des initiatives individuelles, cette station va voir s'élever de grands, moyens ou petits hôtels, des villas et de modestes chalets.

LEMPDES

A 14 kilomètres de Brioude. Ligne Capdenac-Arvant. Gare.

Sources d'eaux minérales bicarbonatées calciques.

LES EXTREYS

Dans cette localité, se trouve une source d'eaux minérales bicarbonatées sodiques, calciques, magnésiennes et chlorurées sodiques.

PAULHAC

A 4 kilomètres de la gare de Brioude.

Source d'eaux minérales.

PRADES

Au confluent de l'Allier et de la Seuge, à 43 kilomètres de Brioude. Gare de Prades-Saint-Julien, à 1,500 mètres.

Deux sources d'eaux minérales, exploitées, bicarbonatées sodiques.

RETOURNAC

A 14 kilomètres d'Yssingeaux. Gare.

Petit village sur la Loire.

Sources d'eaux minérales à Retournaguet.

Voir : plusieurs châteaux ; église romane.

SAINT-GÉRON

A 10 kilomètres de Brioude. Gare d'Arvant, à 3 kilomètres 500, et halte de Laroche-Faugère, à 2 kilomètres 500.

Eaux minérales de Saint-Géron (ancienne source Romaine), exploitées, bicarbonatées sodiques, calciques et magnésiennes.

SAINT-MARTIN-DE-FUGÈRES

A 20 kilomètres du Puy et à 11 kilomètres de la gare du Monastier-sur-Gazeille. Ligne de Tournemire à Arvant.

Deux sources minérales au hameau de Bonnefont, très remarquables ; elles prennent naissance sur les bords de la Loire et sont accompagnées de nombreux dégagements gazeux, accusés au droit des fissures par de grosses bulles de gaz qui font bouillonner l'eau de la Loire.

Eaux bicarbonatées sodiques.

SAINT-PAUL-DE-TARTAS

A 32 kilomètres du Puy. Gare de Langogne (Lozère), à 12 kilomètres.

Source d'eaux minérales de Montbel, bicarbonatées sodiques avec traces très sensibles de lithium.

SALLES

Commune de Bas, à 3 kilomètres de Bas-en-Basset. Gare de Bas-Monistrol.

Source d'eaux minérales.

VEZEZOUX

A 16 kilomètres de Brioude. Gare de Brassac, à 3 kilomètres.

Source d'eaux minérales, dites « eaux du Scay », exploitées, bicarbonatées sodiques.

HAUTE-MARNE

ATTANCOURT

A 4 kilomètres de Wassy. Gares de Pont-Varin-Attancourt, à 1 kilomètre, et de Louvemont, à 2 kilomètres.

Source d'eaux minérales.

AUBEPIERRE

A 33 kilomètres de Chaumont. Gare de Latrecey, à 13 kilomètres. Ligne de Châtillon à Chaumont.

Source d'eaux minérales.

BOURBONNE-LES-BAINS

A 40 kilomètres de Langres. Gare.

Eaux minérales, salines, bromo, chlorurées sodiques, chaudes (43°7 à 65°), employées avec succès dans les maladies rhumatismales articulaires (goutteux, etc.), névralgies sciatiques, paralysies, atrophie musculaire, paraplégie, scrofule, lymphatisme, cassure, blessure, fouiure, affections chirurgicales et cutanées, fractures, entorses, etc. Nombreuses sources.

Deux établissements thermaux. Casino, Hôtels, maisons meublées. Hôpital militaire.

Promenades d'Orfeuil et de Montmorency.

ESSEY-LES-EAUX

A 26 kilomètres de Chaumont. Gare de Foulain, à 10 kilomètres.

Source d'eau minérale très renommée.

LARIVIÈRE-SOUS-AIGREMONT

A 41 kilomètres de Langres. Gare de Bourbonne-les-Bains, à 10 kilomètres.

Source d'eaux minérales sulfatées calciques et ferrugineuses.

SAINT-DIZIER

A 20 kilomètres de Wassy. Gare. Ligne de Lille à Marseille.

Ville industrielle et commerçante, sur la Marne, centre de l'industrie métallurgique du département. Elle a soutenu contre Charles Quint un siège mémorable.

Canal de la Marne à la Saône.

Source d'eaux minérales dite « Fontaine Marina », carbonatées calciques, ferrugineuses, gazeuses, sulfatées, au milieu d'une forêt, à 2 kilomètres.

Buvette très fréquentée.

Voir : hôtel de ville de 1824 ; ruines d'un château ; vieille église dans le faubourg de Gigny, restaurée.

HAUTES-ALPES

ASPRES-SUR-BUECH

A 33 kilomètres de Gap. Gare.
Sur les bords du Buech, sources salées très puissantes, chlorurées sodiques (34°).
Voir : vieille église du XVe siècle; camps romains.
Excursions : gorges d'Agnielles.

CHAMPOLÉON

A 55 kilomètres d'Embrun. Gare de Gap, à 30 kilomètres.
A 1,315 mètres d'altitude, dans le massif du Pelvoux.
Source d'eaux minérales sulfurées calciques (8°).

GAP

Chef-lieu de département. Gare.
Sur la rive droite de la Luye et sur le ruisseau de Bonne-Ville.
Voir : statue du baron de Ladoucette (sur la place du même nom), qui fit construire la route du Mont-Genèvre; la cathédrale, la préfecture, contenant le mausolée des Lesdiguières et une importante collection ornithologique. Musée archéologique; place décorée d'une fontaine monumentale. Casernes. Lycée.
Eau minérale sulfureuse à Puy-Maure, près Gap.

LA SAULCE-DES-ALPES

A 17 kilomètres de la gare de Gap.
Source d'eaux minérales carbonatées, chlorurées sodiques (16 à 23°), ferrugineuses, froides.
Établissement thermal. Hôtel.

LE LAUTARET

Commune de Villard-d'Arênes, à 34 kilomètres de Briançon. Gare de Bourg-d'Oisans (Isère), à 3 kilomètres.
Station de cure d'air et de lait de 1er ordre, à 2,075 mètres d'altitude. La plus élevée des Alpes françaises, au milieu des vastes prairies du Lautaret, célèbres par leurs 2,200 variétés de plantes.
Hôtels-chalets très confortables, élevés à côté de l'hospice, ouverts toute l'année.
De juin à octobre, service de grands cars suisses, partant de Briançon et Bourg-d'Oisans. Du 1er juillet au 30 septembre, service quotidien de cars alpins du Lautaret à Saint-Jean-de-Maurienne (Savoie), par le col du Grand-Galibier (2,658 mètres d'altitude), d'où l'on jouit d'une vue grandiose sur toutes les Alpes. Route la plus élevée de l'Europe, après celle du Stelvio.
Voitures à volonté à Briançon, au Lautaret, La Grave, Bourg-d'Oisans. Ascensions. Promenades faciles.

LE PLAN-DE-PHAZY

Commune de Risoul. A 900 mètres d'altitude, à 3 kilomètres de la gare de Mont-Dauphin.

Sources d'eaux minérales sulfatées calciques, sodiques, chlorurées sodiques et ferrugineuses (28 à 36°), très appréciées.

Établissement thermal.

MONÊTIER-LES-BAINS

A 14 kilomètres de la gare de Briançon et à 1,497 mètres d'altitude.

Eaux minérales sulfatées calciques (22 à 45°). Deux sources : l'une destinée à la boisson, l'autre sert aux bains.

Traitement des maladies de la peau, engorgements articulaires, rhumatismes, plaies.

Établissement thermal.

A 2 kilomètres plus bas, au hameau des Guibertes, existe une source thermale carbonatée calcique.

RÉMOLLON

A 33 kilomètres d'Embrun. Gare de Prunières, à 17 kilomètres.

Localité située dans la vallée de la Durance, au sud-est de Gap.

Source d'eaux minérales carbonatées calciques, très chargées d'acide carbonique, incrustantes, légèrement sulfureuses.

SAINT-BONNET

Localité située à 1,022 mètres d'altitude, dans le massif du Pelvoux et à 15 kilomètres de la gare de Gap.

Source d'eaux minérales sulfurées calciques.

SAINT-PIERRE-D'ARGENÇON

A 11 kilomètres de Gap. Gare.

Deux sources d'eaux minérales, exploitées, carbonatées calciques, ferrugineuses, gazeuses (13°1).

SALÉON

A 52 kilomètres de Gap, sur le Buech, à proximité d'Aspres. Gare d'Eyguians-Orpierre, à 2 kilomètres. Ligne Paris-Marseille.

Source d'eaux minérales chlorurées sodiques (17°).

TRESCLÉOUX

A 52 kilomètres de Gap. Gare d'Eyguians-Orpierre, à 6 kilomètres. Ligne de Paris-Marseille.

Source d'eaux minérales sulfureuses.

VALSERRES

A 13 kilomètres de Gap. Gare de la Batie-Neuve, à 11 kilomètres.

Source d'eaux minérales ferrugineuses.

Voir la suite page 123.

HAUTE-SAONE

EQUEVILLEY

A 20 kilomètres de Vesoul. Gares de Mersuay, à 4 kilomètres et de Conflans, à 7 kilomètres.

Source d'eaux minérales chlorurées sodiques.

ETUZ

A 32 kilomètres de Gray. Gare d'Auxon-Dessus, à 7 kilomètres, par gare Bucey-les-Gy. Ligne de Marnay à Gray, à Gy et Frétigny.

Source d'eaux minérales bicarbonatées calciques et ferrugineuses, située dans la vallée de l'Oignon.

LUXEUIL-LES-BAINS

A 20 kilomètres de Lure. Gare.

Ville célèbre par son abbaye et ses monuments historiques.

Quinze sources d'eaux salines, chlorurées, sodiques, carbonatées, calciques et ferrugineuses manganiques chaudes (21° à 52°5), efficaces dans anémie, chlorose, maladies des femmes, rhumatismes, débilité des enfants, neurasthénie, arthritisme, entérites, phlébite, etc.

Etablissement thermal le plus remarquable de France pour son élégance et son magnifique parc. Casino. Hôtels, maisons meublées.

Voir : Hôtel de ville, arcades, tour du Guet, élégant hôtel du cardinal Jouffroy (XVe siècle), abbaye fondée par saint Colomban en 590, église Saint-Pierre, monument de 1328-1340, quelques restes du cloître, l'abbaye et la maison abbatiale servant aujourd'hui de presbytère, de petit séminaire et de mairie, l'ancien hôtel de ville, dominé par une jolie tourelle, un hôtel du temps de François Ier.

NEUVELLE-LÈS-LA-CHARITÉ

A 23 kilomètres de Vesoul Gare de Noidans-le-Ferroux, à 4 kilomètres. Ligne de Paris à Gray.

Trois sources d'eaux minérales sulfurées calciques.

Voir : ancienne abbaye de la Charité (XIIe siècle).

SAINTE-MARIE-EN-CHANOIS

A 19 kilomètres de Lure. Gare de Luxeuil, à 11 kilomètres. Ligne de Luxeuil-les-Bains à Corravillers-la-Rosière.

Source d'eaux minérales sulfatées calciques, froides (15°).

Voir : chapelle Saint-Roch et ermitage de Saint-Colomban.

SCEY-SUR-SAONE

A 20 kilomètres de Vesoul. Gare de Port-sur-Saône, à 9 kilomètres.

Source d'eau salée. Hôtels.

Voir : restes d'une ancienne église.

VELLEMINFROY

A 15 kilomètres de Lure. Gare de Creveney-Saulx, à 3 kilomètres.

Source d'eaux minérales exploitées, carbonatées calciques et magnésiennes, sulfatées calciques et magnésiennes (14°).

HAUTE-SAVOIE

AMPHION-LES-BAINS

Commune de Publier. A 6 kilomètres de Thonon et à 3 kilomètres d'Evian-les-Bains. Gare.

Sur le lac de Genève, renommée par la beauté de ses châtaigniers.

Eaux minérales bicarbonatées mixtes, alcalines, froides (8°), indiquées dans les affections du foie et de l'estomac, voies urinaires, anémie, chlorose.

Etablissement thermal. Parc avec terrasse dominant le lac Léman dans lequel existe une source ferrugineuse, utilisée en bains et en boissons.

BROMINES

Commune de Sillingy, à 6 kilomètres de la gare d'Annecy.

Source d'eaux minérales, sulfureuses (16°), alcalines et gazeuses.

Petit établissement thermal. Bains et buvette.

Maladies traitées : laryngites, rhumatismes, etc.

CHAMONIX

A 61 kilomètres de Bonneville. Gare du Fayet-Saint-Gervais, à 20 kilomètres.

Coquette petite ville, sur l'Arbre, située au pied des glaciers du mont Blanc. Station climatérique de premier ordre et centre de grandes et petites excursions. Altitude 1,050 mètres. Nombreux hôtels, restaurants et maisons meublées.

Source d'eaux minérales sulfureuses froides (9°).

Le Prieuré, ou couvent des bénédictins, fut fondé vers l'an 1100.

Voir : exposition de peintures alpestres ; muséum du mont Blanc ; monument élevé à Jacques Balmat.

Chemin de fer électrique (P.-L.-M.) reliant Le Fayet à Chamonix et Argentière Chemin de fer à crémaillère de Chamonix au Chatelard.

A Argentière, commune de Chamonix (altitude 1,200 mètres), châlets-restaurants en montagne. Hôtels.

Excursions en cars alpins, jusqu'au 15 septembre, Annecy-Chamonix et retour par le col des Aravis (1,498 mètres).

CHATEL

A 40 kilomètres de la gare de Thonon.

Etablissement d'eaux minérales

CHENS

A 16 kilomètres de Thonon. Gare de Bons-Saint-Didier, à 9 kilomètres.

Sources alcalines de Tougues (10°), bicarbonatées calciques, froides, qui débitent 100 litres par minute. Escale des bateaux à vapeur desservant la rive gauche du lac Léman.

EVIAN-LES-BAINS

A 10 kilomètres de Thonon, sur les bords du lac Léman. Gare.

Eaux alcalines froides bicarbonatées calciques, sodiques, gazeuses (10 à 12°). Sources très importantes, efficaces dans les maladies du foie et des voies urinaires, estomac, voies digestives et appareil biliaire.

Deux établissements thermaux. Casino avec établissement de bains et établissement hydrothérapique.

Théâtre. Hôtels, maisons meublées, villas.

Belles promenades et vieux châteaux dans les environs.

Le port est desservi par une ligne régulière de bateaux à vapeur.

Saison du 15 mai au 15 octobre.

LA CAILLE

Commune d'Allonzier, à 16 kilomètres de Saint-Julien. Gare de Groisy-le-Plot, à 11 kilomètres. Voitures publiques.

Deux sources d'eaux minérales sulfureuses chaudes (30°), et trois sources d'eaux froides, recommandées dans les maladies des muqueuses et de la peau, des fonctions digestives, bronches, larynx.

Établissement thermal au fond d'un ravin, à 150 mètres de profondeur, au-dessous d'un magnifique pont suspendu sur les Usses, ayant 192 mètres de longueur.

Service de cars alpins, jusqu'au 15 octobre, d'Annecy au Pont de la Caille. Hôtels.

LA VERNAZ

A 13 kilomètres de la gare de Thonon.

Source d'eaux minérales.

Carrières de marbre.

LE GRAND-BORNAND

A 32 kilomètres d'Annecy. Gare de Saint-Pierre-de-Rumilly, à 19 kilomètres.

Le Grand-Bornand (934 mètres d'altitude).

Desservi par une route de voitures partant de Thônes, 2,019 habitants. Ce grand village, disséminé dans un site accidenté, entouré de verdoyantes prairies et de magnifiques forêts, est une station climatérique très fréquentée pendant l'été. Grand commerce de bois, production d'excellents fromages à pâte molle connus sous le nom de reblochons. Hôtels tout neufs, chalets à louer, voitures à volonté. Guides, postes et télégraphe, téléphone, service de voitures.

Excursions. — La vallée d'Entremont, étroit défilé entre deux rochers à pic, hérissé de sapins qui se penchent sur les eaux tumultueuses du Borne, le Reposoir, le col et la Porte des Aravis, Pointe-Percée.

Plan de la Forclaz Forêt du Villaret. Plateau de la Joyère. Les Tines Cascade la mystérieuse. La Gandenière. Les Tours. L'Aiguille. Col de Colombière. La Bombardelle. Le Jalouvre, etc.

LE PETIT-BORNAND

A 25 kilomètres d'Annecy et à 12 kilomètres de Bonneville. Gare de Saint-Pierre-de-Rumilly, à 8 kilomètres.

Source d'eaux minérales sulfureuses (20°), elle prend naissance dans la vallée du Borne, aux environs de Bonneville.

LE SALÈVE

Chaîne de montagne s'étendant de l'est à l'ouest et formant un belvédère de plusieurs lieues en face du magnifique panorama des Alpes et du mont Blanc ainsi que de la vallée du Rhône avec Genève et le lac. Un chemin de fer électrique partant de Veyrier et d'Etrembières et relié à Genève par deux lignes de tramway en fait un but d'excursion très fréquenté. Mais c'est particulièrement comme station climatérique recommandée par le corps médical au même titre que les plus importantes stations rivales de la Suisse, que le Salève et la station de Monnetier-Mornex méritent une mention spéciale. De nombreux hôtels et pensions de tous rangs y attirent chaque année un nombre toujours croissant de touristes. La proximité immédiate de Genève (15 trains par jour) ajoute à tous ces avantages l'attrait des distractions d'une grande ville. Comme station d'hiver, Monnetier-Mornex offre une piste de lugeage presque unique. Des concours sont organisés par les soins du Syndicat d'initiative. Plusieurs hôtels sont installés pour recevoir les amateurs de sport et de soleil, avec tout le confort désirable.

MÉGÈVE

A 10 kilomètres de la gare Saint-Gervais, 10 kilomètres de la gare de Sallanches, 22 kilomètres de la gare d'Agines.

Station d'altitude (1.111 mètres) dans un pays riche, avec toutes les ressources d'une petite ville de 1,777 habitants. Haut plateau bien abrité, bien exposé, entouré de prairies et de bois de sapins avec torrents et belles promenades.

Service public de voitures dans trois directions Eclairage électrique, téléphone, etc.

Médecin, ancien interne des hôpitaux de Paris. Pharmacien. Trois hôtels. Nombreuses villas et appartements meublés.

MENTHON-SAINT-BERNARD

A 8 kilomètres de la gare d'Annecy.

Station thermale et estivale, sur les bords du lac d'Annecy. Eaux sulfureuses alcalines et gazeuses. Traitement en boisson, bains, douches, des rhumatismes laryngites, etc. Bateaux à vapeur sur le lac.

Etablissements de bains. Hôtels, villas meublées, voitures publiques.

Voir : château féodal où naquit saint Bernard; restes de bains romains.

SAINT-ANDRÉ

A 9 kilomètres de la gare de Rumilly.

Source d'eaux minérales sulfureuses froides (8°) et bicarbonatées sodiques, sur les bords du Fier, près de son confluent avec le Rhône

SAINT-GERVAIS-LES-BAINS

A 30 kilomètres de Bonneville. Gare du Fayet-Saint-Gervais, à 500 mètres.

A l'entrée de la vallée de Montjoie et sur les pentes du Prarion.

Belles sources d'eaux minérales naturelles, salines sulfureuses chaudes, efficaces dans les maladies de la peau, herpétisme, nervosisme, eczéma, acné, séborrhées, pityriasis, dyspepsie neurasthénique, pléthole abdominale, goutte chronique, etc.

Station de famille pour les enfants débiles.

Deux établissements thermaux, entourés d'un magnifique parc, au pied du mont Blanc. Casino, hôtels, maisons meublées.

Mines de cuivre et de plomb argentifère. Carrière de jaspe sanguin.

Nouveau chemin de fer à crémaillère montant du Fayet au village de Saint-Gervais et au Bionnassey.

Chemin de fer électrique (P.-L.-M.) réunissant Le Fayet à Chamonix et Argentière.

Voir : cascade du Crespin.

SAMOËNS

A 29 kilomètres de Bonneville. Gare.

Localité située à 700 mètres d'altitude.

Eaux minérales sulfureuses (2 sources) et ferrugineuses (1 source). Hôtels, restaurants.

Forêt, pâturages.

Voir : ancien château de la Tour. Hauts fourneaux, ardoisières.

THONES

A 632 mètres d'altitude et à 20 kilomètres d'Annecy. Petite cité alpestre de 2.925 habitants dans une situation originale, à l'intersection de trois vallées, séjour très fréquenté en raison de son altitude, du bon air qu'on y respire et des nombreuses excursions qu'on y peut faire. Il s'y fait un grand commerce de bois, de beurre, de fromages, d'horlogerie et de chapellerie.

Nombreux hôtels-pensions. Villas et chalets meublés. Postes, télégraphe, téléphone. Médecins et pharmaciens. Centre bien approvisionné. Point de départ des cars alpins pour le col des Aravis, Saint-Gervais et Chamonix et des courriers pour Grand-Bornand, Saint-Jean-de-Sixt, la Clusaz, Serraval et Manigod. Thônes est relié à Annecy par un tramway à vapeur (5 départs dans chaque sens).

Thônes, avec son cadre merveilleux de montagnes gigantesques et ses immenses forêts de sapins qui couvrent plus de 3,500 hectares dans la commune, est sans contredit la station idéale pour cure d'air et villégiature. Le promeneur comme l'alpiniste y trouveront à satisfaire leurs goûts; depuis la simple promenade, jusqu'à l'ascension pleine d'émotion et d'imprévu, toute la gamme des exercices hygiéniques qui entretiennent et rendent la santé s'offre aux touristes.

THONON-LES-BAINS

Chef-lieu d'arrondissement, sur les bords du lac Léman. Funiculaire à contre-poids d'eau, reliant le port à la ville. Casino, bateaux à vapeur. Gare.

Etablissement thermal municipal des eaux bicarbonatées benzoïques de la Versoie, à 2 kilomètres. Eaux ferrugineuses de Marclaz.

Etablissement thermal et hydrothérapique, exploité par une Société. Source St-François, source des Romains (saturée d'acide carbonique). Eaux alcalines bicarbonatées calciques et résino-balsamiques, souveraines dans les maladies des voies urinaires (vessie et reins).

Promenades et environs pittoresques. De la place du Château (terrasse plantée d'arbres), on jouit d'une belle vue sur le lac et sur la rive Suisse.

Voir : basilique gothique, église Saint-Hippolyte, XVe siècle; crypte romane, musée Chablaisien, cathédrale Saint-François.

Excursions : château de Ripaille; ruines du château d'Allinges (Xe siècle); Pont-du-Diable, grotte des Fées; vallée de la Dranse; Evian, 10 kilomètres.

HAUTES-PYRÉNÉES

ARGELÈS-GAZOST

Chef-lieu d'arrondissement. Gare.

Petite ville moderne, agréablement située près du Gave de Pau et du Gave d'Azun, avait 23 familles avant la Révolution. Superbe vallée. Château ayant appartenu à Barrière de Vieuzac.

Station balnéaire et station d'hiver. Établissement thermal, alimenté par les sources d'eau sulfureuse froide iodo-bromurée de Gazost. Ces eaux ont une action marquée dans les manifestations lymphatiques, métrites, endométrites, herpétique, scrofuleuse, névralgies utéro-ovariennes, maladies de la peau, affections spécifiques, maladies des voies respiratoires, tuberculose pulmonaire à forme mixte, cardiopathies, rhumatisme, chlorose, anémie, névroses. — Casino.

Excursions : mont de Gez, lac d'Estaing, Pic du Midi d'Arrens, Gabizos, Pibeste, Balaïtous, Haontacan, Vergonz, Château du Prince Noir, Château de Beaurens.

ARRENS

Gare d'Argelès. — Source chaude. Église entourée d'un mur crénelé. A 500 mètres, sur un mamelon isolé, chapelle romane de Pouey-la-Houm. Excursions.

BAGNÈRES-DE-BIGORRE

Chef-lieu d'arrondissement. Gare.

Bagnères-de-Bigorre est la métropole des Pyrénées. Site merveilleux (altitude 550 mètres) à l'entrée de la vallée de Campan. Pentes boisées aux frais ombrages où s'étalent le parc du Casino et des Thermes.

Deux établissements thermaux. Buvettes et gargarismes. Bains et douches. Salles de humages et de pulvérisations.

Eaux laxatives et diurétiques, notamment les sources la Reine, Salut ; ces effets ne se montrent qu'après quelques jours de traitement. Les sources peu chaudes agissent comme sédatives et hyposthénisantes, les plus chaudes sont excitantes et produisent au début du bain un effet astringent sur la peau. C'est un fait précieux pour le traitement que la réunion dans un même lieu de sources dont les unes sont purement sulfatées ou ferrugineuses, d'autres sulfatées et ferrugineuses à la fois, ou sulfureuses, avec une thermalité très variée.

L'anémie chlorose, les névralgies rhumatismales, les rhumatismes chroniques, les palpitations nerveuses, les maladies de la peau et les affections catarrhales sont les indications principales des eaux de Bagnères.

Station d'été et d'hiver. — Casino. Théâtre. Hôtels, chalets, villas.

Excursions : Casque de Lhéris ; la montagne de fleurs ; Campan avec ses cascades ; col d'Aspin, splendide panorama de vallées et de cimes ; le lac Bleu, suspendu à 2,000 mètres d'altitude ; le Pic du Midi de Bigorre portant à son sommet le célèbre Observatoire météorologique et d'où la vue est une des plus belles du monde.

Voir : reste d'un couvent de Jacobins.

BAGNET

Petit établissement de bains, au pied de sapinières. Source sulfureuse froide, cascades d'Artigues. Gare de Bagnères-de-Bigorre

---

BARÈGES

A 24 kilomètres d'Argelès. Gare de Luz-Saint-Sauveur.

Station thermale, à 1,232 mètres d'altitude, la plus élevée des Pyrénées.

Établissement de bains. Hôpital militaire. Hospice. — Casino. Théâtre.

Barèges doit sa renommée au voyage qu'y fit Mme de Maintenon en 1675.

Eaux thermales, sulfurées sodiques. Treize sources, température 44°25 à 32°. Eau limpide, onctueuse au toucher ; odeur d'acide sulfhydrique, saveur hépathique avec arrière-goût fade et nauséabond ; elle contient en abondance cette substance azotée connue sous le nom de barégine. Employée en boisson, bains, douches, pulvérisations. L'eau du Tambour se transporte. Eaux excitantes du système nerveux, sédatives de la circulation. Action locale et générale énergique.

Maladies traitées : paralysies essentielles, rhumatismes, avec engorgement indolent des articulations, dermatoses invétérées, scrofule, engorgements glandulaires, blessures de guerre, ulcères atomiques cachectiques.

Excursions très intéressantes : route thermale du col du Tourmalet, vers Bagnères (2,122 m.) ; lac Bleu, Pic du Midi, lacs d'Escoubous, de la Glaire, région dite des lacs ; hauts sommets, Pics d'Ayré, Pène Blanque, Pène Pourry, Pène Taillade, la Piquette, le col d'Aubert, le Néouvielle, le pic Long, le Refuge du Club Alpin du col du Rabiet.

BEAUCENS

A 7 kilomètres d'Argelès. Gare de Pierrefitte, à 2 kilomètres.

Eaux thermales, exploitées.

Voir : restes d'un château du XIVe siècle et donjon du XIIe siècle.

BUÉ

A proximité de Luz.

Source d'eaux minérales ferrugineuses.

CADÉAC-LES-BAINS

A 38 kilomètres de Bagnères. Gare d'Arreau, à 2 kilomètres.

Cadéac est assis autour d'un mamelon surmonté d'une tour (XIᵉ siècle). Eglise moderne; il ne reste de l'édifice, du XIᵉ siècle, que la porte du nord et ses ferrures.

On sort de Cadéac par une ancienne porte qui est en même temps une chapelle; d'un côté est l'autel, de l'autre des bancs de pierre pour les fidèles. C'est la chapelle de Pène-Taillade ou Porte-Coupée. Près de là devait exister la digue qui retenait les eaux de la Neste et en formait un grand lac : on voit le point où la roche a été coupée de main d'homme, suivant la tradition, sur une longueur d'une trentaine de mètres.

Deux établissements thermaux. Bains, douches, pulvérisations, vapeur sèche, fumigations, buvettes sulfureuses.

Eaux froides, sulfurées sodiques. Température 13°5 Buvette 15°65. Elles s'emploient en boisson et en bains, contre les maladies de la peau et des voies aériennes.

Les excursions les plus grandioses, les ascensions hardies sont la tentation [illegible] touristes. Le pic de Luston, 3,025 mètres; l'Arbiron, [illegible], la cascade de Couplan, le Riou-Mayou, les cols d'Aspin et de Peyresourde, les lacs d'Oredon, d'Omar, d'Auber, Cailhaouas Le Monné dit de Luchon. Les vallées du Louron, de la Neste.

CAPVERN-LES-BAINS

A 19 kilomètres de Bagnères. Gare. Ligne de Toulouse à Bayonne.

Altitude 500 mètres. Climat doux, tempéré, exceptionnellement sain.

Eaux sulfatées calciques, magnésiennes, diurétiques, ferrugineuses, laxatives, toniques et reconstituantes, ne débilitant jamais : sans rivales contre affections de la vessie, du rein, du foie (gravelle), de l'estomac, coliques néphrétiques et hépathiques, arthritisme, rhumatismes, goutte, diabète, albuminurie, hémorroïdes, maladies des femmes (âge critique), chlorose, anémie, neurasthénie, maladies nerveuses, maladies coloniales

Eaux exportées très stables, richement minéralisées

Etablissements termaux ouverts toute l'année. Saison du 15 mai au 31 octobre.

Casino. Théâtre. Concerts. Cercle des étrangers. Petits chevaux. Hôtels, villas, maisons particulières.

Excursions pittoresques. Voitures de louage.

CAUTERETS

Joli bourg, à 930 mètres d'altitude, dans une jolie vallée. Climat très pur. Gare.

Station très fréquentée. Dix établissements thermaux Eaux sulfurées sodiques Vingt-quatre sources, température variant de 56° à 24°. Emploi en boisson, bains, douches, inhalation, pulvérisation. Ces eaux diffèrent dans leurs effets comme dans leurs éléments chimiques et dans leur température. Elles sont employées surtout contre les maladies de la peau et des voies respiratoires, les engorgements de l'utérus et ceux qui résultent de la fièvre intermittente, le rhumatisme, la scrofule, la dyspepsie, etc

Casino. Concerts de jour. Théâtre de la Nature. Hôtels, maisons particulières.

Excursions : lacs de Gaube, d'Estom, d'Estom-Soubiran (8 lacs glacés), d'Ilhéou; Cabaliros, Monne, col de Riou, où le T. C. F. a installé une table d'orientation. Viscos, pic Nère, Péguère. Parmi les sommets élevés, à citer : l'Ardiden, les pics d'Araillé, Aratille, Grand Barbat, Vignemale (le plus haut sommet des Pyrénées Françaises, 3 298 mètres), grand glacier; refuge du Club Alpin de la Fourquette d'Ossoue et grottes du comte Henry Russel, descente à Gavarnie Grande Fache, pic d'Enfer, Cambales, Balaïtous, ascension des plus intéressantes mais des plus difficiles. De la vallée du Marcadau, on passe facilement le port du même nom par un sentier muletier qui conduit aux bains de Panticosa, en Espagne.

Cauterets possède une phalange de guides renommés et un service de voitures très bien organisé.

CAZAUX-DEBAT

A 43 kilomètres de Bagnères. Gare d'Arreau-Cadéac, à 4 kilomètres.

Eaux sulfureuses froides.

COURET

Commune de Loudenvielle, à 36 kilomètres de Bagnères. Gare d'Arreau.

Petit établissement thermal sur la Neste, à 700 mètres d'altitude. Trois sources froides, sulfureuses, iodo-ferrées et ferrugineuses.

DUBAOU

Commune de Germs, 14 kilomètres de la gare de Lourdes. Cinq sources d'eaux minérales chloro-sulfurées sodiques.

FERRÈRE

A 58 kilomètres de Bagnères. Gare de Saléchan, à 8 kilomètres.

Eaux minérales sulfureuses et salines iodurées. Guérison des maladies nerveuses et de la peau, cures d'air, cures du petit lait et prairies inondées pour les amateurs de la cure Kneipp.

Établissement thermal des Chalets Saint-Néré (10 cabines), au milieu d'un parc de 35 hectares. Deux sources, appelées Sources de l'Ourse. L'une, froide, sort de la montagne de Lanère; l'autre, thermale, est connue de toute antiquité. Avant de se réunir à ces deux sources, l'Ourse se perd dans un gouffre. Aux environs, blocs erratiques, entre autres la Roche Damnée, au milieu de la forêt.

Hôtels. Omnibus en gare de Loures-Barbazan. Courrier de Mauléon à la gare de Saléchan.

GAVARNIE

A 38 kilomètres d'Argelès. Gare.

Station climatérique la plus élevée des Hautes-Pyrénées (1,354 mètres d'altitude). On monte à Gavarnie, de Cèdre, par une belle route carrossable. Pont en marbre sur le Gave. A remarquer le beau Cirque de Gavarnie, remarquable enceinte gigantesque d'une lieue de tour, creusée dans le calcaire tertiaire, appartenant à la bande espagnole. Son fond est à 1,600 mètres d'altitude, et ses parois s'élèvent jusqu'à 2,800 mètres par de nombreux gradins couverts de neiges perpétuelles et de petits glaciers d'où tombent treize cascades, origines du Gave de Pau ; l'une d'elles, qui a 422 mètres de chute, est la plus haute de l'Europe.

Excursions : Port de Boucharo, le Taillon, le Gabiétou et ses aiguilles de glace, la Brèche de Roland (2,333 mètres), immense coupure de la montagne, qui a plus de 100 mètres de hauteur et 12 mètres de largeur, et sert de passage entre les deux versants français et espagnol, accès assez facile ; le Casque, les Tours, l'Epaule, le Marboré, le Cylindre, le Mont-Perdu ; descente par l'étang glacé sur la jolie vallée d'Ordesa ou d'Arrazas, le village espagnol de Torla et retour par le hameau et le port de Boucharo : le Pimené, l'Astazou, très belle vue sur le Cirque, le Vignemale, etc.

Hôtels, restaurants. Garage, électricité, bains. Grand parc.

GAZOST

A 17 kilomètres d'Argelès. Gare de Lugaguan, à 7 kilom.

Cette localité, à 800 mètres d'altitude, possédait autrefois un petit établissement tombé en ruines. Les eaux, sulfureuses froides (12°5 à 14°), sont amenées à Argelès, et pourraient servir, sur place, à l'embouteillage.

LABARTHE-DE-NESTE

A 26 kilomètres de Bagnères. Gare de Labarthe-Avezat, à 3 kilomètres.

Etablissement thermal. Eau froide, limpide, inodore, magnésienne, remarquable surtout par la présence de la barégine ; elle est sédative des maladies nerveuses.

Voir : restes d'une enceinte avec donjon carré du XIe siècle.

LABASSÈRE

A 6 kilomètres de la gare de Bagnères-de-Bigorre (800 mètres d'altitude).

Source d'eaux minérales, sulfurées, sodiques, froides (12° à 13°), non utilisées sur place. L'eau de table exportée.

Voir : restes d'une tour du XIIIe siècle.

LE GARET

A 15 kilomètres de la gare de Bagnères-de-Bigorre.

Petit établissement thermal. Eau sulfureuse avec barégine (17°)

LOURDES

Ligne de Toulouse à Bayonne. Gare.

Ville de 7,000 habitants, sur la rive droite du Gave, au débouché du pays de Lavedan, composé de plusieurs vallées.

La position de Lourdes est superbe : un château-fort romain, couronné par un donjon de 30 mètres, domine et commande la vallée, du haut d'un rocher à pic que contourne le Gave. Lourdes est devenu célèbre par les pèlerinages à la grotte miraculeuse de Massabielle. Au-dessus de la grotte s'élève une église monumentale (style du XIIIe siècle), la basilique, au piend de laquelle se trouve l'église du Rosaire, construite en beau granit dans le dessin de la crypte Saint-Pierre de Rome et en face une immense esplanade. L'ensemble est grandiose.

Plusieurs grottes environnent celle de Massabielle ; dans l'intérieur des principales, la grotte de Spélugue et la plus curieuse du Loup, on y a trouvé des ossements fossiles et des objets travaillés, de l'époque du renne.

Hôtels, chalets, villas, maisons de famille Tramways, voitures de louage.

Ascension au Pic du Grand Ger (1,000 mètres d'altitude) par un beau chemin de fer funiculaire électrique, d'une longueur de 1,250 mètres. Trajet, 10 minutes. Au haut du Pic, élégant hôtel. Le panorama est merveilleux.

Excursion au lac de Lourdes, à 3 kilomètres. Service de voitures toutes les heures. Bateau automobile sur le lac. Barques pour pêche et promenades. Café-restaurant.

De juillet à septembre, service de cars automobiles vers Eaux-Bonnes, Gabas, Oloron et Urdos.

LUZ-SAINT-SAUVEUR

A 20 kilomètres d'Argelès. Gare.

Station thermale, à 770 mètres d'altitude, à laquelle on accède par la route carrossable et par un chemin de fer électrique. Jolie ville placée à l'entrée des deux vallées du Bastan et de Gavarnie.

Les sources de Barzun, descendues de Barèges à Luz, alimentent deux établissements thermaux. L'eau de Barzun, moins chaude (32°) que celles de Barèges, est sédative du système nerveux; elle diffère peu, à tout autre égard, des eaux de Barèges.

Eaux sulfureuses alcalines et gazeuses recommandées dans les affections utérines, maladies nerveuses et rhumatisme articulaire.

Voir : église des Templiers de la fin du XIIe siècle, tout entourée de créneaux et surmontée de deux tours; ruines du château de Sainte-Marie, construit par les habitants de la vallée de Barèges pour défendre leur indépendance; pont de Saint-Sauveur, à 60 mètres au-dessus du Gave.

Excursions : col de Riou, descente sur Cauterets, Viscos, Ardiden, Bergons, pic Néré, etc.

MAULÉON-BAROUSSE

A 55 kilomètres de Bagnères. Gare de Saléchan, à 6 kilomètres, et Loures-Barousse, à 10 kilomètres.

Ancien chef-lieu de la Barousse, aujourd'hui chef-lieu de canton (630 habitants), au confluent des deux Ourses, au pied du mont Sacon (1,528 mètres).

Voir : donjon du XIIIe siècle. Sur le flanc de la montagne, grotte dite de « l'Abbé-d'Ajos. »

Chalets-Barousse. Eaux minérales et thermales.

SAINT-SAUVEUR-LES-BAINS

A 20 kilomètres d'Argelès. Gare de Luz-Saint-Sauveur.

La station de Saint-Sauveur, malgré son altitude, est à l'abri des coups de vent et des variations de température; elle est, pour ainsi dire, suspendue à la montagne, au-dessus du Gave, qu'elle domine d'une hauteur de 70 mètres.

Etablissement des Thermes ou des Dames (vue sur le Gave). Casino. A mi-côte, établissement de la Hontalade, près de la source du même nom, qui jaillit dans une grotte. Source Dufau (buvette). Bains et boisson.

Les eaux sulfureuses de Saint-Sauveur sont diurétiques, sédatives et toniques à la fois. Elles réussissent dans les affections des voies génito-urinaires, dans le rhumatisme et les névralgies, dans certaines névroses, etc.

Voir : deux colonnes en marbre rappelant le séjour des duchesses de Berry et d'Angoulême; église Saint-Joseph, moderne, gothique; Pont Napoléon (1860) conduisant à la route de Gavarnie (67 mètres de longueur), arche de 47 mètres, la clef est à 65 mètres au-dessus du torrent. Du côté de Saint-Sauveur, le flanc des rochers a été taillé en allées qui descendent au Gave. A l'extrémité du pont, colonne surmontée d'un aigle colossal.

SALUT

A 800 mètres de la gare de Bagnères-de-Bigorre. Etablissement thermal.

Au fond d'un petit bassin d'arbres et de prairies entouré par des hauteurs abruptes, précédé d'une promenade ombragée de tilleuls et garnie de bancs.

Les principes des eaux de Salut sont calmants. Leur température varie entre 32 et 34° ; elles ont une action très vive sur les irritations cutanées.

L' « esprit » mystérieux de la source agit sur les tempéraments tribûtaires, soit du ralentissement de la circulation sanguine, soit des nerfs ; sur les affections de l'utérus, dans lesquelles la sensibilité est poussée à l'extrême et les douches amènent des résultats satisfaisants. Le courant minéral combat l'éréthisme des muqueuses, adoucit, modère et guérit souvent les gastralgies. A noter aussi d'étonnants effets dans la cure si difficile de la gravelle et des catarrhes de la vessie que guérit la « Peyrie », appelée le « Petit Capvern ».

SIRADAN

Ligne de Montréjeau à Luchon. Gare de Saléchan-Siradan à 1 kil. 500 de l'établissement thermal. Service spécial à tous les trains; à l'entrée de la splendide vallée de la Barousse ; nombreuses excursions ; routes carrossables pour automobiles. Garage. Nouvelle installation d'hydrothérapie moderne. Douches spéciales pour dames.

Source du Lac (sulfatée, calcique, magnésienne). — Affections de l'estomac, des intestins et du foie. Diathèse goutteuse, gravelle, catarrhe de la vessie, diabète, fièvres intermittentes, affections de l'utérus, troubles de la menstruation.

Sources ferrugineuses convenant aux femmes nerveuses, aux enfants faibles et lymphatiques, aux personnes épuisées, à la chlorose et à l'anémie.

Parc magnifique au pied de la montagne.

Voir à Saléchan, dans le cimetière : chapelle romane avec curieux débris romains.

TRAMESAIGUES

A 60 kilomètres de Bagnères (970 mètres d'altitude). Gare d'Arreau-Cadéac à 14 kilomètres.

Sources d'eaux minérales, sulfurées, sodiques, sur les bords de la Neste. Source ferrugineuse.

Petit établissement thermal.

VILLELONGUE

A 3 kilomètres de la gare de Pierrefitte-Nestalas, à l'entrée de la vallée de Lavedan.

Deux sources d'eaux minérales sulfatées calciques, sodiques et ferrugineuses.

Restes de l'abbaye de Saint-Orens.

VISCOS

A 12 kilomètres d'Argelès. Gare de Pierrefitte, à 8 kilomètres.

Eaux minérales sulfurées calciques, efficaces dans la cicatrisation des blessures et érosions, scrofules, ulcérations du col utérin, ulcères et plaies.

VIZOS

A 2 kilomètres de la gare de Luz, dans la vallée de Lavedan.

Belle situation sur le versant sud du Som de Néré.

Source d'eaux minérales, sulfurées froides, gazeuses (11°).

HAUTE-VIENNE

BUSSIÈRE-GALANT

Eau minérale de table exportée (source des Roches Bleues), efficaces dans la goutte, rhumatisme, gravelle, obésité, arthrite, eczéma, maladies du foie, diabète, albuminurie, artério-sclérose, etc. Gare.

SAINT-MARTIAL

A 20 kilomètres de la gare de Bellac.

Eau de source (domaine de Royères-Bonnac) aromatique, légère, pure, peu calcaire, ne troublant pas à l'ébullition ; elle est un des meilleurs adjuvants dans le traitement de la goutte, gravelle, douleurs rhumatismales, maladies du foie et des reins, et en général de l'arthritisme.

HÉRAULT

AGDE

A 21 kilomètres de Béziers. Gare.

Ancienne ville maritime sur l'Hérault et le canal du Midi. Commerce avec l'Espagne et l'Italie.

Bains de mer. Nombreux établissements.

Voir : chantiers de construction de navires; église Saint-Étienne et pèlerinage à la chapelle de Notre-Dame du Grau, remparts (ruines).

A 1 kilomètre en mer, îlôt de Brescou. Excursion à l'étang de Thau.

AVÈNE-LES-BAINS

A 31 kilomètres de Lodève. Gare du Bousquet-d'Orb.

Eaux salines chaudes, eaux minérales, alcalines et arsenicales. Cure radicale des maladies de la peau et de l'estomac. plaies, ulcères, syphilis, utérus, scrofules, pâles couleurs, opthalmies. Station climatérique d'été. Site renommé. Distractions. Parc. Pêche et chasse. Bains sur le bord de la rivière d'Orb.

BALARUC-LES-BAINS

A 25 kilomètres de Montpellier. Gare. Ligne de Cette à Montbazin.

Eaux muriatiques chaudes. Eaux minérales, sels et dragées. Ces eaux sont efficaces pour le traitement des maladies rhumatismales articulaires (goutteux, etc.), névralgies sciatiques; paralysies, atrophie musculaire, paraplégie, scrofule, lymphatisme, cassure, blessure, foulure, affections chirurgicales et cutanées; fractures, entorses, etc. — Trois établissements thermaux Hospice recevant les malades de tous les pays, lorsque leur pauvreté est constatée. Station hivernale sur les bords de l'étang salé de Thau, qui communique avec la Méditerranée et en face du port de Cette.

CABOSSE

Commune d'Assignan, à 24 kilomètres de Saint-Pons. Gare de Saint-Chinian, à 6 kilomètres.

Source d'eaux minérales de Cabosse.

CETTE

Ville maritime entre la Méditerranée et l'étang de Tau, à l'embouchure du canal du Midi. Le port est situé dans le fond du golfe du Lion. Les atterrages sont signalés par les phares de Pharaman, de la pointe de Lespiguette et du Mont-d'Agde.

Bains de mer et de sable. Plage très fréquentée du 1er juin à fin septembre Divers établissements. Gare.

Source chlorurée sodique, dite de « Saint-Joseph », abondante, qui jaillit non loin de l'étang de Thau.

COLOMBIÈRES-SUR-ORB

A 29 kilomètres de Saint-Pons. Gare. Ligne de Mazamet à Bédarieux.

Sources d'eaux gazeuses et ferrugineuses, exploitées — Hôtels.

Commerce de vers à soie, cerises et châtaignes.

CRUZY

A 33 kilomètres de Saint-Pons. Gare de Mirepeisset, à 9 kilomètres.

Source d'eaux minérales purgatives, sulfatées, exploitée par la Société de la Source magnésienne de Cruzy. Hôtels.

FONCAUDE

A 5 kilomètres de la gare de Montpellier

Eaux bicarbonatées calciques et ferrugineuses, indiquées dans le rhumatisme nerveux, certaines maladies subaiguës de la peau, entéralgie, gastralgie Etablissement thermal.

FRONTIGNAN

A 22 kilomètres de Montpellier. Gare Ligne de Tarascon à Cette.

Au pied de la montagne de la Gardiole et sur l'étang d'Ingril.

Bains de mer. Belle plage à 1 kilom. 1/2. Vins excellents.

Salines très productives et exploitation de mines de phosphate de chaux.

GABIAN

Sur la Tongue, à 24 kilomètres de Béziers. Gare. Ligne de Montpellier à Rodez.

On trouve, dans cette station, des sources d'eaux minérales froides, acidulées calciques, utilisées par les habitants du voisinage. L'une de ces sources, dite de « l'huile de pétrole », produit une matière bitumineuse qu'elle amène au jour

Voir : restes de l'église Sainte-Croix et du château Sainte-Marthe.

LAMALOU-LES-BAINS

A 40 kilomètres de Béziers. Gare. Ligne de Bédarieux à Castres.

Renommé par ses eaux minérales, ferrugineuses, alcalines, chaudes Traitement des rhumatismes, névralgies et ataxie, maladies de la moëlle épinière, tabès, hémiplégie, paralysies, neurasthénie et toutes maladies nerveuses.

Cette importante station possède trois établissements thermaux : Lamalou-le-Bas, Lamalou-le-Centre, Lamalou-

le-Haut, et plusieurs sources exploitées pour boissons
Casino. Théâtre. Parc. Massages, électricité médicale
Climat doux et tempéré. Sites pittoresques.
Nombreux hôtels et maisons meublées.
Mines de fer non exploitées.

LES AIRES

A 39 kilomètres de Béziers Gare d'Hérépian, à 2 kilomètres. Ligne de Bédarieux à Saint-Pons.
Eau de table, exportée, bicarbonatée sodique, calcique et magnésienne, efficace pour les maladies d'estomac.
Etablissement de la Vernière, fréquenté par les baigneurs de Lamalou, qui y font une cure d'eau. Buvette gazeuse.

MONTMAJOU

Commune et gare de Cazouls-les-Béziers.
Deux sources d'eaux minérales : l'une, dite des Bains, est bicarbonatée calcique, l'autre, la Buvette, est bicarbonatée calcique, sulfatée calcique, magnésienne et chlorurée sodique, avec prédominance de sels de magnésie.
Etablissement thermal.

MONTPELLIER

Chef-lieu de département. Gare.
Au confluent du Lez et du Verdansor, ville des mieux bâties, entourée par les boulevards des anciens fossés. Places ornées de fontaines, entre autres celles de la Préfecture et de la Comédie. La promenade du Peyrou est regardée, avec raison, comme l'une des plus belles de France. C'est une plate-forme carrée dominant la ville et ceinte d'une balustrade murale; deux rangées d'arbres aboutissent à un arc de triomphe et à un aqueduc formé de trois rangs d'arcades superposées. De trois côtés, elle commande une promenade basse à laquelle on descend par de belles rampes en pierres de taille. La vue embrasse le mont Ventoux, la mer et les Pyrénées.
Voir : cathédrale Saint-Pierre, école de médecine, palais de justice, musée, considéré comme le plus riche de province, bibliothèque, jardin des plantes, l'esplanade et les squares de la Mairie et Edouard-Adam.
A 2 kilomètres, une source d'eaux minérales, bicarbonatées calciques et ferrugineuses (35°) jaillit d'un trou, à la profondeur de 25 mètres, et a quelque analogie avec celle de Foncaude.

OLARGUES

A 19 kilomètres de Saint-Pons. Ligne Montauban-Castres-Lamalou-les-Bains-Bédarieux. Gare.
Sources d'eaux minérales.
Commerce de châtaignes, huile et truffes.

PALAVAS-LES-FLOTS

A 11 kilomètres de Montpellier. Gare.

Importante station de bains de mer. Etablissements et casino. Station de canot de sauvetage. Belle plage, villas, hôtels.

Eaux ferrugineuses, alcalines gazeuses, efficaces dans les affections des voies digestives, chlorose, anémie, etc.

QUARANTE

A 26 kilomètres de Béziers. Gare de Mirepeisset (Aude), à 10 kilomètres.

Source d'eaux minérales.

Voir : station météorologique ; église du xe siècle.

RIEUMAJOU

Commune de La Salvetat-sur-Agout, à 22 kilomètres de la gare de Saint-Pons.

Sources d'eaux minérales carbonatées calciques gazeuses, alcalines et ferrugineuses Hôtels. Voitures publiques. Eau de table exportée. Maladies du foie, goutte, gravelle, anémie et voies digestives. Etablissement.

ROSIS

A 50 kilomètres de Béziers. Gare de Graissessac-Estréchoux, à 17 kilomètres.

Rosis possède deux sources d'eaux minérales, exploitées, bicarbonatées sodiques, calciques et magnésiennes, indiquées dans les maladies de l'estomac. Buvette gazeuse.

ROUJAN

A 22 kilomètres de Béziers. Gare de Roujan-Neffiès, à 2 kilomètres. Ligne de Castres à Montpellier.

Sources d'eaux minérales ferrugineuses, exploitées.

Voir : ancienne église de Saint-Nazaire.

SAINT-JULIEN

A 20 kilomètres de Saint-Pons. Gare d'Olargues, à 4 kilomètres.

Eaux minérales carbonatées calciques, magnésiennes, alcalines, gazeuses, ferrugineuses. Anémie, chlorose, maladies des voies digestives, leucorrhée, dyspepsie, catarrhe vésical.

Commerce d'huile et de châtaignes.

Voir : ruines des Castelasses sur un roc presque inaccessible.

SERIGNAN

A 9 kilomètres de Béziers. Gare de Villeneuve-les-Béziers.

Bains de mer. Sur la plage, hôtels et casino.

Voir : église du XIIIe siècle.

ILLE-ET-VILAINE

CANCALE

A 14 kilomètres de Saint-Malo. Gare de la Gouesnière-Cancale, à 9 kilomètres. Voitures publiques.

Petite ville maritime avec un petit port, nommé la Tolle, fréquenté par les bateaux pêcheurs.

Bains de mer. Parc à huîtres, dont le renom s'étend dans toute l'Europe. Construction de navires. Hôtels.

Voir : rochers de Cancale. Vue superbe.

Excursions : Pointe du Grouin et le Verger ; fort Duguesclin ; Plessis-Bertrand et bois Renou.

CHERRUEIX

A 26 kilomètres de Saint-Malo. Gare de Dol-de-Bretagne, à 8 kilomètres.

Bains de mer. Belle plage, grève sablonneuse, où la classe ouvrière et les petits employés peuvent y trouver la vie à bon marché.

DINARD-SAINT-ENOGAT

Petite ville maritime à l'embouchure de la Rance. Très belle plage pour les bains de mer, à 2 kilomètres de Saint-Malo. Gare. Station de canot de sauvetage. Casino. Jolies villas. Climat très doux en hiver. Tramway de Dinard à Saint-Enogat.

Voir : beaux rochers dominant la plage ; restes d'un prieuré.

Saint-Enogat (commune de Dinard), à 3 kilomètres de Saint-Malo. Cette localité a pris une grande importance comme plage et bains de mer.

DOL

A 24 kilomètres de Saint-Malo. Gare.

Cette localité a été le siège d'un évêché au Moyen âge.

Son église, jadis cathédrale, dédiée à saint Samson, est du XIIIe siècle. On voit encore la vieille église N.-D.-Sous-Dol, convertie en halle, de vieilles maisons et restes d'une abbaye. Ses remparts ont été convertis en promenades. Communications faciles avec le Mont-Saint-Michel.

Sources d'eaux minérales.

Excursions : Pierre-de-Dol ; menhir du Champ-Dolent, à 1 kilom. 500 ; Mont-Dol (église XVe siècle), à 3 kilomètres, Carfontaine.

GUICHEN

A 45 kilomètres de Redon. Gare de Guichen-Bourg-des-Comptes, à 5 kilomètres.

Source d'eau minérale acidulée.

LA RICHARDAIS

A 6 kilomètres de Saint-Malo. Gare de Dinard-Saint-Enogat, à 4 kilomètres, par gare Pleurtuit.

Bains de mer. Hôtels. Constructions de bateaux.

LE THEIL

A 33 kilomètres de Vitré. Gare.

Source d'eau minérale ferrugineuse.

Voir : menhir; ruines du château de la Motte; châteaux de la Rigaudière et du Bois-Rouvray.

MINIHIC-SUR-RANCE

A 15 kilomètres de Saint-Malo. Gare de Pleurtuit, à 4 kilomètres.

Bains de mer. Hôtels. Construction de navires.

PARAMÉ

A 3 kilomètres de la gare de Saint-Malo.

Bains de mer. Plage magnifique, recherchée. Grand casino, splendide. Musée. Nombreux et somptueux hôtels, restaurants, villas. Charmantes excursions.

Rotheneuf (commune de Paramé), à 3 kilomètres. Bains de mer. Presqu'île Besnard. Hôtels.

Tramway à vapeur entre les deux stations.

REDON

Chef-lieu d'arrondissement. Gare.

Ville maritime sur la Vilaine. Bassin à flot assez fréquenté.

Source d'eaux minérales chlorurées sodiques et ferrugineuses, sur les bords de la Vilaine, dans la cour de l'usine de la Société des émeris de l'Ouest.

Voir : église (ancienne abbaye); belle tour gothique isolée par un incendie. Hauts fourneaux.

SAINT-AUBIN-DU-CORMIER

A 19 kilomètres de la gare de Fougères. Ligne de Rennes à Fougères et station de tramways à vapeur.

Cette localité possède une source d'eaux minérales. Célèbre par la bataille livrée près de là en 1488.

Voir : ruines du château de Pierre de Dreux; dans la forêt de Haute-Sève, menhirs et rochers remarquables.

SAINT-BRIAC

A 8 kilomètres de Saint-Malo. Gare de Dinard, à 6 kilomètres.

Bains de mer à peu de distance du bourg. Petite plage assez fréquentée. Hôtels. Casino.

SAINT-COULOMB

A 10 kilomètres de Saint-Malo. Gare de Gouesnière-Cancale, à 9 kilomètres.

Bains de mer.

Voir : fort Du Guesclin; châteaux de la Fosse-Mingant et du Plessis-Bertrand

Saint-Vincent (commune de Saint-Coulomb, à 3 kilomètres).

Bains de mer.

SAINT-JOUAN-DES-GUÉRÊTS

A 7 kilomètres de la gare de Saint-Malo.

Bains de mer.

SAINT-LUNAIRE

A 5 kilomètres de Saint-Malo. Gare de Dinard, à 3 kilomètres.

Très belle plage pour bains de mer.

Après Dinard, Saint-Lunaire est la station la plus importante de la baie de Saint-Malo.

Service d'omnibus. Casino. Hôtels, villas. Sémaphore, à 1 kilomètre.

SAINT-MALO

Chef-lieu d'arrondissement. Gare

Ville forte et maritime, bâtie sur l'île d'Aron, qui ne tient au continent que par une chaussée. Le port est sûr et commode, et très fréquenté; deux bassins et port d'échouage. Tramways à vapeur sur Paramé, Saint-Servan et Cancale. Bateaux à vapeur pour Dinard. Armements pour la pêche de la morue, le long cours et le cabotage. La rade est protégée par sept forts. L'enceinte, fortifiée par Vauban et creusée dans le roc, est ouverte par six portes.

Bains de mer. Grand Casino municipal. La plage, l'une des plus belles, des plus agréables et des plus sûres de France, l'aspect pittoresque de la ville, les sites grandioses et variés de ses environs, y attirent un grand nombre de baigneurs et de touristes.

Voir : cathédrale (style gothique); château flanqué de grosses tours, construit par la duchesse Anne de Bretagne, reine de France; trois quais fort étendus; promenades des Remparts; musée remarquable; jolis squares. Statues de Duguay-Trouin et de Châteaubriand.

SAINT-SERVAN

A 2 kilomètres de Saint-Malo. Gare de Saint-Malo-Saint-Servan, à 2 kilomètres.

Jolie ville maritime, à l'embouchure de la Rance, dans l'Océan, séparée de Saint-Malo par un bras de mer. Ces deux localités sont reliées entre elles par une route, un tramway et un pont roulant qui transporte les voyageurs d'une rive à l'autre.

Bains de mer. Source d'eaux minérales. Armement pour la pêche de la morue et le cabotage. Construction de navires. Port militaire.

Bac à vapeur de Saint-Servan-Saint-Malo-Dinard. Service de bateaux avec Jersey, Southampton, Cherbourg.

Station intéressante au point de vue de l'art breton; elle s'élève sur l'emplacement de l'ancienne ville gallo-romaine d'Aleth, un des derniers refuges du druidisme. Plusieurs plages très fréquentées.

Voir : tour de Solidor (20 mètres de hauteur); collège important; église Sainte-Croix, XVIIIe siècle (intérieur); sémaphore.

INDRE

AZAY-LE-FERRON

A 20 kilomètres du Blanc. Gare de Bossay (Indre-et-Loire), par gare Preuilly, à 10 kilomètres.

Cette localité possède une source thermale sulfureuse.

Voir : joli château de la Renaissance, église du XIIe siècle. Carrières

DUN-LE-POÊLIER

A 37 kilomètres d'Issoudun. Gare de Villefranche-sur-Cher, à 10 kilomètres.

Source d'eaux minérales bicarbonatées calciques et ferrugineuses, dite de l'Hermitage, sur la route de Graçay à Romorantin, rive droite du Fouzon.

Voir la suite page 150

INDRE-ET-LOIRE

BOURNAN

A 21 kilomètres de Loches. Gare de la Chapelle-Blanche, à 6 kilomètres.

Lignes du Grand-Pressig à Ligueil, de Ligueil à Loches et de Ligueil à Esvres.

Source d'eaux minérales ferrugineuses.

CHATEAU-LA-VALLIÈRE

A 39 kilomètres de Tours. Gare.

Localité située sur la Fare

Source d'eaux minérales ferrugineuses.

Voir : restes du vieux château de Vaujours, près duquel se trouve un menhir, élégant château moderne.

RIGNY-USSÉ

A 13 kilomètres de Chinon. Gares de Rivarenne, à 6 kilomètres et de Saint-Benoît, à 5 kilom. 500.

La vieille église (XIIe siècle), désaffectée en 1860, présente un intérêt traditionniste. Dans l'édifice, sous une dalle, existe une petite source ; l'eau de cette fontaine, d'après les traditions locales, grandit ou décroît, suivant le flux et le reflux de la mer; elle a, en se rapportant aux vieux dires, la propriété de guérir la colique des jeunes enfants.

SAINT-BENOIT

A 9 kilomètres de Chinon. Halte, à 1 kilom. 500. Ligne de Tours aux Sables-d'Olonne.

Dans un pays accidenté et granitique. Restes d'un ancien prieuré et fortifications ; ancien couvent d'Augustins ayant servi de collège ; château de Montgarnaud et du Surbois ; cascatelles ; dolmens.

A Turpenay existe une fontaine ferrugineuse, et non loin on a découvert des refuges dits « Caves ou Roches Margottes ».

On trouve, en forêt de Chinon, les vestiges d'une ancienne abbaye de l'ordre de Saint-Benoît.

Port sec pour le transport des bois de la forêt domaniale de Chinon.

SEMBLANÇAY

A 20 kilomètres de Tours. Gare de Saint-Antoine-du-Rocher, à 3 kilomètres, ligne de Tours au Mans.

Source d'eaux minérales ferrugineuses, connue des habitants de la région.

Voir : restes d'un château du XIIIe siècle.

VEIGNÉ

A 13 kil. 500 de Tours. Gare de Montbazon à 2 kilomètres. Arrêt de train (Orléans), ligne de Tours à Châteauroux.
Source d'eaux minérales ferrugineuses.
Dix châteaux dans la commune.

VOU

A 15 kilomètres de Loches. Gare de Lachapelle-Blanche, à 3 kilomètres.
Source ferrugineuse froide.

Voir la suite page 151.

ISÈRE

ALLEVARD-LES-BAINS

A 40 kilomètres de Grenoble. Gare.

Établissement thermal et hydrothérapique au milieu de montagnes. Eaux sulfureuses froides (16°) iodées.

Bains, douches, gargarismes, inhalations, contre affections de poitrine et des voies respiratoires, du larynx, de la peau, asthme, lymphatisme, utérus, scrofule, syphilis.

Casino ouvert du 1er juin au 30 septembre. Théâtre.

Établissement de bains de petit-lait pour combattre les maladies nerveuses et du cœur.

Hôtels, villas, maisons meublées. Parc très ombragé. Concerts deux fois par jour. Mines de fer.

Au-dessus d'Allevard, à 1,000 mètres d'altitude, se trouvent Le Curtillard et Fond-de-France, stations estivales de premier ordre. Centre d'excursions. Vue magnifique. Hôtels. Cures d'air et de lait.

BOUQUÉRON-LES-EAUX

Commune de Corenc. A 3 kilomètres de Grenoble. Gare de Meylan-le-Bachais.

Cette station se trouve sur la route qui monte au monastère de la Chartreuse. Superbe panorama sur la chaîne géante des Alpes françaises.

Les eaux de Bouquéron sont salutaires dans le traitement de toutes les affections nerveuses, faiblesse de constitution, vertige stomacal, névralgie, gastralgie, dyspepsie, hypocondrie, anémie, goutte, rhumatisme. Établissement thermal.

Le château (ancien manoir féodal) séduit par son parc, ses ombrages et ses sources.

BOURG-D'OISANS

A 50 kilomètres de Grenoble. Gare.

Source d'eaux minérales sulfureuses et ferrugineuses de la Pauthe ; elle prend naissance sur la rive gauche de la Romanche et l'eau est tiède et onctueuse au toucher.

Aux environs, mines d'or, d'argent, de plomb et de cristal de roche.

CHARAVINES-LES-BAINS

Station balnéaire très agréable (500 mètres d'altitude), à proximité de Voiron et de Vienne, reliée par des tramways à vapeur. Gare. Hôtels.

Voir : lac de Paladru.

CHORANCHE

A 21 kilomètres de Saint-Marcellin. Gare de la Sône et de Saint-Hilaire, à 12 kilomètres.

Etablissement balnéaire. Eaux sulfureuses iodées froides, dites « des Chartreux », situées au Mas, sur les bords de la Bourne, à 2 kilomètres de Pont-en-Royans.

FURES

Commune de Tullins. Gare. A 23 kilomètres de Saint-Marcellin.

Source d'eaux thermales. Hôtels.

LA FERRIÈRE

A 12 kilomètres de la gare d'Allevard-les-Bains.

A 1,250 mètres d'altitude, dans le haut de la vallée du Bréda, sous le col de la Valloire.

Source d'eaux minérales chlorurées sodiques.

LA MOTTE-LES-BAINS

Commune de la Motte Saint-Martin, à 32 kilomètres de Grenoble. Gare.

Sources d'eaux minérales (3-4) salines bromo-chlorurées sodiques chaudes, recommandées dans maladies articulaires, des os, utérines, scrofules, rhumatismes, atonie et engorgement des viscères, obésité, sciatiques et névralgies, paralysies. Efficaces pour certaines affections chroniques de l'appareil respiratoire, goutte, lymphatisme, maladies nerveuses.

Etablissement thermal installé dans un château du XIVe siècle, approprié en 1842. Hôtels.

Mines d'anthracite.

Excursions aux sources thermales situées sur les bords du Drac, au pont d'Avignonnet, au Cenex (1,364 mètres), au Signal de Notre-Dame-de-Vaulx (1,713 mètres) et au Seneppe (1,772 mètres).

LAVAL

A 22 kilomètres de Grenoble et à 5 kilomètres de la gare de Brignoud, à 800 mètres d'altitude. Téléphone.

Cure d'air et de lait. Forêt de sapins à proximité. Hôtels.

Voir : châteaux de Gorde et de Martelière.

LE CURTILLARD

Station estivale de premier ordre, située au-dessus d'Allevard-les-Bains (5 kilomètres) et à 1,000 mètres d'altitude, au milieu des sapins. Vue magnifique. Hôtels.

Centre d'excursions : les Sept-Laux, la cascade du Pissou, le glacier du Gleyzin, Puy-Gris (2,992 mètres), etc.

MONESTIER-DE-CLERMONT

A 34 kilomètres de Grenoble. Gare.

Trois sources d'eaux minérales naturelles, ferrugineuses et gazeuses, exploitées par une Société.

Hôtels, maisons meublées. Centre d'excursions.

Voir : ruines d'un château.

ORIOL-LES-EAUX

Commune de Cornillon-en-Trièves. A 48 kilomètres de Grenoble. Gare de Clelles-Mens, à 6 kilom. 500.

Eaux minérales ferrugineuses et gazeuses (18°) exportées.

Sept sources appartenant à différents propriétaires : catarrhe vésical, affections des voies digestives, engorgement des viscères abdominaux, fièvres, chlorose, anémie.

SAINT-PIERRE-DE-CHARTREUSE

A 27 kilomètres de Grenoble. Gare de Saint-Laurent-du-Pont, à 12 kilomètres, et de Fourvoirie, à 10 kilomètres.

Station de cure d'air, à 1,000 mètres d'altitude, dans une situation ravissante, au milieu des prairies et de belles forêts de sapins. Saison du 1er juin au 31 octobre. Poste, télégraphe, médecin et pharmacien. Service de voitures.

Correspondance avec la Compagnie de Voiron-Saint-Béron à Saint-Laurent-du-Pont.

Excursion, en une journée, du Couvent de la Grande-Chartreuse.

Hôtels, appartements pour familles, villas.

SALA

Cette localité dépend de la commune et gare de Chapelle-du-Bard, à 1,500 mètres d'altitude, dans la montagne, dans la vallée du Bréda.

Source d'eaux minérales chlorurées sodiques.

SOULIEUX

Commune de La Garde. Gare du Bourg-d'Oisans, à 4 kilomètres.

Source d'eaux minérales sulfatées sodiques, magnésiennes, chlorurées sodiques et ferrugineuses; elle jaillit sur la rive droite de la Romanche et est tiède et onctueuse au toucher.

THÉMINIS

A 72 kilomètres de Grenoble. Gare de Saint-Maurice-en-Trièves, à 17 kilomètres.

Eaux minérales sulfureuses.

URIAGE-LES-BAINS

Dans la vallée de Lonnant, à 12 kilomètres de Grenoble. Gare.

Source d'eaux minérales sulfureuses et salines purgatives, fortifiantes et dépuratives; elles conviennent aux personnes délicates et aux enfants faibles, lymphatiques; leur efficacité est démontrée contre les maladies de la peau, rhumatisme, syphilis et certaines affections de l'utérus, etc. Source ferrugineuse.

La grotte du Chien, remplie d'acide carbonique, dans le parc de Vichy-Généreux, attire un nombre considérable d'étrangers venus pour goûter les bienfaits de cette source dont la réputation grandit de jour en jour.

Bains, douches, pulvérisation, inhalation, hydrothérapie. Hôtels et villas meublés. Saison du 25 mai au 5 octobre. Parc, casino, cercle. Etablissement thermal.

Voir : antiquités gallo-romaines.

Entre Uriage et la vallée de la Romanche, on remarque, à gauche, le château de M. S. Jay, et, en face, le nouveau Parc des Alberges, où une importante station estivale vient d'être créée. L'ensemble des constructions doit comprendre un très grand hôtel et de nombreuses villas, dont six sont actuellement achetées. Là se trouveront réunies dans une situation ravissante toutes les conditions de confort et d'hygiène désirables.

VEUREY

A 15 kilomètres de Grenoble. Ligne de Grenoble à Veurey. Gare.

Source d'eaux minérales, dite de l' « Echaillon », chlorurées sodiques (19°1).

VILLARD-DE-LANS

A 28 kilom. 500 de la gare de Grenoble.

Station de cure d'air et de lait, à 1,042 mètres d'altitude. Très bons hôtels. Truites fraîches et écrevisses de la Bourne. Garage, voitures, remises, chambres garnies, téléphone. Eclairage électrique. Promenades publiques.

Point de départ de nombreuses excursions en montagne.

Voir : grotte dite « la Chambre des Fées ». Hôtels, restaurants, voitures publiques.

Voir la suite page 156.

JURA

LA JOUX

Commune de Supt. Ligne Paris-Dijon-Milan. Gare.
Source d'eaux minérales bicarbonatées calciques, sulfatées calciques, chlorurées sodiques, ferrugineuses et gazeuses du Mont-Roland.

LA MUIRE

Commune et gare de Jouhe. Ligne de Gray à Dôle.
Source d'eaux minérales carbonatées calciques, chlorurées sodiques et sulfatées sodiques, gazeuses.

LONS-LE-SAUNIER

Chef-lieu du département. Jolie petite ville, environnée de sites pittoresques. Centre de tourisme.

Le maréchal Ney y abandonna la cause des Bourbons (13 mars 1805) par une proclamation restée célèbre.

Etablissement balnéaire fréquenté : « La place forte des chlorurées sodiques », a dit le professeur Landouzy.

Vaste parc ombragé de 7 hectares. Cours de tennis, etc. Casino. Deux piscines couvertes ; une en plein air.

Eaux chlorurées sodiques fortes bromo-iodurées (en bains et en douches).

Source naturelle d'eau salée, ferrugineuse et sulfureuse (en bains et en boisson).

La seule station saline française permettant un traitement efficace externe et interne

Lymphatisme, anémie-neurasthénique, débilité, engorgement des organes, maladies utérines, artério-sclérose, etc.

Cures de lait, petit lait et raisin (en septembre).

Altitude 258 mètres

La douceur du climat permet de prolonger la saison jusqu'en automne.

Hôtels, pensions de familles, appartements meublés, prix modérés.

Pour traitement à domicile expédition en bouteilles et bonbonnes d'eaux-mères et en paquets de sels d'eaux-mères.

Voir : église Saint-Désiré, bâtie sur une crypte fort ancienne ; bel hôpital, ancien couvent des bénédictins, aujourd'hui Préfecture ; hôtel de ville, théâtre sur l'emplacement de l'ancien château des princes de Chalon. Statues du général Lecourbe, de Rouget de l'Isle. Buste de Perraud.

SALINS-LES-BAINS

A 26 kilomètres de Poligny. Gare.
Salins doit son nom à ses salines, qui étaient déjà exploitées au temps des Gaulois. Place de guerre de deuxième

ordre, défendue par les forts Belin et Saint-André et trois redoutes.

Bains renommés. Eaux chlorurées sodiques, bromurées, froides, eaux-mères, sels d'eaux-mères, employées dans la scrofule, lymphatisme, anémie, convalescences, obésité, rhumatismes, stérilité.

Établissement thermal. Superbe parc. Casino. Théâtre. Nombreuses antiquités gallo-romaines, excursions.

Voir : églises Saint-Anatole et Saint-Maurice, hôpital. Statue du général Cler. Promenade Barbarine, près de laquelle se trouve un monument élevé aux Français morts dans les combats de Salins des 25-26-27 janvier 1871.

CHAMPAGNOLE

Chef-lieu de canton, à 542 mètres d'altitude et à 24 kilomètres de Poligny. Ligne de Lons-le-Saunier à Morez. Gare.

Station de cure d'air, entourée d'épaisses forêts de sapins, dont l'exploitation constitue la principale industrie du pays. Trois hôtels confortables ; auberges et pensions de famille. Appartements meublés et chambres garnies.

Chasse, pêche. Environs pittoresques. Excursions.

LANDES

BASTENNES

Commune de Donzacq, à 27 kilomètres de Saint-Sever. Gare d'Habas, à 20 kilomètres.

Établissement thermal. Deux sources d'eaux minérales sulfureuses calciques, froides.

BERGOUEY

A 20 kilomètres de la gare de Saint-Sever.

Cette station possède des sources sulfureuses, exploitées.

BIDAS

Commune de Pouillon, à 14 kilomètres de Dax Gare de Misson-Habas, à 5 kilom. 500.

Station située dans un site admirable. Cure d'air, cure d'eau et de repos.

Source d'eaux minérales chlorurées sodiques.

L'eau de Bidas, agréable au goût, est une eau laxative, digestive, tonique et dépurative à prendre comme eau de régime, pendant des périodes de 20 à 25 jours. Elle guérit la constipation la plus opiniâtre et prévient l'appendicite. Elle est utilisée également avec succès dans les affections de l'estomac, des intestins et du foie : dyspepsie, entérite chronique, albuminurie, congestion du foie, et en injections tièdes, elle fait disparaître les pertes blanches.

Bidas a le grand avantage de pouvoir se prendre aux repas, mélangée à sa boisson habituelle, ou à n'importe quel moment de la journée. Eau de table par excellence, exportée

Établissement thermal.

Pouillon est une ville gallo-romaine, où l'on a découvert beaucoup de pièces intéressantes.

Voir : ruines d'un château-fort.

CAP-BRETON

A 36 kilomètres de Dax. Gare de Bénesse-Marenne, à 7 kilomètres. Service de voitures.

Petite ville maritime, sur la rive droite du Boudigau qui y forme un havre. Vins de sable.

Station balnéaire. Plage magnifique amenant un grand nombre de baigneurs. Établissement de bains de mer.

Le bourg est à 2 kilom. 500 de la plage. En face se trouve la « Fosse » ou « Gouf de Cap-Breton », longue de 16 kilomètres, large de 4 kilomètres et se rétrécissant vers le côté; son extrémité Est est à 400 mètres environ de la laisse des basses mers. La profondeur de ce gouffre varie entre 33 mètres et 380 mètres.

CONTIS

Commune de Saint-Julien-en-Born. Gare d'Uza, à 4 kilomètres.

Cette petite station de bains de mer voit augmenter tous les ans le nombre de baigneurs, qui y trouvent le confort moderne, avec de superbes habitations.

DAX

Chef-lieu d'arrondissement. Gare.

Ville agréablement située sur la rive gauche de l'Adour. Ligne de Bordeaux à Bayonne et de Dax à Puyoo.

Station thermale et saline. Eau et boues chaudes sulfatées mixtes, indiquées dans les rhumatismes et autres maladies articulaires, suites de fractures, etc. Sanatorium. Casino. Station d'été et d'hiver.

Dax possède de nombreux établissements confortablement aménagés. Les principaux sont les Baignots, les Thermes et le Nouvel Établissement, à côté des Thermes.

Voir : ancien château, aujourd'hui caserne, reconstruit au xve siècle; ancienne cathédrale, rebâtie de 1656 à 1755, dans le style classique, à la place d'une basilique du XIII siècle, dont il reste un magnifique porche du XIIIe siècle; église Saint-Vincent de Xaintes, conservant le tombeau du premier évêque de Dax; remparts romains, dont il ne reste que des fragments, mais leur terrasse forme une agréable promenade. Musée à l'hôtel de ville. Belle vue de la tour de Borda, élevée à la mémoire du célèbre mathématicien, né à Dax (ermitage), située sur un monticule couvert d'arbres. Belles forêts de l'Adour. A 1,500 mètres, chêne de Quillac, dont le tronc a 9 mètres de circonférence.

EUGÉNIE-LES-BAINS

Station thermale, à 8 kilomètres de la gare de Grenade-sur-Adour.

Eaux sulfureuses et ferrugineuses efficaces dans les affections scrofuleuses, maladies de la peau, syphilitiques, chlorose, bronchites chroniques, gastrites, ulcères atoniques, plaies fistuleuses, pellagre.

Quatre établissements de bains (douches, vaporisation, pulvérisation, buvette). Voiture publique pour Grenade. Hôtels.

GAMARDE

A 19 kilomètres de Dax. Gare. Deux sources sulfureuses froides sont exploitées dans deux petits établissements.

Guérison des maladies des voies respiratoires. Salle de humage. Hôtel.

Service de voitures de la station thermale à la gare. A chaque arrivée de train de Mont-de-Marsan ou de Dax, voitures pour aller soit au vieux, soit au jeune « Bucuron ».

HOSSEGOR-PLAGE

Commune et gare d'Onesse. Ligne de Morcenx à Mézos.
Nouvelle ville d'hiver et d'été près Cap-Breton.
Belle station d'avenir.
Excellentes huîtres à l'étang d'Hossegor, en face du port de Cap-Breton. Mouillage singulier du « Gouf » ou « Fosse de Cap-Breton », fermé au nord et au sud par des rochers sous-marins, où, même par les plus gros temps, les navires trouvent une accalmie relative. Les marins de Cap-Breton ont donné leur nom à l'île Canadienne de Cap-Breton

MIMIZAN-LES-BAINS

Gare. Ligne d'intérêt local de Labouheyre à Mimizan.
Localité située au centre d'un amphithéâtre de dunes.
Bains de mer très fréquentés, à 6 kilomètres de l'étang d'Aureilhan. Etablissement. Casino. Hôtels.

MONT-DE-MARSAN

Chef-lieu de département. Gare.
Jolie petite ville, agréable, bien qu'assez ancienne, dotée d'assez beaux édifices et de jolies promenades, située au confluent de la Douze et du Midou, dont la réunion prend le nom de Midouze, navigable depuis le confluent jusqu'à son embouchure dans l'Adour. Intersection de diverses lignes.
Sources d'eaux minérales ferrugineuses, au faubourg de Saint-Jean-d'Août. Petit établissement thermal.
Voir : restes du donjon de Noulibos (tu ne l'y veux pas), bâti par Gaston-Phœbus ; la Pépinière, jardin public sur le bord de la Douze. De tous côtés de la ville, belles allées de platanes. Champ de courses

PRÉCHACQ-LES-BAINS

A 16 kilomètres de Dax. Gare de Laluque.
Etablissement thermal. Bains de boues minérales. Eaux sulfureuses, chlorurées sodiques (52°). Guérison des rhumatismes, névralgies, arthrites.
Deux sources d'eaux ferrugineuses et sulfatées calciques, sodiques, efficaces contre les douleurs rhumatismales, scrofules, maladies des voies respiratoires, de la peau, etc.

SAINT-VINCENT-DE-TYROSSE

A 23 kilomètres de Dax. Gare.
Chef-lieu de canton (1,500 habitants), possédant des sources d'eaux minérales ferrugineuses.

SAUBUSSE-LES-BAINS

A 15 kilomètres de Dax. Gare.

Village situé sur la rive droite de l'Adour. A 2 kilomètres du fleuve, source d'eaux minérales et boues. Piscine pour les deux sexes.

Etablissement thermal dit « Bains de Joannin », fréquenté par les habitants des pays voisins.

Marais où de petits chevaux renommés sont élevés en liberté.

TERCIS

A 7 kilomètres de Dax. Gare de Rivière.

Etablissement thermal très fréquenté, autrefois construit pour les lépreux. Eau chlorurée sodique; température 37°,5; bains, douches.

Maladies de la peau, jaunisse, chlorose, embarras gastrique, rhumatisme chronique.

UCHET

Commune et gare de Léon. Ligne de Saint-Vincent à Léon.

Bains de mer sur l'Océan. Confort dernier cri. Approvisionnements faciles. Nouvelles constructions pour le logement des baigneurs.

VIEUX-BOUCAU

A 36 kilomètres de Dax. Gare.

Petite localité, importante à l'époque romaine, car elle s'élevait à l'embouchure de l'Adour.

Etablissement de bains de mer. Hôtels. Importantes bouchonneries. A 2 kilomètres, étang de Moïsan.

VILLENEUVE-DE-MARSAN

Sur le Midou, à 16 kilomètres de Mont-de-Marsan. Gare. Ligne de Nérac à Mont-de-Marsan.

Source d'eaux minérales, carbonatées calciques, ferrugineuses, exploitées; elle prend naissance à la métairie du Brousté.

Voir : église du XVIe siècle.

LOIRE

COUZAN

Commune et gare de Sail-sous-Couzan, à 22 kilomètres de Montbrison.

Eaux minérales de table, renommées. Plusieurs sources.

A visiter le château de Couzan, ruines remarquables.

CRÉMEAUX

A 29 kilomètres de la gare de Roanne.

Source d'eaux minérales de Duivon.

FEURS

A 23 kilomètres de Montbrison. Ligne Roanne-Lyon. Gare.

Sources d'eaux minérales ferrugineuses.

Voir : débris romains (thermes de César) subsistant encore ; église du Moyen âge, remaniée de nos jours ; chapelle expiatoire élevée aux victimes de la Révolution. Statue du colonel Combes, tué au siège de Constantine.

MOINGT

A 1 kilom 500 de la gare de Montbrison.

Eaux minérales bicarbonatées sodiques froides, exploitées.

Voir : donjon du XIVe siècle, ruines romaines, église du XIVe siècle.

MONTBRISON

Chef-lieu d'arrondissement. Gare.

Ville ancienne, bâtie au pied d'une colline volcanique, d'où l'on jouit d'une fort belle vue, sur la plaine du Forez, et sur laquelle Briso, la déesse du sommeil, avait jadis un temple.

Le roc volcanique qui domine la ville est celui du haut duquel le baron des Adrets précipitait les prisonniers catholiques.

Source d'eaux minérales froides, bicarbonatées sodiques, ferrugineuses, dite de la « Fonfort ».

Voir : église Notre-Dame (style gothique) ; la salle de la Diana, où se tenaient les Etats du Forez. Hôpital. Caserne.

On trouve dans les environs de nombreuses ruines de constructions romaines.

MONTROND-SUR-LOIRE

Commune de Meylieu-Montrond, à 14 kilomètres de Montbrison. Gare.

Eaux bicarbonatées, sodiques ferrugineuses, extra-gazeuses. Diverses sources : celle du Geyser jaillissant à 502 mètres de profondeur, une des merveilles du monde (éruption du 23 septembre 1881).

Traitement des maladies de l'appareil digestif, du foie, goutte, gravelle, rhumatisme, eczéma, arthritisme.

Etablissement thermal ouvert du 15 mai au 15 octobre.

Voir : ruines d'un important château féodal, qui fut une forteresse jusqu'en 1789.

OUCHES

A 7 kilomètres de la gare de Roanne.

Etablissement d'eaux minérales : Source d'Origny.

PÉLUSSIN

A 18 kilomètres de la gare de Chavanay. Voitures publiques.

Source d'eaux minérales ferrugineuses, carbonatées, sulfureuses, indiquées dans la scrofule, dyspepsie, maladies de l'utérus, chlorose.

Voir : ruines du château de Virieu ; vieille église romane.

Le *Mont-Pilat*, commune de Pélussin, à 12 kilomètres. Station de cure d'air. Hôtel ouvert du 15 juin au 15 septembre.

Excursions : ascension des pics de l'Œillon (1,365 mètres) et de la Perdrix (1,434 mètres) ; Malleval et ses gorges pittoresques, barrage de Rochetaillée, etc.

RENAISON

A 11 kilomètres de Roanne. Gare de Saint-Germain-Lespinasse, à 6 kilomètres.

Eaux minérales de table, froides, gazeuses, carbonatées.

ROANNE

Chef-lieu d'arrondissement. Gare.

Ville située sur la Loire, à la jonction du canal de Digoin. C'est l'ancienne Rodumno.

Barrage de la Tache, pour alimenter la ville. Sites pittoresques dans les environs de ce barrage entre Renaison, Arcon et Saint-Rirand. Tissage des cotonnades, dites de ménage. Tuileries mécaniques. Fabriques de lainages au crochet, à la planche, etc.

Sources d'eaux minérales sulfureuses et ferrugineuses, froides.

Voir : musée, bibliothèque, hôtel de ville, église Saint-Etienne et N.-D.-des-Victoires.

SAIL-LES-BAINS

A 38 kilomètres de Roanne, à une heure de Vichy. Gare de Saint-Martin-d'Estréaux, à 6 kilomètres. Voitures publiques.

Etablissement thermal très fréquenté, appartenant à une Société. Beau parc. Eaux minérales bicarbonatées mixtes, silicatées, ayant une action dépurative, cicatrisante et digestive: maladies de la peau, de la vessie, du foie, goutte, affections utérines, névralgies, rhumatismes.

Source ferrugineuse froide.

Excursions : Bénissons-Dieu (ruines); Château-Morand; La Molière; gorges de Gournay.

SAIL-SOUS-COUZAN

A 22 kilomètres de Montbrison. Gare.

Eaux minérales bicarbonatées sodiques, ferrugineuses froides, silicatées, signalées dans maladies du foie et des femmes, névrose, chloro-anémie, gastralgie, dyspepsie, gravelle, vessie.

Etablissement thermal.

Ruines de l'antique manoir de Couzan, des XIIe et XVe siècles.

Excursions : par la vallée du Lignon, à Chalmazel (à 8 kilomètres), d'où se fait l'ascension de Pierre-sur-Haute (1,640 mètres); monts du Forez.

SAINT-ALBAN

A 10 kilomètres de la gare de Roanne.

Ville remarquable par sa curieuse et pittoresque vallée du Désert.

Eaux de table minérales naturelles, froides, gazeuses, fortifiantes, renommées, exploitées par une Société.

Etablissement thermal ouvert du 1er juin au 30 septembre. Hydrothérapie complète. Traitements spéciaux par le gaz acide carbonique naturel : maladies des yeux, des voies respiratoires, de la vessie, de l'utérus, du larynx, des fosses nasales, du tube digestif, goutte, diabète, chlorose, anémie, maladies de la peau.

Casino. Tramway en gare de Roanne.

SAINT-GALMIER

A 24 kilomètres de Montbrison. Gare.

Localité, sur la Coise, intéressante par ses maisons anciennes, ses rues tortueuses et montantes et son bel hôtel de ville.

Eaux minérales acidulées froides, exportées, remplaçant avantageusement les eaux de seltz pour maintenir les fonctions de l'estomac.

Nombreuses sources. Etablissement thermal.

SAINT-PRIEST-LA-ROCHE

A 18 kilomètres de Roanne. Gare de Vendranges-Saint-Priest, à 3 kilomètres.

Quatre sources d'eaux minérales, exploitées, bicarbonatées, sodiques et calciques, à Juré, à l'ouest de Saint-Priest.

Voir : église des xve et xviie siècles.

SAINT-ROMAIN-LE-PUY

A 8 kilomètres de Montbrison. Gare.

Deux sources d'eaux minérales de table, bicarbonatées sodiques et ferrugineuses, comparables à celles de Vichy, exploitées par une Société.

Au Moyen âge, Saint-Romain avait un prieuré important dont il ne reste plus que l'église et quelques ruines.

SALT-EN-DONZY

Gare de Feurs, à 6 kilomètres. Ligne Roanne-Lyon.

Source d'eaux minérales bicarbonatées sodiques et calciques.

VERRIÈRES

A 11 kilomètres de la gare de Montbrison.

Source d'eaux minérales, au sud-ouest de Montbrison.

Voir la suite page 169.

LOIRE-INFÉRIEURE

BATZ

A 22 kilomètres de Saint-Nazaire. Gare

Entre la mer et des marais salants.

Établissement de bains de mer à Saint-Michel et à Valentin. Culture des marais salants; exportation de sel; pêcheries de sardines. Hôtels. Casino.

Voir : ruines de N.-D. du Mûrier, ancienne église surmontée d'une tour haute de 60 mètres

GUÉRANDE

A 7 kilomètres de l'Océan et à 19 kilomètres de Saint-Nazaire. Gare.

Guérande a conservé presque intactes ses belles fortifications du Moyen âge, flanquées de dix tours et où s'ouvrent les quatre portes Saint-Michel, la Vannetaise, Bizienne et Saillé. Belle promenade plantée d'arbres, au pied de ces fortifications.

Bains de mer. Marais donnant un sel très blanc et très léger que les étrangers préfèrent.

Voir : églises Saint-Aubin (XIIe et XIIIe siècles) et Notre-Dame de la Blanche; ruines d'un couvent de Bénédictins; deux menhirs et trois dolmens.

Voitures publiques reliant la ville aux petites plages de la Turballe, 7 kilomètres, et Piriac, 13 kilomètres.

LA BARBERIE

Commune et gare de Nantes. Source d'eaux minérales.

LA BAULE

Commune d'Escoublac, à 16 kilomètres de Saint-Nazaire. Gare d'Escoublac-la-Baule, à 3 kilomètres.

Station de bains de mer exposée au midi, créée en 1880; elle est composée actuellement de plus de 350 chalets et villas, d'un effet des plus pittoresques, au milieu d'une forêt de sapins dont les effluves parfumées contribuent puissamment à l'amélioration des tempéraments délicats.

Établissements de bains de mer, de bains chauds et hydrothérapie, bains de mer et d'eaux-mères.

Casino. Concert.

LA BERNERIE

A 30 kilomètres de Paimbœuf. Gare.

Bains de mer. Station à proximité de Nantes et de l'île de Noirmoutier. Climat tempéré. Plage très étendue.

Trois casinos. Hôtels. Maisons meublées.

Courses de chevaux. Pêche abondante. Excursions variées.

LA CHAPELLE-SUR-ERDRE

A 10 kilomètres de Nantes. Gare.

Un des sites les plus intéressants et les plus pittoresques que présente la vallée de l'Erdre.

Source d'eaux minérales chlorurées magnésiennes et ferrugineuses à Forges.

Voir : château de la Gâcherie (XVIe siècle). Châtaignier de 12 mètres de tour

LA TURBALLE

A 25 kilomètres de Saint-Nazaire. Gare de Guérande, à 6 kilomètres.

Bains de mer. Station de canot de sauvetage.

LE CROISIC

Jolie ville maritime située sur l'Océan, au fond d'un petit golfe qui y forme un port excellent; à 28 kilomètres de Saint-Nazaire. Gare.

Les bains de mer du Croisic, bien que moins fréquentés par l'élégance parisienne que ceux de la côte normande, n'en sont pas moins très visités pendant la saison, principalement par les habitants du littoral. Ils possèdent un casino où les baigneurs et les baigneuses mènent la vie du monde avec son luxe de toilettes et ses plaisirs dansants et chantants.

Voir : intéressante église des XVe et XVIe siècles, dominée par une tour haute de 55 mètres.

LE POULIGUEN

Hameau maritime, à 18 kilomètres de Saint-Nazaire. Gare

Bains de mer. Plage de sable à proximité de Pornichet. Port de commerce et de cabotage. Hôtels.

LES MOUTIERS

A 29 kilomètres de Paimbœuf. Gare.

Bains de mer. Belle plage assez fréquentée. Casino.

MESQUER

Bourg maritime, situé sur l'Océan, où il a un petit port de commerce. A 28 kilomètres de Saint-Nazaire. Gare de Guérande, à 8 kilom. 250.

Bains de mer.

PIRIAC

A 32 kilomètres de Saint-Nazaire. Gare de Guérande, à 12 kilomètres. Sémaphore à 2 kilomètres.

Bains de mer. Hôtels.

Voir : île Dumet, à 6 kilomètres ; grottes à Madame, du Chat et de la Souris, le Trou du Moine fou ; tombeau d'Almanzor.

Excursions à faire en bateau et en voiture.

PORNIC

A 23 kilomètres de Paimbœuf. Gare.

Petite ville maritime, sur l'Océan, divisée en deux parties : la ville basse et la ville haute, réunies par des escaliers taillés dans le roc.

Bains de mer et de sables, chauds et froids, avec vaste établissement.

Grottes curieuses, creusées dans les rochers par les vagues, et appelées les « Cheminées », parce que, lorsque la mer est agitée, l'eau s'élance avec force par une crevasse de la voûte comme la fumée sort des cheminées.

Casino, chalets, villas.

Source d'eaux minérales ferrugineuses, carbonatées sodiques, recommandées pour les maladies d'estomac.

Voir : château du XIIIe siècle; monuments druidiques.

PORNICHET

Commune de Saint-Nazaire. Gare. Bains de mer. Une des plus belles plages de Bretagne, reliée par un tramway à vapeur à la Baule et au Pouliguen. Hôtels, casino, bois de pins.

PONT-CHATEAU

A 22 kilomètres de Saint-Nazaire. Gare.

Sources d'eaux minérales.

Marchés et foires importants.

Voir : menhir du « Fuseau de la Madeleine ».

PRÉFAILLES

Commune de la Plaine, à 25 kilomètres de Paimbœuf. Gare de Pornic, à 8 kilomètres. Voitures publiques.

Bains de mer fréquentés.

Source d'eaux minérales carbonatées sodiques et ferrugineuses. Établissement hydrothérapique. Hôtels.

RIAILLÉ

A 20 kilomètres d'Ancenis. Gare de Pannece-Riaillé, à 4 kilomètres.

Source d'eaux minérales, appelée le Haut-Rocher, dans la vallée de l'Erdre, carbonatées calciques, alcalines et ferrugineuses.

SAINT-BREVIN

A 12 kilomètres de la gare de Paimbœuf.

Station de bains de mer. Hôtels. Villas. Voitures pour excursions.

Saint-Brevin-l'Océan, commune de Saint-Brevin. Gares de Saint-Père-en-Retz, Paimbœuf et Saint-Nazaire, à 4 kilomètres. Station de bains de mer très agréable par sa forêt de sapins longeant la mer. Splendide casino sur la plage. Hôtels. Villas.

Mindin, commune de Saint-Brevin. Passages d'eau pour Saint-Nazaire et Paimbœuf à toutes les heures. Omnibus pour Saint-Brevin et le casino. Café-restaurant.

SAINT-MICHEL-CHEF-CHEF

A 20 kilomètres de Paimbœuf. Gare de Pornic, à 9 kilomètres. Voitures publiques.

Bains de mer. Restaurants. Vaste plage de sable fin, à l'embouchure de la Loire. Sites charmants et beaux bois de sapins.

SAINT-NAZAIRE

Chef-lieu d'arrondissement. Gare.

Ville maritime, à l'embouchure de la Loire. Deux immenses bassins pouvant contenir 1,000 navires de fort tonnage.

Bacs à vapeur. Paquebots-poste de la Compagnie générale transatlantique.

Stations balnéaires. Etablissements de bains de mer sur la côte et à 8 minutes de Saint-Nazaire.

Construction de navires. Plage de la Ville-ès-Martin, à 2 kilomètres. Casino très fréquenté durant la saison. Fort. Phare.

Voir : dolmen sur un square.

Saint-Marc, à 6 kilomètres, commune et gare de Saint-Nazaire. Station balnéaire. Très belle situation. Chasse, pêche, etc. Sémaphore. Voitures publiques.

SAINTE-MARGUERITE

Commune de Saint-Nazaire. Gare de Pornichet, à 3 kilomètres.

Station balnéaire. Plage de sable, rochers, bois de sapins. Omnibus. Hôtels.

SAINTE-MARIE

A 25 kilomètres de Paimbœuf. Gare de Pornic, à 2 kilomètres. Voitures publiques.

Bains de mer. Hôtels. Station située sur un plateau élevé. Plage de sable. Climat salubre.

SAVENAY

A 25 kilomètres de Saint-Nazaire. Gare

Ville sur le penchant d'une colline qui s'abaisse vers la Loire, célèbre par la grande défaite qu'y ont éprouvée les Vendéens en 1793. A été chef-lieu d'arrondissement jusqu'en 1868.

Station de bains de mer. Hôtels. Ecole normale.

SION-SUR-L'OCÉAN

Station balnéaire. Plage au milieu de dunes boisées et les plus beaux rochers de la côte.

Gare de Saint-Gilles-Croix-de-Vie, à 3 kilomètres. Voitures publiques.

LE CORMIER

Commune de la Plaine. Station de tramway à vapeur, ligne de Pornic à Paimbœuf.

Bains de mer. Belle plage dans une anse où la pêche est abondante.

LES ROCHELETS

Commune de Saint-Brévin-les-Pins. Tramway à vapeur, ligne de Pornic à Paimbœuf.

Station balnéaire. Bois de sapins.

Voir la suite d'autre part.

LOIRET

MONTBOUY

Gare de Nogent-sur-Vernisson. Ligne de Paris à Saint-Germain-des-Fossés.

Magnifique amphithéâtre de Chenevière, l'un des plus beaux monuments de ce genre qui existent en France.

Thermes et camp romain.

PITHIVIERS-LE-VIEIL

A 4 kilomètres de la gare de Pithiviers.

Sources d'eaux minérales bicarbonatées calciques et ferrugineuses, dites de « Segrais ».

Voir : ancienne église; grande sucrerie.

LOIR-ET-CHER.

SAINT-DENIS-SUR-LOIRE

A 6 kilomètres de Blois. Gare de Menars, à 2 kilom. 500.

Trois sources d'eaux minérales bicarbonatées calciques, chlorurées sodiques et ferrugineuses, sur les côteaux de la rive droite de la Loire, utilisées par la reine Marie de Médicis, dont l'une des sources porte encore son nom.

SAINT-MANDÉ

Commune de Viévy-le-Rayé. Gare d'Oucques, à 5 kilomètres. Ligne de Vendôme à Orléans.

Source d'eaux minérales.

VALLIÈRE

A 35 kilomètres de Blois.

Commune et gare d'Autainville. Ligne de Vendôme à Orléans.

Source d'eaux minérales ferrugineuses.

— Tu connais bien Machin ; il vient d'être nommé préfet de Mantes.

— Quel malheur ! lui qui n'aime que l'absinthe.

LOT

BIO

A 7 kilomètres de la gare de Gramat.

Source d'eaux minérales sulfatées calciques et ferrugineuses.

DURAVEL

Ligne Monsempros-Libos à Capdenac. Gare.

Sur le Lot. Place importante au Moyen âge et qui fut vainement assiégée par Robert Knolles en 1369.

Source d'eaux minérales, dite le « Coustalou », carbonatées calciques, ferrugineuses, qui émerge d'une grotte.

Voir : église romane remarquable.

GRAMAT

Village assis sur l'Alzou. Gare.

Source d'eaux bicarbonatées, ferrugineuses, sulfatées calciques.

Voir : cascade du Saut ; dans les environs, plusieurs gouffres où se perdent les eaux de pluie. Tumulus et dolmens.

LA CAPELLE-MARIVAL

A 21 kilomètres de Figeac. Gare d'Assier, à 9 kilomètres.

Sources d'eaux minérales. Voitures publiques.

Voir : ancien château des XVe et XVIe siècles en partie occupé par l'école communale.

LAGARDE

Commune de Carnac-Rouffiac. A 25 kilomètres de Cahors. Gares de Castelfranc et de Parnac, à 14 kilomètres.

Source d'eaux minérales purgatives.

L'HOPITAL

Commune d'Issendolus. A 7 kilomètres de la gare de Gramat.

Source d'eaux minérales.

LIVERNON

A 18 kilomètres de Figeac. Gare d'Assier, à 4 kilomètres.

Source d'eaux minérales.

MIERS

A 45 kilomètres de Gourdon. Gare de Rocamadour, à 7 kilomètres.

Eaux minérales sulfatées sodiques et magnésiennes froides, prises en boisson seulement. Purgatives, diurétiques, dépuratives et reconstituantes, elles conviennent aux affections chroniques des voies digestives et des viscères abdominaux. La fontaine d'où jaillissent les eaux est à 2 kil. de Miers. Efficaces dans les engorgements du foie et de la rate, calculs des voies biliaires, dyspepsie, migraine, constipation, albuminurie, congestions, embarras gastriques, obésité, gravelle, catarrhes de vessie. Etablissement de bains.

Excursions au gouffre de Padirac, l'une des plus belles curiosités de France. Visite de Rocamadour, lieu de pèlerinage renommé.

PADIRAC

A 44 kilomètres de Gourdon. Gare de Gramat, à 12 kilomètres.

Le gouffre, dit « Puits de Padirac », attire, tous les ans, de nombreux touristes. La salle du « Grand Dôme », d'une prodigieuse hauteur de 68 mètres, d'un diamètre de 40 à 50 mètres, avec son petit lac suspendu, sa cascade d'eau calcaire, ses étincelantes concrétions, ses fantastiques stalactites et stalagmites, peut être comptée parmi une des plus belles merveilles de la nature.

Voir : château de Padirac.

SAINT-FÉLIX-DE-BANIÈRES

Commune de Saint-Michel-de-Banières. A 5 kilomètres de la gare de Vayrac. Ligne de Saint-Denis-près-Martel au Lioran.

Source d'eaux minérales sulfatées magnésiennes, calciques et ferrugineuses.

THEMINES

A 25 kilomètres de Figeac. Gares d'Assier et de Gramat, à 10 kilomètres.

Sources d'eaux minérales.

LOT-ET-GARONNE

CASTELJALOUX

Sur l'Avance, à 30 kilomètres de Nérac. Gare. Ligne de Marmande à Casteljaloux.

Sources d'eaux minérales ferrugineuses, bicarbonatées calciques. Deux beaux établissements de bains minéraux : anémie, suite de fièvres intermittentes, chlorose.

A visiter : château (ruines), fortifications (ruines), maison Navail (ancienne habitation de Jeanne d'Albret), couvent des Templiers.

LOZÈRE

BAGNOLS-LES-BAINS

A 5 kilomètres de la gare de Bagnols-Chadenet.

Cette localité se trouve sur la rive gauche du Lot, à 911 mètres d'altitude.

Sources d'eaux minérales sulfureuses (42°), renommées, déjà connues et fréquentées des Romains, si l'on en croit un certain nombre de vestiges trouvés il y a quelques années.

Ces eaux sont efficaces dans les affections rhumatismales, lymphatisme, plaies, catarrhe bronchique, maladies de la peau, rhumatisme, scrofule. Deux établissements thermaux. Nombreux hôtels. Voitures publiques.

CHANAC

A 14 kilomètres de Marvejols. Gare. Ligne du Moustier à Mende et à La Bastide.

Village dominé par les ruines d'un château qui appartenait aux évêques de Mende.

Source d'eaux minérales froides.

GRANDIEU

Petite ville, à 50 kilomètres de Mende Gare de Chapeauroux, à 16 kilomètres.

Source d'eaux minérales, exploitée

Voir : restes d'une voie romaine aux hameaux de la Bataille et de la Fayolle.

LA CHALDETTE

Commune de Brion, à 35 kilomètres de Marvejols et à 8 kilomètres de Chaudesaigues. Gare de Saint-Chély, à 28 kilomètres.

Sources d'eaux minérales sulfureuses, bicarbonatées sodiques (32°).

Traitement des maladies de la peau, métrites chroniques, affections du foie, dyspepsie.

Établissement thermal (1,000 mètres d'altitude), ouvert jusqu'au 1er octobre Hôtel Cure d'air. Excursions.

LAVAL-ATGER

A 57 kilomètres de Mende Gare de Chapeauroux, à 8 kilomètres.

Trois sources d'eaux minérales, exploitées, bicarbonatées calciques et magnésiennes, gazeuses.

LE MAZEL

Commune des Laubies, à 25 kilomètres de Mende. Gare de Saint-Sauveur-de-Seyre.

Eaux minérales, au Mazel, exploitées. Hôtels.

LE RANC

Commune de Saint-Amans, à 22 kilomètres de la gare de Mende.

Eaux minérales, au Ranc, exploitées. Voitures publiques. Hôtels.

QUÉZAC

A 10 kilomètres de Florac. Gare de Balsièges, à 19 kilomètres.

Cette localité est située dans la vallée du Tarn, entre Florac et Sainte-Enimie, au pied du causse Méjean.

Pèlerinage autrefois fréquenté à l'église Notre-Dame. Pont de 1395.

Source d'eaux minérales bicarbonatées sodiques, froides, avec forte proportion d'acide carbonique, très minéralisée.

GORGES DU TARN

Nous donnons ci-après trois programmes d'excursions à ces magnifiques gorges :

I. — *Au Petit Tour.* — On a d'abord, à Saint-Rome (15 kilomètres depuis Sévérac), une vue d'ensemble sur le Cirque des Vignes ; 800 mètres après les Vignes, les entassements cyclopéens du *Pas de Souci*, Roc Aiguille et Roque Sourde, la perte du Tarn ; à la suite, le *Cirque de Fontmaure*, qui donne accès au fameux *Cirque des Baumes*, au cœur même des Gorges, l'œuvre de la nature la plus merveilleuse qu'on puisse voir. Rentrer aux Vignes pour dîner (4 kilomètres). Cette sortie peut se faire à pied (8 kilomètres aller et retour). Si l'on veut économiser du temps et ses jambes, il n'y a qu'à s'entendre avec le voiturier, qui, moyennant un petit supplément de prix, épargne cette fatigue aux excursionnistes. A 2 heures, départ en barque pour le Rozier, où l'on arrive à 4 heures, à temps pour prendre le courrier sur Aguessac et Millau. (Un franc la place.)

Nous recommandons l'itinéraire par le *Point Sublime* et *Montcalm*, qui, au dire des connaisseurs, sont les deux points de vue les plus impressionnants de la célèbre vallée.

II. — *Au Tour Moyen.* — Dîner aux Vignes. Même itinéraire que ci-dessus, jusqu'au *Cirque des Baumes*. On a, ensuite, en remontant le Tarn : Les *Baumes Hautes*, l'*Escaliou*, le *Cirque de la Croze*, que les caprices de la nature ont peuplé de toutes sortes de personnages fantastiques ; à la suite, des vues plongeantes sur les *Détroits* ; le *Roc de Montesquiou*, la *Malène*, on prend le bateau ;

on voit, dans le détail, le fameux défilé des *Détroits*, qui ne se laisse bien voir que de la barque. Rentrée aux Vignes pour coucher. Le lendemain, à l'heure qui convient aux touristes, départ en barque pour le Rozier.

III. — *Le Grand Tau.* — Coucher à Mende; départ le lendemain pour Sainte-Enimie. Avant dîner, on verra avec plaisir une construction ancienne (xe siècle), le Réfectoire de l'ancien monastère des bénédictins. Vue splendide de l'Ermitage. Entrée en barque à 2 heures : *Saint-Chély, ses sources, ses grottes; Pougnadoires*; la *Caze*, la *Malène*, les *Détroits*, la *Croze*, le *Grand Cirque des Baumes*, *Pas de Souci*, les *Vignes*. (Coucher.) Le lendemain, départ en barque pour le Rozier.

Exploration raisonnée des Gorges. — Les personnes qui ont plus de loisir, et désirent se faire une idée exacte de ce magnifique champ d'études, qu'est la vallée du Tarn, au point de vue du pittoresque, ont leur centre d'exploration tout indiqué aux Vignes. De ce point, on a quatre courses, de durée sensiblement égale, qui embrassent l'ensemble des Gorges.

1e *Sortie.* — *Castel de la Peyre, Castel et Corniche* de *Blanquefort, Causse Méjean, la Pierre branlante de Bagnéous*, le *Paradis Perdu*, le *Pas de l'Arc*, merveille unique, la *Grotte de Lironcel.*

2e *Sortie.* — L'Eglise (XIIe siècle), *La Barre, les Trois Mâts, La Vacaresse, Le Signal du Roc de la Glaoude.*

3e *Sortie.* — *Le Château de Dolan* (ruines), *Les Signaux d'Almières, Montcalm, Le Point Sublime, Les Grottes de Baumes Chaudes.*

4e *Sortie.* — *Saint-Rome, La Corniche d'Eglazines, Eglazines, Saint-Marcelin.* Les points de vue les plus impressionnants, et les plus inédits, sont dans cet itinéraire. Les touristes qui voient la vallée de la barque, ou de la voiture, ne peuvent emporter de toutes ces splendeurs, seulement entrevues, qu'une impression hâtive et incomplète.

C'est dans les environs de Meyrueis que M. Martel accomplit ses hardies explorations souterraines pour reconnaître l'hydrologie des Causses. Là furent découvertes de curieuses grottes, notamment celle de Dargilan et l'aven Armand (Lozère), ainsi que le long tunnel de Bramabiau (Gard), parcouru par le torrent du Bonheur.

MAINE-ET-LOIRE

CHALONNES-SUR-LOIRE

Gare. Lignes de la Possonnière à Perray-de-Jouannet et de Cholet à Angers-Saint-Laud.

Jolie ville, dotée d'une ancienne église remaniée au XVIe siècle. Fours à chaux et exploitation de houille.

Source d'eaux minérales bicarbonatées calciques, magnésiennes, ferrugineuses, sulfatées calciques.

CHAUMONT

A 16 kilomètres de Baugé. Gare de Seiches, à 8 kilomètres. Ligne de la Flèche à Angers.

Source d'eaux minérales, dite la « Fontaine-Rouillée », ferrugineuses, arsenicales.

CHEMILLÉ

A 22 kilomètres de Cholet. Gare. Ligne d'Angers-Saint-Laud à Cholet.

Cette localité possède deux remarquables églises, remaniées. Marchés importants de bestiaux. Nombreuses fonderies. Manufactures et fabriques.

Source d'eaux minérales.

DURTAL

A 18 kilomètres de Baugé. Gare. Ligne de la Flèche à Angers.

Sur le Loir. Possède un remarquable château féodal et quelques fabriques. Papeterie.

Source d'eaux minérales, au lieu dit Bouillant, ferrugineuses et arsenicales.

LA ROCHE-DAUMERAY

Commune de Daumeray, à 28 kilomètres de Baugé. Gare de Morannes, à 6 kilomètres.

Source d'eaux minérales ferrugineuses, arsenicales.

MARTIGNÉ-BRIAND

A 30 kilomètres de Saumur. Gare.

A 2 kilomètres, source d'eaux minérales de Jouannette, sulfatées sodiques, ferrugineuses, carbonatées calciques, magnésiennes et arsenicales (13°).

Hôtels. Important établissement thermal.

Voir : restes d'un vieux château.

MONTIGNÉ

A 11 kilomètres de Baugé. Gare de Durtal, à 7 kilomètres.

Source d'eaux minérales de la Courrière, ferrugineuses et arsenicales.

THOUARCÉ

A 33 kilomètres de Saumur et à 3 kilomètres de Martigné-Briand. Gare.

Deux sources d'eaux minérales, dites du « Prieuré », carbonatées calciques et ferrugineuses.

Ancienne grande forteresse et résidence seigneuriale.

A LA COUR D'ASSISES

— Mais enfin, votre client, que vous prétendez innocent, a été surpris au moment où il tentait de dévaliser un presbytère.

— C'est vrai, mais c'est son médecin le seul coupable; il lui avait ordonné de faire une cure.

MANCHE

ANNOVILLE

A 12 kilomètres de Coutances. Gare d'Orval-Hyenville, à 6 kilomètres.

Bains de mer. Hôtels.

AUDERVILLE

A 28 kilomètres de la gare de Cherbourg.

Bains de mer. Sémaphore de Cap-de-la-Hague, à 1 kilomètre. Restaurants. Voitures de louage.

Petit port. Bateau de sauvetage. Phares.

AUMEVILLE-LESTRE

A 13 kilomètres de Valognes. Gare d'Aumeville-Cresville, à 1 kilomètre

Bains de mer.

BARFLEUR

A 25 kilomètres de Valognes. Gare.

Petit port, jadis fort important, et pour lequel le département a fait des travaux de quais considérables. Chantiers de construction de navires. Phare très important. Grand commerce de beurre et de poisson.

Bains de mer. Voitures publiques et de louage. Hôtels.

Voir : le phare de Gatteville, à 4 kilomètres.

BARNEVILLE-SUR-MER

A 28 kilomètres de Valognes. Halte. Gare de Carteret, à 2 kilomètres.

Station balnéaire, belle plage sablonneuse. Service quotidien de bateaux pendant l'été par le port de Carteret. Fête patronale (des baigneurs) le 15 août. Hôtels, restaurants, voitures à volonté.

Voir : église du XIIe siècle ; château de Graffard.

Excursions : Jersey ; les Pieux ; Briquebec ; Portbail ; Haye du Puits.

BRÉHAL

A 19 kilomètres de Coutances. Gare de Cerences, à 5 kilomètres. Bains de mer. Hôtels.

BREVILLE

A 22 kilomètres de Coutances. Gare de Granville, à 6 kilomètres.

Bains de mer.

CAROLLES

A 19 kilomètres d'Avranches. Gare de Granville, à 10 kilomètres.

Station balnéaire entourée de belles falaises. Plage de sable fin et dur. Hôtels.

CARTERET

A 29 kilomètres de Valognes. Gare.

Sémaphore, à 3 kilomètres. Port, bains de mer. Plage sûre et bien abritée. Commerce important de poisson. Station de canot de sauvetage. Bateaux à vapeur pour Jersey. Hôtels. Cap; falaises; ruines d'une vieille église gallo-romaine.

CHAMPEAUX

A 17 kilomètres d'Avranches. Gare de Montviron-Sartilly, à 8 kilomètres.

Bains de mer.

CHERBOURG

Chef-lieu d'arrondissement. Gare.

Ville forte et maritime. Place de guerre de 1re classe, à l'extrémité de la presqu'île du Cotentin, presque en face de l'île de Wight, au fond de la baie comprise entre le cap Levi et le cap de la Hague.

Magnifique rade, protégée par une digue de 3,800 mètres de long, construite en pleine mer à 5 ou 6 kilomètres des quais; cette digue est défendue par plusieurs forts bâtis en mer ou le long des côtes. Port militaire entouré d'une enceinte bastionnée; tout autour, magasins et chantiers propres à la construction de navires de premier rang; il aboutit dans la rade.

Bains de mer renommés, sur une plage unie en sable fin et sans courant.

De la montagne du Roule, on aperçoit un vaste et superbe horizon.

Jardins publics, beau théâtre. Casino. Parc aux huîtres.

Voir : statues de Napoléon Ier et du peintre Millet. Château du Moyen âge.

COSQUEVILLE-SAINT-PIERRE-ÉGLISE

A 20 kilomètres de la gare de Cherbourg et à 14 kilomètres de la gare de Barfleur.

Bains de mer. Villas.

COUDEVILLE

A 21 kilomètres de Coutances. Gare de Cérences, à 8 kilomètres.

Bains de mer.

COUTAINVILLE-AGON

Commune d'Agon, à 10 kilomètres de la gare de Coutances.

Belle plage, bains de mer, connue depuis longtemps sous la désignation « Plage des Libraires » Hôtel Casino, cabines de bains.

Hameau pittoresque avec ses maisonnettes au toit de chaume.

DENNEVILLE

A 37 kilomètres de Coutances. Halte. Gare de la Haye-du-Puits, à 10 kilomètres.

Station balnéaire, au milieu de bois de pins, en face de l'île de Jersey. Hôtels

DIÉLETTE-FLAMANVILLE

A 26 kilomètres de Cherbourg Gare de Couville, à 19 kilomètres. Service de voitures

Diélette est un petit port de mer échoué, à l'abri du cap de Flamanville, aux confins de la Hague, dans une situation extrêmement pittoresque. Deux jetées, deux ponts, hautes falaises, belles grèves. Bains de mer et station de canot de sauvetage

Flamanville possède un petit port de refuge et une superbe falaise. Phare magnifique.

Voir : château de 1654 et église de 1668; grottes remarquables, carrière de granit, minerai de fer.

DONVILLE

A 28 kilomètres d'Avranches. Gare de Granville, à 2 kilomètres

Bains de mer La plage est une des plus belles du littoral Maisons meublées.

GATTEVILLE

A 28 kilomètres de Cherbourg Gare de Barfleur, à 2 kilomètres

Bains de mer. Phare très important. Carrières de granit.

GENETS

A 10 kilomètres de la gare d'Avranches.

Bains de mer. Eaux minérales : Fontaine de santé de Cantilly. Hôtels.

GOUVILLE

A 11 kilomètres de la gare de Coutances.

Bains de mer. Hôtels.

GRANVILLE

Ville maritime bâtie sur un rocher. Position admirable, unique et des plus séduisantes ; surnommé le Paradis des peintres et des artistes. Plage de sable, abritée par des falaises escarpées, entourée d'un cercle de rochers couverts de varechs. Son éloignement de tous fleuves et de toutes rivières donne aux bains de Grandville une richesse en iode qui les rendent sans rivaux pour la santé.

Sources d'eaux minérales

A proximité du Mont-Saint-Michel, de Jersey et de Guernesey. Le casino est un lieu de réunions pour les familles ; il est essentiellement fréquenté par la bonne société. Vue splendide sur le port et la mer. Gare.

GRÉVILLE

A 14 kilomètres de la gare de Cherbourg.

Bains de mer Hôtels.

HAUTTEVILLE

A 11 kilomètres de Valognes. Gare de Saint-Sauveur-le-Vicomte, à 6 kilomètres

Bains de mer

HAUTTEVILLE-SUR-MER

A 12 kilomètres de Coutances, et à 1 kilomètre de la mer. Belle plage. Hôtel. Gare d'Orval-Hyenville, à 7 kilomètres.

Voir : ruines du château de Tancrède.

JOBOURG

A 24 kilomètres de la gare de Cherbourg.

Source d'eaux minérales ferrugineuses, dite du Romaret, à l'extrémité de la presqu'île du Cotentin, à proximité du cap de la Hague.

Voir : falaises et grottes remarquables. Sémaphore, Nez-de-Jobourg, à 4 kilomètres.

JULLOUVILLE

Commune de Bouillon, à 22 kilomètres d'Avranches. Gare de Granville, à 10 kilomètres.

Bains de mer. Plage de sable fin. Situation magnifique. Casino. Courses de chevaux. Hôtels. Voitures publiques. Charmantes excursions.

LE MONT-SAINT-MICHEL

A 20 kilomètres d'Avranches. Gare de Pontorson, à 9 kilomètres.

Bourg construit sur un rocher à pic relié au continent

par une digue de 1,030 mètres. Ce rocher est dominé par la célèbre abbaye de ce nom où l'on parvient en gravissant 522 marches de granit. On y admire la magnifique salle des Chevaliers, le Réfectoire des Moines, le Cloître, élevé à 300 pieds au-dessus de la mer. Près de l'Abbaye, derrière la Maison Rouge, se trouve le Musée qui est une des principales curiosités du Mont-Saint-Michel. Il renferme un groupement de souvenirs des scènes grandioses dont le Mont-Saint-Michel a été le théâtre, dans son triple rôle d'Abbaye, de Château-Fort et de Prison d'Etat. Ses collections de plus de 6,000 coqs de montres anciennes sont des plus remarquables. Chaque année, il est fait une Exposition des maîtres modernes. L'Abbaye et le Musée sont ouverts toute l'année et reçoivent un nombre considérable de visiteurs.

Bains de mer. Hôtels.

MONTMARTIN-SUR-MER

A 10 kilomètres de Coutances. Gare d'Orval-Hyenville, à 5 kilomètres.

Station balnéaire. Hôtel.

Fourneaux à chaux, marbre.

MORSALINES

A 18 kilomètres de Valognes. Gare.

Bains de mer.

NACQUEVILLE

A 10 kilomètres de la gare de Cherbourg.

Bains de mer.

NÉVILLE

A 24 kilomètres de Cherbourg. Gare de Barfleur, à 8 kilomètres.

Bains de mer.

OMONVILLE-LA-PETITE

A 24 kilomètres de la gare de Cherbourg.

Bains de mer. Hôtels, auberges.

OMONVILLE-LA-ROGUE

A 20 kilomètres de la gare de Cherbourg.

Bains de mer. Station de canot de sauvetage. Hôtels.

PIROU

A 20 kilomètres de Coutances. Gare de Lessay, à 6 kilomètres.

Bains de mer. Hôtels.

Voir : ruines d'un château féodal, célèbre par ses légendes, et église des XIIIe et XVe siècles.

PORTBAIL

A 29 kilomètres de Valognes. Gare.
Bains de mer. Parc aux huîtres. Bateaux pour Jersey bihebdomadaires. Hôtels. Voitures de louage.

QUINÉVILLE

A 16 kilomètres de Valognes. Gare de Lestre-Quinéville, à 2 kilomètres.
Bains de mer. Hôtel

REGNÉVILLE

Petit port sur la Manche, à l'embouchure de la Sienne.
Bains de mer. Plage assez vaste, mais couverte de tangue. Parcs aux huîtres renommés. Cabotage.
Gares de Coutances et d'Orval-Hyenville, à 9 kilomètres.
Voir : église et château du XIIe siècle.

RETOVILLE

A 23 kilomètres de Cherbourg. Gare de Barfleur, à 9 kilomètres.
Bains de mer.

SAINTE-MARIE-DU-MONT

A 24 kilomètres de Valognes. Gare de Carentan, à 10 kilomètres. Bains de mer. Hôtels. Pèlerinage en l'honneur de Marie-Madeleine.
Voir : ancienne église appartenant à différentes époques.

SAINT-GERMAIN-DE-TOURNEBUT

A 8 kilomètres de Valognes. Halte. Gare de Saint-Martin-d'Audouville, à 2 kilomètres.
Bains de mer.

SAINT-GERMAIN-DE-VARREVILLE

A 22 kilomètres de Valognes. Gare de Chef-du-Pont, à 10 kilomètres.
Bains de mer.

SAINT-GERMAIN-SUR-AY

A 30 kilomètres de Coutances. Gare de Lessay, à 6 kilomètres.
Bains de mer. Sémaphore.

SAINT-JEAN-LE-THOMAS

A 15 kilomètres d'Avranches. Gare de Montviron, à 10 kilomètres. Voitures publiques.

Station balnéaire.

Plage sûre, mais présentant cet inconvénient que la mer se retire, à marée basse, à plus de 3 kilomètres. Climat très doux.

SAINT-MARCOUF

A 14 kilomètres de Valognes. Gare de Lestre, à 6 kilomètres.

Sur la mer, en face des îles du même nom, qui sont à 10 kilomètres au large.

Fontaine qui passe pour guérir les malades.

Voir : vieille église construite sur une crypte.

SAINT-MARTIN-DE-VARREVILLE

A 21 kilomètres de Valognes. Gare de Chef-du-Pont, à 8 kilomètres.

Bains de mer.

SAINT-NICOLAS-PRÈS-GRANVILLE

A 28 kilomètres d'Avranches. Gare de Granville, à 2 kilomètres.

Bains de mer à Hacqueville.

SAINT-PAIR

A 20 kilomètres d'Avranches. Gare de Granville, à 3 kilomètres.

Bains de mer très suivis, formant presque une annexe à Granville. Belle plage de sable. Casino. Courses de chevaux. Pavillons, chalets, hôtels. Voitures de louage et voitures publiques.

Voir : église du XIIe siècle.

Excursions : Jullouville, à 4 kilomètres ; Carolles (falaises).

SAINT-VAAST-LA-HOUGUE

Ville maritime, située sur la Manche, à 18 kilomètres de Valognes. Gare.

Sémaphore. Bains de mer. Construction de navires. Pêche. Beaux parcs à huîtres. Aquarium à l'île Tatihou. Bateaux à vapeur, service régulier, entre Saint-Vaast et le Havre. Hôtels. Voitures.

SIOUVILLE

A 20 kilomètres de Cherbourg. Gare de Couville, à 17 kilomètres.

Bains de mer. Splendide grève, qui, protégée à son entrée par des rochers élevés, s'étend jusqu'aux lointaines falaises de la Hague, sur une étendue de 10 kilomètres.

SURTAINVILLE

A 28 kilomètres de Cherbourg. Gares de Carteret, à 8 kilomètres, et de Bricquebec, à 13 kilomètres.
Bains de mer. Mine de plomb argentifère.

TOURLAVILLE

A 4 kilomètres de la gare de Cherbourg.
Station de bains de mer et de canot de sauvetage, au Becquet. Hôtels.
Voir : très beau château.

URVILLE-HAGUE

A 10 kilomètres de la gare de Cherbourg.
Bains de mer.

VAUVILLE

A 20 kilomètres de la gare de Cherbourg.
Bains de mer.
Cette localité possède un beau château ancien, récemment restauré; elle est entourée de hautes collines d'un caractère sauvage et de très belles lignes.

MARNE

AMBONNAY

A 28 kilomètres de Reims. Station de chemin de fer (banlieue de Reims) et gare de Jâlons-les-Vignes, à 8 kilomètres. Ligne de Reims à Châlons-Port.

Sources d'eaux minérales.

BAYE

A 27 kilomètres d'Epernay.

Gare. Ligne d'Epernay à Montmirail.

Sources d'eaux minérales abondantes.

Voir : remarquable et riche château.

BOURSAULT

A 9 kilomètres d'Epernay. Gare de Damery-Boursault, à 2 kilomètres.

Source d'eaux minérales.

Voir : très beau château dominant la vallée de la Marne.

SERMAIZE-LES-BAINS

A 26 kilomètres de Vitry-le-François. Gare à 1 kilom. 500. Sources d'eaux minérales naturelles, bicarbonatées calciques ferrugineuses et sulfatées magnésiennes froides, employées dans dyspepsie, gastralgie, diabète, affections des voies urinaires, gravelle, calculs hépathiques, engorgements abdominaux, chlorose, anémie.

Etablissement thermal. Casino, théâtre, cercle.

Voir : curieuse église du XIe siècle.

MAYENNE

CHANTRIGNÉ

A 14 kilomètres de Mayenne. Gare d'Ambrières, à 5 kilomètres. Ligne de Caen à Laval.

Source d'eaux minérales.

CHATEAU-GONTIER

Chef-lieu d'arrondissement Gare

Située sur la Mayenne, cette ville a été fondée en 1007 par Foulques Nerra, comte d'Anjou, et donnée par lui à un de ses chevaliers, Renaud de Gontier. Avant cette époque, c'était un domaine possédé par les moines de Saint-Aubin d'Angers.

Promenades dites « Bout-du-Monde », qui s'étendent sur le penchant d'un coteau

Source d'eaux minérales bicarbonatées calciques, magnésiennes et ferrugineuses, froides, dite « d'Eau de Pougues-Rouillée », souveraines dans les affections de l'utérus, des voies digestives, gravelle, catarrhe de la vessie.

Etablissement thermal.

MARTIGNÉ

A 14 kilomètres de Mayenne. Gare. Ligne de Caen à Laval.

Source d'eaux minérales.

— Qu'est-ce qui fait de la peine aux marins qui sont blessés et saignent, à part la douleur physique ?

— De voir couler leurs vaisseaux.

MEURTHE-ET-MOSELLE

BURLIONCOURT

Source d'eaux minérales.

ECROUVES

Importante localité, à 4 kilomètres de la gare de Toul.
Source d'eaux minérales.

GORCY

A 44 kilomètres de Briey. Gares de Cons-la-Grandville, à 6 kilomètres, et de Lonwy, à 8 kilomètres.
Sources d'eaux minérales.
Fabrique de rivets et de wagons. Aciéries et hauts-fourneaux.

NANCY

Chef-lieu de département. Gare.
Ville forte, intéressante à bien des points de vue. Les forts d'arrêt de Frouard et de Pont-Saint-Vincent défendent les environs.
Voir : place de Grève où s'élève le Palais de l'Académie ; place Carrière, remarquable par la régularité des édifices qui l'entourent ; place de l'Alliance et place Stanislas où figure, depuis 1831, la statue de ce prince ; l'immense promenade de la Pépinière ; cours Léopold, promenade délicieuse terminée par l'arc de triomphe ou porte Desvilles ; un grand nombre d'arcs de triomphes ou portes, au milieu ou au bout des rues ; hôtel de ville ; musée ; cathédrale, château Renaissance des ducs de Lorraine. Statues de Collot, du roi Stanislas, du général Drouot, de Mathieu de Dombasle, de Thiers, de René de Vaudémont et de Jeanne d'Arc.
Source d'eaux minérales carbonatées calciques, sulfatées calciques et ferrugineuses, au pied du Cavalier du bastion Saint-Thibault.

PETTONVILLE

A 22 kilomètres de Lunéville. Gare d'Azerailles, à 6 kilomètres.
Source d'eaux minérales.

PONT-A-MOUSSON

A 26 kilomètres de Nancy. Gare.
Ville frontière, sur les deux rives de la Moselle.
Source d'eaux minérales, la Fontaine-Rouge, carbona-

tées calciques, sulfatées calciques, magnésiennes et ferrugineuses.

Cette source a une vieille réputation.

Voir : hôtel de ville ; église Saint-Martin des XIIIe et XVe siècles, dont les tours ressemblent à des couronnes ; place Duroc, entourée d'arcades, belles maisons ; pont du XVIe siècle. Hauts-fourneaux importants.

VITERNE

A 10 kilomètres de Nancy. Gares de Pont-Saint-Vincent, à 8 kilomètres, et de Bainville-sur-Madon, à 6 kilomètres.

Source d'eaux minérales.

MEUSE

BOUREUILLES

A 32 kilomètres de Verdun. Gare d'Aubréville, à 8 kilomètres.
Source d'eaux minérales.

BUZY

A 27 kilomètres de Verdun. Gare. Ligne de Paris à Metz
Source d'eaux minérales.

LISSEY

A 22 kilomètres de Montmédy. Gare de Vilosne, à 12 kilomètres.
Source d'eaux minérales.

— Moi, je mets tous mes fonds au Comptoir d'escompte.
— Et moi, tous les miens au comptoir du marchand de vin.

MORBIHAN

AMBON

A 20 kilomètres de Vannes. Gare.

Bains de mer. Grande plage. Cabines. Restaurants. Marais salants.

ARRADON

A 7 kilomètres de la gare de Vannes.

Bains de mer. Hôtels.

Parc à huîtres. Pêche à la sardine.

AURAY

A 40 kilomètres de Lorient. Gare. Ligne de Paris à Brest.

Bains de mer. Grand et petit cabotage. Bateaux à vapeur d'Auray à Belle-Ile ; départ d'Auray les mardis et samedis. Hôtels. Voitures publiques pour la Trinité-sur-Mer et Locmariaquer.

Très belle vue du belvédère du Loch. Ateliers de construction. Scieries et établissements d'ortréiculture. Parc à huîtres. Pêche à la sardine.

Voir : église Saint-Gildas (XVIIe siècle) ; église Saint-Goustan (XVe et XVIe siècles) ; vieilles maisons ; promenade du Loch ; Chartreuse.

Excursions : Sainte-Anne-d'Auray (pèlerinage), à 3 kilomètres ; Champ des Martyrs ; le Loch ; rivière d'Auray.

BADEN

A 14 kilomètres de la gare de Vannes.

Bains de mer. Hôtels.

On a relevé dans cette localité d'intéressants fragments de sculptures.

CARNAC

A 28 kilomètres de Lorient. Gare de Plouharmel-Carnac, à 3 kilomètres.

Station de bains de mer à Carnac et à Plouharmel, à peu de distance l'une de l'autre. Plages splendides. Hôtels, villas, chalets. Voitures publiques. Parcs à huîtres.

Voir à Carnac : musée archéologique ; musée Miln ; la crypte de Saint-Michel et les alignements de Ménec, immenses avenues plantées de pierres énormes, à intervalles réguliers, et qui sont l'objet de légendes mystérieuses.

Sur le territoire de Plouharmel se trouve le plus considérable dolmen du département.

ERDEVEN

A 22 kilomètres de Lorient. Gare de Plouharmel-Carnac, à 4 kilomètres.

Bains de mer. Belle plage.

Voir : quantité considérable de monuments druidiques.

ETEL

A 20 kilomètres de Lorient. Gare de Plouharmel-Carnac, à 9 kilomètres.

Petit port de commerce fort important pour la pêche. Bains de mer. Station de canot de sauvetage. Hôtels. Parcs à huîtres. Construction de navires. Voitures publiques. Service régulier les lundi, mercredi et samedi entre Etel et Port-Louis.

Fabrication de conserves de sardines.

GAVRES

A 5 kilomètres de Lorient. Gare d'Hennebont, à 12 kilomètres.

Bains de mer. Parc d'artillerie.

LARMOR

Commune de Plœmeur, à 4 kilomètres de la gare de Lorient.

Bains de mer. Casino. Du 1er juin au 30 septembre, service régulier de bateaux entre Larmor et Lorient. Hôtels. Chambres meublées.

Voir à Plœmeur : église romaine du plus haut intérêt archéologique.

LA TRINITÉ-SUR-MER

Port de relâche et de pêche, à 28 kilomètres de Lorient. Gare de Plouharmel, à 8 kilomètres.

Bains de mer. Hôtels. Construction de bateaux. Parcs à huîtres. Pêche à la sardine.

LE PALAIS

Dépendant du canton de Belle-Ile, chef-lieu de l'île, à 48 kilomètres de Lorient. Gare de Quiberon, à 13 kilomètres.

Place de guerre, port de commerce, colonie publique d'éducation pénitentiaire de jeunes gens. Maison de réforme des pupilles du département de la Seine. Bassin à flot. Excellente rade. Station de canot de sauvetage.

Bains de mer. Télégraphe sous-marin. Bateaux à vapeur, service journalier entre Belle-Ile et Quiberon ; tous les mercredis, de Belle-Ile à Lorient, et tous les lundis, de Belle-Ile à Auray ; hebdomadaire, de Belle-Ile à Nantes. Bibliothèque populaire. Hôtels. Voiliers.

Voir : débris de fortifications primitives.

L'ISLE-AUX-MOINES

A 9 kilomètres de la gare de Vannes.
Station balnéaire, célèbre par sa végétation.

LOCMARIAQUER

A 60 kilomètres de Lorient. Gare d'Auray, à 16 kilomètres.
Bains de mer. Sémaphore à Kerpenhir. Douane. Hôtels. Voitures publiques. Parc à huîtres. Pêche à la sardine.
Voir : menhirs, dolmens et nombreux tumuli.

LOMENER

Commune de Plœmeur, à 9 kilomètres de la gare de Lorient. Voitures publiques.
Bains de mer. Belle plage.

MUZILLAC

Petite ville à 24 kilomètres de Vannes. Gare de Questembert, à 15 kilomètres
Bains de mer. Hôtels
Tanneries et minoteries.

NOYALO

A 9 kilomètres de la gare de Vannes.
Bains de mer.

PÉNERF-DAMGAN

A 24 kilomètres de Vannes. Gare de Questembert, à 24 kilomètres
Bains de mer. Hôtels. Cabines sur la plage.

PENESTIN

A 56 kilomètres de Vannes. Gare de Pont-Château, à 32 kilomètres.
Bains de mer

PERELO

Commune de Plœmeur, à 10 kilomètres de la gare de Lorient.
Bains de mer.

PLOUHINEC

A 10 kilomètres de Lorient. Gare de Landévant, à 13 kilomètres.
Ville jadis fortifiée.
Bains de mer. Sémaphore. Hôtels.

PORT-LOUIS

A 4 kilomètres de la gare de Lorient.

Ville forte et maritime. Port important à l'embouchure du Blavet.

Bains de mer. Casino et établissement de bains. Hôpital militaire et grands ateliers de construction de navires. Hôtels. Voiliers. Voitures de louage.

Bateau à vapeur de Port-Louis à Lorient chaque demi-heure. Excursions en bateau à vapeur sur les côtes du Morbihan et du Finistère.

PORT-NAVALO

Commune d'Arzon, à 32 kilomètres de la gare de Vannes.

Bains de mer. Criée aux poissons frais.

QUESTEMBERG

Petit village, à 26 kilomètres de Vannes. Gare. Ligne de Nantes à Lorient.

Bains de mer. Hôtels. Omnibus pour le chemin de fer. Voitures à volonté.

Voir : chapelles, maisons de construction curieuse. On y a découvert un atelier de fondeur gaulois.

QUIBERON

A 40 kilomètres de Lorient. Gare.

Bourg maritime, célèbre par le désastre qui y accueillit les émigrés le 28 juin 1795.

Bains de mer, station de canot de sauvetage. Casino. Plage magnifique très fréquentée. Bateaux à vapeur, service journalier de Quiberon à Belle-Ile. Bateaux à vapeur tous les 5 jours de Quiberon aux îles de Houat et Hoëdic. Voitures pour excursions. Voiliers. Hôtels, villas, cabines.

Voir : le Port Blanc; Port Maria; Port Aliguen ; menhirs Saint-Pierre.

Excursions : alignements de Carnac; Belle-Isle, 15 kilomètres (par mer).

RIANTEC

A 5 kilomètres de la gare de Lorient.

Bains de mer.

SAINT-GILDAS

A 28 kilomètres de la gare de Vannes.

Bains de mer.

Voir : l'église qui est un beau monument historique de style ogival.

SAINT-PIERRE-QUIBERON

A 40 kilomètres de Lorient. Gare. Ligne d'Auray à Quiberon.

Bains de mer. Restaurants.

VANNES

Chef-lieu de département. Gare.

Ville maritime, à 20 kilomètres de l'Océan, auquel elle communique par le golfe du Morbihan. Petit port, beaux quais. Construction de navires. Très anciennes fortifications.

Voir : hôtel de ville superbe; Préfecture; Musée fort riche et très curieux; cathédrale, dont quelques parties sont intéressantes; chapelle du présidial; anciens couvents; théâtre.

Conleau, à 4 kilomètres de Vannes. Bains de mer. Casino.

ARZON

A 32 kilomètres de la gare de Vannes.

Bains de mer. Restaurants, chalets.

BILLIERS

A 27 kilomètres de Vannes. Gare de Muzillac, à 3 kilomètres.

Bains de mer. Port de pêche. Phare. Marais salants. Huîtres et moules. Hôtel.

SARZEAU

A 24 kilomètres de la gare de Vannes. Voitures publiques.

Bains de mer à 3 kilomètres. Hôtels, restaurants, chalets. Hospice.

Patrie de Le Sage (1668-1747).

Voir : nombreux châteaux, dont le plus célèbre est celui de Suscinio (monument historique).

SAUZON

Canton de Belle-Ile, à 48 kilomètres de Lorient. Gare du Palais, à 7 kilomètres.

Bains de mer. Belle plage. Hôtels.

SÉNÉ

A 4 kilomètres de la gare de Vannes, dans le golfe du Morbihan.

Bains de mer. Port de pêche. Restaurants, chalets. Marais salants.

Les habitants, désignés sous le nom de « Sinagots », se livrent à la pêche à la sardine.

NIÈVRE

FOURCHAMBAULT

A 7 kilomètres de Nevers. Gare. Ligne de Paris à Lyon.
Eaux minérales de table, bicarbonatées calciques, ferrugineuses, alcalines et très gazeuses, froides.
Trois établissements thermaux.
Hauts-fourneaux et fonderies considérables, qui constituent le principal établissement industriel du département. Atelier de galvanisation.

POUGUES-LES-EAUX

A 11 kilomètres de Nevers. Gare.
Eaux minérales naturelles, calciques et sodiques gazeuses froides.
Établissement thermal de Saint-Léger. Eaux minérales toni-alcalines, ferrugineuses, iodées, apéritives et reconstituantes, efficaces contre la dyspepsie, gravelle, coliques néphrétiques et hépatiques, catarrhe, atonie et névralgie de la vessie, goutte et le diabète. Trois sources principales. Employées en bains et douches. Eaux de table.
Belle-vue. Cure d'air : neurasthénie, anémie.
Nombreux hôtels ; maisons meublées. Casino. Parc. Law-tennis.

SAINT-HONORÉ-LES-BAINS

A 26 kilomètres de Château-Chinon. Gare de Vandenesse, à 8 kilomètres, et de Rémilly, à 10 kilomètres.
Eaux thermales sulfureuses sodiques et arsenicales, les seules en France, recommandées dans les affections des bronches, de la gorge, du nez, le lymphatisme des enfants, les rhumatismes, les maladies des femmes, de la peau, etc. Employées en boissons, gargarismes et pulvérisations.
Établissement de bains. Casino, théâtre, orchestre, manège, salle d'armes, cercle, jeux. Hôtels, pavillons et villas. Voitures publiques. Saison du 15 mai au 1er octobre.
Voir : débris romains considérables.

SAINT-PARIZE-LE-CHATEL

A 17 kilomètres de Nevers. Gare de Mars-sur-Allier.
Eaux minérales, alcalines ferrugineuses froides, exploitées et exportées, souveraines pour l'estomac.
Source sulfureuse, sulfatée calcique, gazeuse, ferrugineuse, indiquée dans les maladies de la gorge, du larynx, des voies respiratoires, goutte, gravelle, diabète, arthritisme, scrofules, maladies de la peau.
Voir : très belle église romane, crypte remarquable.

NORD

BRAY-DUNES

A 13 kilomètres de Dunkerque. Gare de Ghyvelde (au centre de Bray-Dunes).

Station balnéaire. Hôtels. Petite plage sur la frontière belge. Jolies excursions.

CASSEL

A 32 kilomètres de Dunkerque. Gare.

Cette ville est célèbre par la victoire de Philippe de Valois et est renommée pour l'air pur et vif qu'on y respire. C'est un des plus beaux sites du département. Très belle vue.

Source d'eaux minérales ferrugineuses.

Voir : ancien hôtel de ville Renaissance (1634); hôtel de la Noble-Cour, converti en mairie (Renaissance flamande); ancien hôtel des ducs d'Halluin; restes de fortifications romaines.

Fabrique d'huiles et tanneries.

DUNKERQUE

Chef-lieu d'arrondissement. Gare.

Forte ville maritime, à 85 kilomètres de Lille, 3e port de France, sur le bord de la mer, à la jonction des canaux de Bergues, de Furnes et de Bourbourg, une des plus jolies villes de France, dont les places publiques sont vastes et régulières, les rues propres, bien pavées et bordées de trottoirs. Dunkerque est le port de France le plus rapproché de Londres.

Bains de mer. Belle plage.

Pêche du poisson frais et de la morue. Constructions navales. Phare. Bassins.

Voir : monument élevé en mémoire de la levée du siège (septembre 1793). Statue colossale de Jean-Bart; le « Beffroi », avec ses 265 marches et son carillon célèbre; église Saint-Jean-Baptiste, du XVIIIe siècle (tableaux); église Saint-Éloi (beffroi, chaire, tombeau de Jean-Bart); musée.

GHYVELDE

A 12 kilomètres de Dunkerque. Gare.

Bains de mer.

GRAVELINES

A 19 kilomètres de Dunkerque. Gare.

Port commercial, le mieux situé sur la côte française de la mer du Nord et communiquant avec l'intérieur de la France par de nombreux canaux et voie ferrée.

Construction de navires. Fabrique de voiles pour navires. Salaisons.

Station de canot de sauvetage. Bibliothèque communale. Hôtels. Voitures publiques et de louage.

Voir : église du XVIe siècle.

A *Petit Fort-Philippe* (commune de Gravelines), bains de mer. Sémaphore Hôtels. Casino. Musique.

LOON-PLAGE

A 12 kilomètres de Dunkerque. Gare, à 1 kilom. 500.
Station de bains de mer. Petite plage. Hôtels.

MALO-LES-BAINS

A 2 kilomètres de la gare de Dunkerque (par gare de Rosendaël).

Etablissements de bains de mer très fréquentés. Belle digue. Près du casino, du côté de la ville, kursaal. Station de canot de sauvetage. Hôtels. Tramways électriques de Dunkerque à la plage, qui est considérée comme la plus belle de l'Europe.

MALO-TERMINUS-LEFFRIN-COUCKE

Station balnéaire, de date récente, desservie par le tramway électrique de Dunkerque. Constructions nouvelles ayant le confort et le luxe désirables.

ROSENDAËL

A 2 kilomètres de Dunkerque. Gare. Ligne de Calais à Furnes.

Station de bains de mer. Etablissement sur la plage Musique municipale. Tramways électriques pour Dunkerque et Malo-les-Bains. Nombreux châteaux.

SAINT-AMAND-LES-EAUX

A 13 kilomètres de Valenciennes. Gare.

Ville ancienne, sur la rive gauche de la Scarpe.

Source d'eaux minérales sulfatées calciques et sulfureuses (4 sources), boues minérales tièdes (25°), efficaces dans les affections rhumatismales, raideur des articulations, ataxie locomotrice, goutte, engorgements du foie, coxalgies, paraplégies, atrophie des membres, rétractions musculaires, foulures.

Etablissement thermal.

Fabriques de ciments et carreaux. Construction de matériel pour mines, forges et laminoirs. Tuiles et briques. Faïencerie.

Voir : abbaye du VIIe siècle (façade) ; ancienne église abbatiale (façade du XVIIe siècle, tours, sculptures) ; maison du receveur de l'abbaye ; église paroissiale du XVIIIe siècle (chaire).

SAINT-POL-SUR-MER

A 2 kilomètres de la gare de Dunkerque.
Bains de mer. Sanatarium maritime. Tramways pour la gare de Dunkerque tous les quarts d'heure.

Et dire que l'alcool ça fait marcher les automobiles.

CONSEIL AUX FERMIERS ET ARTISANS

Désormais instruit et éclairé, l'homme, aussi bien aux champs qu'à l'atelier, a conscience que le temps qu'il passe dans un travail de force est un capital perdu, et que l'application des moyens mécaniques économisant son temps et ses dépenses physiques doit constituer une richesse nouvelle. Il est bien établi maintenant que lorsqu'il s'agit de fournir une énergie, un effort continu, la machine doit venir en aide à l'homme.

Appliqué dès longtemps dans les grandes industries, ce principe aurait dû être mis en pratique dans les exploitations les plus modestes, comme un ministre de l'agriculture français en faisait le vœu, si on avait pu établir un moteur peu encombrant, coûtant peu d'achat et d'entretien, facilement transportable et ne demandant aucun apprentissage spécial pour sa manœuvre.

C'est aujourd'hui un fait accompli et nous croyons intéressant pour tous, fermiers et artisans, d'en avoir connaissance.

Ce petit instrument économique, un outil plutôt qu'un moteur, et qui commence à se répandre dans toutes les fermes dès son apparition, porte la marque « **Rajeuni** », nom qu'il est indispensable de reconnaître sur son bâti pour être assuré d'en posséder un authentique, avec lequel on est sûr de battre son blé vite et presque pour rien, car il peut se placer immédiatement et partout.

Les applications de ce petit moteur si ingénieusement établi sont nombreuses, et ce sera pour les travailleurs ayant un atelier un indispensable auxiliaire. Pour les *agriculteurs*, le **Rajeuni** assurera le labourage, le chargement des betteraves, le battage sur place.

A la ferme, il actionnera des pompes, des tondeuses, des machines à concasser, pétrir ou hacher. Pour les charrons et menuisiers, il permettra de scier facilement des billes de bois de 35 ou 40 centimètres.

Pour les mécaniciens, il actionnera simultanément deux tours, deux perceuses, deux raboteuses et une meule.

Catalogue n° 35-B et renseignements franco et immédiatement à toute demande,

119, rue Saint-Maur,
PARIS.

OISE

BULLES

A 13 kilomètres de Clermont. Gare.
Eau minérale naturelle : sources de Saine-Fontaine.
Voir : église qui mérite l'attention des archéologues.

CHANTILLY

A 9 kilomètres de Senlis et à 41 kilomètres de Paris. Gare.

Ville située sur la Nouette, entre deux forêts.

Eaux minérales froides gazeuses carbonatées, ferrugineuses. Eau de table. Diverses sources. Hôtels. Courses aux chevaux en mai et octobre. Musique municipale. Sociétés d'arbalétriers. Société de tir. Société vélocipédique. Théâtre. Voitures de louage.

Château de Chantilly : Institut de France (don du duc d'Aumale, de l'Académie française). Les galeries du musée Condé, renfermant des richesses artistiques d'une valeur inappréciable, et le magnifique parc du château sont ouverts : du 15 avril au 15 octobre (les jours de courses à Chantilly exceptés), le jeudi et le dimanche gratuitement, et le samedi moyennant un franc d'entrée.

L'église renferme le monument élevé à la mémoire des princes de Condé. La forêt de Chantilly (3,553 hectares) possède le joli château de la reine Blanche, des étangs et des sites admirables. Brasseries.

FONTAINE-BONNELEAU

A 45 kilomètres de Clermont. Gare.

Trois sources d'eaux minérales ferrocrénatées, exploitées, qui émergent dans un marais.

GOUVIEUX

A 12 kilomètres de Senlis. Gare de Chantilly, à 3 kilomètres.

Source d'eaux minérales ferrugineuses à la Chaussée. Eau de table.

Hôtels.

Voir : camp de César. Filature de laine, impression sur étoffe.

MORTEFONTAINE

A 7 kilomètres de la gare de Survilliers. Ligne de Paris à Creil.

Source d'eaux minérales sulfureuses.

Sites remarquables.

PIERREFONDS-LES-BAINS

A 15 kilomètres de Compiègne. Gare.
Sources d'eaux sulfureuses, froides et ferrugineuses : maladies de la peau, voies respiratoires, muqueuses, catarrhe du larynx et des bronches. Etablissement thermal au bord du lac. Hôtels. Villas. Casino. Château national, donnant une idée exacte des mœurs du Moyen âge.

RIEUX

A 12 kilomètres de Clermont. Gare.
Eaux minérales : source du Château.
Eau de table ferrugineuse, eau de table apéritive, digestive.

— Moi, voyez-vous, je suis partisan de l'impôt sur le revenu.
— Pourquoi ?
— Dame, parce que je n'en ai pas.

ORNE

BAGNOLES-DE-L'ORNE

Commune de Tessé-la-Madeleine, à 20 kilomètres de Domfront. Gare.

Station située dans un pays enchanteur.

Sources d'eaux salines tièdes, sulfatées et chlorurées sodiques (27°), recommandées dans les dermatoses, nervosisme, maladies des femmes, affections du système nerveux (rhumatisme et éréthisme veineux, péréphlébites, suites d'ondophlébites, varices, stases, œdèmes), dyspepsie, rhumatisme subaigu et chronique.

Source ferrugineuse froide. Buvette.

Établissement thermal. Lac, parc. Casino. Hôtels, villas.

Voir : roc aux Chiens, dolmens et pierres druidiques.

Excursions : châteaux de Couterne (XVIe siècle), de Lassay (ruines), de Domfront (ruines) ; forêts d'Andaine et de la Ferté-Macé, à 6 kilomètres.

BROCHARD

Commune de Saint-Victor-de-Réno, à 13 kilomètres de Mortagne. Gare de Boissy-Maison-Maugis, à 9 kilomètres.

Non loin des mélancoliques étangs du Valdieu, entre les bois et la Commauche, sourdent des fontaines minérales qui ont fait naître un petit établissement thermal avec restaurant, où les baigneurs utilisent l'eau des sources. On attribue à l'une des fontaines les vertus de Carlsbad et de Tœplitz ; la seconde serait rivale de la Bourboule ; une troisième soulagerait les goutteux, grâce à sa lithine ; des deux dernières, l'une est arsenicale, l'autre ferrugineuse. Les eaux de Brochard représenteraient donc presque toute la gamme.

COURTOMER

A 32 kilomètres d'Alençon et à 12 kilomètres de la gare de Sainte-Gauburge.

Source d'eaux minérales ferrugineuses, froides.

Voir : joli château construit à la fin du XVIIIe siècle.

LA FERTÉ-FRÊNEL

A 56 kilomètres d'Argentan. Gare. Ligne de Sainte-Gauburge à Bernay.

Source d'eaux minérales.

Voir : dolmen et restes d'un château qui aurait été construit par Guillaume le Conquérant.

LA HERSE

Commune de Bellême, à 17 kilomètres de Mortagne. Gare.

Près de la maison forestière de la Herse, source d'eaux minérales (avec fontaine) carbonatées calciques, ferrugineuses, gazeuses, qui prend naissance dans la forêt de Bellême, à 2 kilomètres du village de ce nom, et où l'on a retrouvé l'aménagement dû aux Romains.

Bellême, située sur une colline, fut, avant Mortagne, la capitale du Perche. Industrie des ouvrages à filet.

Voir : église Saint-Sauveur des XVIIe et XVIIIe siècles (œuvres d'art); porte du château; maisons curieuses, ancien bailliage converti en hôtel de ville; vestiges d'un ancien château.

SAINT-ANDRÉ-DE-MESSEI

A 17 kilomètres de Domfront et à 3 kilomètres de la gare de Messei.

Source d'eaux minérales.

Voir : chapelle, qui est un but de pèlerinage.

SAINT-BARTHÉLEMY

Commune de Saint-Germain-de-Corbéis, à 3 kilomètres de la gare d'Alençon.

Source d'eaux minérales carbonatées calciques et ferrugineuses, dit « Houel ».

SAINT-ÉVROULT-NOTRE-DAME-DU-BOIS

A 45 kilomètres d'Argentan. Gare.

Eaux minérales ferrugineuses. Hôtels.

SAINT-MARTIN-D'ÉCUBLEI

A 36 kilomètres de Mortagne. Gare de Laigle, à 5 kilomètres, et halte du Mesnil, à 1 kilomètre.

Source d'eaux ferrugineuses.

PAS-DE-CALAIS

AMBLETEUSE

A 12 kilomètres de Boulogne. Gare de Wimille-Wimereux, à 6 kilomètres.

Station balnéaire. Établissement de bains de mer. Hôtels. Restaurants. Parc aux huîtres. Voitures publiques.

AUDRESSELLES

A 14 kilomètres de Boulogne-sur-Mer. Gare de Wimille-Wimereux, à 8 kilomètres.

Bains de mer. Pêche amusante.

BERCK-SUR-MER

A 14 kilomètres de Montreuil. Gares de Berck-Ville et de Berck-Plage.

Station de canot de sauvetage. Berck ne possède qu'une rade foraine où le fond est de très bonne tenue. Le port, très petit, assèche à chaque marée, mais l'échouage n'offre pas de danger.

La plage, sur une étendue de 15 kilomètres, n'est formée que de sable fin. L'industrie de la pêche occupe environ 150 bateaux, montés par 900 hommes. Pendant la belle saison, cette station balnéaire est visitée par un très grand nombre d'étrangers. Baie de pêche du poisson frais. Phare de 1re classe à feu scintillant nouveau système.

Grand casino de la Plage. Grand casino de Berck. Kursaal. Hôtels. Chalets. Voiliers. Voitures de louage.

Grand hôpital maritime de l'assistance publique de la Seine pour les enfants scrofuleux et rachitiques. Fabrique de filets.

BOULOGNE-SUR-MER

Chef-lieu d'arrondissement. Gare.

Ville maritime, située à l'embouchure de la Liane, dans le détroit du Pas-de-Calais ; elle est divisée en deux parties : haute et basse ville. La première, entourée de remparts en pierre, dont la construction remonte au XVIIe siècle, renferme le palais impérial, hôtel de ville, beffroi, palais de justice, le château construit en 1321, l'ancien hôtel des ducs d'Aumont, la cathédrale Notre-Dame.

Dans la basse ville se trouve le port, formé de deux larges bassins séparés par un quai accessible aux plus forts navires de commerce. Magnifique bassin à flot, l'un des plus fréquentés pour le passage de France en Angleterre (à 32 kilomètres de Douvres, et à 28 kilomètres de Folkestone). Service journalier de paquebots. Le plus important port de pêche de France.

Voir : église Saint-Nicolas, muséum, bibliothèque. Sur

le point culminant du plateau où fut installé en 1804 le camp de Boulogne, se trouve la colonne de la Grande-Armée, à 2 kilomètres.

Etablissement monumental de bains de mer. Plage splendide et des plus élégamment suivies. Le casino est un des mieux aménagés de France. Théâtre.

Boulogne se recommande dans le traitement de l'anémie, chlorose, adénopathies, scrofulo-tuberculose, etc. Services complets d'hydrothérapie. Bureaux d'hygiène. Etuves à désinfection.

CALAIS

A 28 kilomètres de Boulogne et à 26 kilomètres de Douvres. Gare.

Jolie et forte ville maritime. Place de guerre de première classe, située sur la Manche, où elle a un vaste bassin à flot. Calais possède un avant-port, et un port le plus fréquenté pour le passage entre l'Angleterre et le continent ; services à heure fixe, à toute heure du jour.

Bains de mer très fréquentés. Stations de canot de sauvetage (2 canots). Etablissement de bains de mer sur la plage. Tramways pour Calais, Boulogne et Guines. Tramcars pour la plage de Calais et pour la plage de Sangatte. Voitures publiques et de place.

Voir : église Notre-Dame, reconstruite au XVe siècle par les Anglais ; hôtel de ville, surmonté d'un joli beffroi du XVe siècle ; tour du Guet (XVe siècle) ; hôtel de Guise et la citadelle.

CAP-GRIS-NEZ

A 18 kilomètres de Boulogne. Gare de Marquise-Rinxent, à 12 kilomètres, et Audinghen, à 2 kilomètres.

Bains de mer de Gris-Nez-Plage. Sémaphore du Cap Gris-Nez, à 2 kilomètres. Hôtels.

CONCHIL-LE-TEMPLE

A 15 kilomètres de Montreuil. Gare à 500 mètres.

Bains de mer. Cafés-restaurants.

FRUGES

A 32 kilomètres de Montreuil. Gare. Lignes d'Anvin à Calais et d'Aire à Berck-Plage.

Source d'eaux minérales.

GIVENCHY-LEZ-LA-BASSÉE

A 12 kilomètres de Béthune. Gare de Cuinchy, à 1 kilomètre.

Source d'eaux minérales chlorurées sodiques et ferrugineuses.

LE PORTEL

A 3 kilomètres de la gare de Boulogne. Tramway électrique chaque quart d'heure.

Petit port de pêche.

Bains de mer. Sémaphore. Fanfare. Omnibus pour Boulogne.

Corderies et fabriques d'engins de pêche.

MARQUISE-RINXENT

Commune de Rinxent, à 16 kilomètres de Boulogne. Gare.

Bains de mer. Voitures publiques pour Hardinghem, Marquise et Wissant.

Voir : église dominée par un clocher du XIe siècle. Hauts-fourneaux.

MERLIMONT

A 12 kilomètres de Montreuil. Gares de Saint-Josse, à 2 kilom. 500, et de Rang-du-Fliers-Verton, à 7 kilomètres.

Bains de mer. Plage Saint-Antoine, située entre Berck-Plage et Paris-Plage.

MEURCHIN

A 25 kilomètres de Béthune. Gare. Ligne d'Armentières à Lens.

Source d'eaux minérales sulfureuses, sulfatées et chlorurées sodiques.

OYE

A 30 kilomètres de Saint-Omer. Gare de Pont-[illegible] à 2 kilomètres.

Bains de mer. Fanfare.

PARIS-PLAGE

A 12 kilomètres de Montreuil. Gare d'Étables, à 6 kilomètres.

Paris-Plage ou Le Touquet, commune de Cucq. Station balnéaire. Plage bordée par une magnifique forêt de 900 hectares. Les émanations bienfaisantes des pins, qui s'y mêlent à l'air marin, en font une station d'été (et aussi d'hiver) exceptionnelle, au point de vue hygiénique. Hôtels. Chalets. Établissements de bains de mer et bains chauds. Voitures publiques. Tramway électrique de Paris-Plage à Étables. Casino. Théâtre. Phare de la Conche.

Port de pêche important.

Excursions : château d'Ardelot (camp du Drap d'or); abbaye de Valloires; Rue; Desvres

PONT-DE-BRIQUES

Communes de Condettes, Saint-Etienne et Saint-Léonard, à 6 kilomètres de Boulogne. Gare.

Bains de mer. Société de tir.

SANIT-GABRIEL

A 20 kilomètres de Montreuil. Gares d'Etaples, à 6 kilomètres, et de Dannes-Camiers, à 1 kilomètre.

Bains de mer. Plages Sainte-Cécile et Saint-Gabriel, à proximité de Paris-Plage. Hôtels. Tramways de la gare de Dannes-Camiers à la plage Sainte-Cécile.

SAINT-POL-SUR-TERNOISE

Chef-lieu d'arrondissement. Gare.

Ville ancienne, située dans un fond, près des sources de la Ternoise ; elle jouit d'une salubrité remarquable.

Eaux minérales ferrugineuses estimées.

Voir : ruines du château des comtes de Saint-Pol ; église du XVIIe siècle.

SANGATTE

A 31 kilomètres de Boulogne. Gare de Calais, à 8 kilomètres.

Station située près du cap Blanc-Nez. Importantes digues qui protègent le pays contre la mer.

Bains de mer. Hôtels. Tram-cars pour Calais.

WACQUINGHEM

A 8 kilomètres de Boulogne. Halte et gare de Wimille-Wimereux, à 5 kilomètres.

Cette localité, admirablement située sur la route de Paris à Calais, à proximité d'une halte de chemin de fer, à 9 minutes de la station balnéaire de Wimereux, à 4 kilomètres de la mer, bien boisée et entourée de collines qui la préservent des rigueurs du littoral, offre aux touristes de belles promenades et l'air sain des bords de la mer.

WIERRE-AUX-BOIS

A 17 kilomètres de Boulogne-sur-Mer. Gare de Samer, à 2 kilomètres.

Source d'eaux minérales.

WIMEREUX

A 4 kilomètres de Boulogne. Gare de Wimille-Wimereux, à 1,200 mètres.

Bains de mer très fréquentés. Hôtels. Voitures publiques et voitures de louage. Pêche abondante. Jolies excursions.

Voir : église de Wimille (XIIe et XIIIe siècles). Monument de Pilâtre de Rozier.

WISSANT

Bourg à 22 kilomètres de Boulogne. Gare de Marquise-Rinxent, à 11 kilomètres.

Magnifique plage la plus rapprochée des côtes d'Angleterre. Phare de 1re classe, du cap Gris-Nez, feu tournant. Baie de pêche du poisson frais. Station de canot de sauvetage. Établissement de bains de mer très fréquenté. Hôtels. Voitures de louage. Voitures publiques pour Calais, Boulogne et Marquise.

— Il y avait bien six mois que je ne vous avais rencontré.

— C'est que je me suis marié.

— Je me disais aussi qu'il avait dû vous arriver malheur.

PUY-DE-DOME

ARDES

Petite ville à 23 kilomètres d'Issoire. Gare du Breuil, à 15 kilomètres.

Sanatorium de la Société des sanatoria de France, sur le mont Bonmorin. — Voitures publiques.

Voir : restes du château de Mercœur, sur un rocher haut de 945 mètres.

ARLANC

A 16 kilomètres d'Ambert. Gare.

Cette localité est divisée en deux parties : le bourg et la ville.

Source d'eaux minérales ferrugineuses, sodiques, calciques et magnésiennes.

Deux établissements thermaux.

Fabriques de blondes et de lacets.

ARTONNE

A 13 kilomètres de Riom. Gare d'Aigueperse, à 5 kilomètres.

Eaux minérales. Grande source Alphonse et source Gros Artonne; apéritives, toniques, reconstituantes et lithinées; les plus chargées en acide carbonique, les plus minéralisées, ne décomposant pas le vin. Eau de table excellente, froide. Souveraine contre la dyspepsie, la gastrite, la gastro-entérite, les engorgements du foie et de la rate, la gravelle urique, les calculs biliaires, l'albuminurie, le diabète; elle convient aux personnes faibles et aux enfants rachitiques par le fer et l'arséniate de soude qu'elle contient.

AUGNAT

A 18 kilomètres d'Issoire. Gare du Breuil, à 11 kilomètres.

Eaux minérales bicarbonatées sodiques, calciques, magnésiennes et chlorurées sodiques, gazeuses.

BEAULIEU

A 12 kilomètres d'Issoire et à 2 kilomètres de la gare du Saut-du-Loup. Ligne de Paris à Barcelone.

Source d'eaux minérales bicarbonatées sodiques, sur les bords de l'Alagnon.

BESSE-EN-CHANDESSE

A 32 kilomètres d'Issoire. Gare de Coudes, à 31 kilomètres.

Cette localité, à 1,097 mètres d'altitude, possède quatre sources (9 à 10°); l'une d'elles sort d'une coulée de laves.

Eaux bicarbonatées sodiques, calciques et magnésiennes.

BOUDES

A 15 kilomètres d'Issoire. Gare du Breuil, à 8 kilomètres.

Source d'eaux minérales de Bard, sur un affluent de la Couze d'Ardes, température 17°, bicarbonatées sodiques, calciques et ferrugineuses.

BROMONT-LAMOTHE

A 28 kilomètres de Riom. Gare de Pontgibaud, à 5 kilomètres.

Trois sources d'eaux minérales bicarbonatées, sodiques, calciques et magnésiennes; source de Javelle, froide, gazeuse (13°); source de la Mine de Pranal (21°) qui sourd au fond de la mine du même nom, à 110 mètres de profondeur; source de Chalusset, très gazeuse et ferrugineuse.

CEYSSAT

A 17 kilomètres de Clermont-Ferrand. Gare de La Miouse-Rochefort, à 9 kilomètres.

Sources d'eaux minérales, exploitées. Gisement important de terre à infusoires.

CHABETOUT

A 12 kilomètres de la gare du Breuil.

Eaux bicarbonatées sodiques lithinées. Cinq sources (14°). Etablissement remontant au XIIIe siècle. Cachexie paludique, diabète, goutte et manifestation oculaire de la scrofule, congestion du foie, chlorose, anémie.

CHAMALIÈRES

Petite localité, à 1 kilomètre de la gare de Clermont-Ferrand.

Trois sources d'eaux minérales, exploitées, chloro-bicarbonatées mixtes, utilisées comme eaux de table.

CHAMBON

A 32 kilomètres d'Issoire. Gares du Mont-Dore et de Coudes, à 30 kilomètres.

Il existe, dans cette localité, cinq sources d'eaux minérales bicarbonatées sodiques et calciques, froides : sources de la Pique et de Vounassière (altitude 892 mètres).

La source supérieure de Chaudefour (altitude 1,135 mètres) est gazeuse, légèrement ferrugineuse. Eau de table recommandée aux personnes soumises au régime lacté. Adjuvant au traitement des chloroses, anémies, dyspepsies et troubles gastro-intestinaux.

CHAPDES-BEAUFORT

A 23 kilomètres de Riom. Gare de Vauriat, à 8 kilomètres.

Deux sources bicarbonatées sodiques, calciques et magnésiennes. Source de Châteaufort, froide, en amont de Pontgibaud ; source de Barbecot, ferrugineuse, froide (10°).

Voir : restes de la Chartreuse de Port-Saint-Marie.

CHATEAUNEUF-LES-BAINS

A 17 kilomètres de Riom. Gare de Saint-Gervais-Châteauneuf, à 7 kilomètres.

Vingt-cinq sources, dont douze thermales (36°6 la plus chaude) et treize froides.

Eaux froides ferrugineuses, bicarbonatées, gazeuses ; thermales ou froides, bicarbonatées, mixtes; bicarbonatées magnésiennes. Chaque source thermale a sa piscine. Etablissements thermaux importants échelonnés sur la rive de la Sioule.

On emploie ces eaux en boissons, bains, douches, inhalations, contre les rhumatismes, la goutte, l'anémie, la chloro-anémie, les affections des voies digestives et la plupart des dyspepsies. Elles sont excitantes, diurétiques et agissent à la fois comme alcalines et comme ferrugineuses, à des degrés divers.

Mines de plomb argentifère.

CHATELDON

A 18 kilomètres de Thiers. Gare de Ris-Chateldon, à 4 kilomètres.

Petite ville qui a conservé sa physionomie du Moyen âge. Etablissement thermal.

Eaux minérales alcalines froides. Deux sources. Eau de table acidulée, gazeuse, digestive, contre anémie, digestions difficiles, chlorose, leucorrhée, hypocondrie.

Voir : vieux château.

CHATEL-GUYON-LES-BAINS

Village situé au pied d'une montagne, à 5 kilomètres de la gare de Riom.

Nombreuses sources minérales et une petite cascade d'eau incrustante. Trois établissements thermaux. Casino.

Ces eaux, chlorurées sodiques et magnésiennes, ferrugineuses, bicarbonatées, gazeuses, employées en boisson, bains et douches, sont laxatives, excitantes, toniques, apéritives et reconstituantes. Elles sont très efficaces dans les cas de dyspepsie, de constipation opiniâtre, de congestion cérébrale, dans les engorgements du foie, dans les affections des reins, de la rate et de la vessie; elles sont digestives et diurétiques.

CLERMONT-FERRAND

Chef-lieu de département. Gare.

Jolie ville, sur un monticule, dominé par les monts Dôme. Places assez vastes : de la Poterne et d'Espagne, d'où la vue embrasse une grande partie de la Limagne.

Clermont possède 15 sources chloro-bicarbonatées mixtes, divisées en trois groupes toutes ferrugineuses.

Les plus importantes, les sources de Jaude, sur la place du même nom, ont une température de 22°5, et l'ancienne source Sainte-Claire, 22°.

La source incrustante de Saint-Alyre (24°) est utilisée par l'industrie. Près de cette source a été établi un établissement thermal (ouvert du 1er mai au 1er novembre).

Les eaux, chauffées à 36 ou 33°, sont employées pour la guérison des rhumatismes articulaires, musculaires et nerveux ; elles sont données, à une température moins élevée, aux personnes lymphatiques, scrofuleuses, atteintes de gastro-entéralgie chronique, de leucorrhée, d'engorgement de la matrice.

Places de Jaude, Saint-Hérem, Delille, du Taureau, Michel de l'Hospital, des Petits-Arbres, Desaix. Boulevards.

Voir : cathédrale (XIIIe siècle), ses vitraux et son élégante construction ; N.-D. du Port (XIe siècle), extérieur décoré de belles mosaïques bizantines ; Saint-Eutrope (style cathédrale) ; hôtel de ville ; jardin botanique Lecoq ; fontaines de la place Delille, du cours Sablon et de la Pyramide. Statues de Desaix et de Pascal.

COUDES

A 11 kilomètres d'Issoire. Gare. Ligne de Clermont à Arvant.

Eaux minérales bicarbonatées sodiques, calciques et chlorurées sodiques.

Deux sources (13° 3). Buvette gratuite pour les habitants de la localité.

COURGOUL

A 21 kilomètres de la gare d'Issoire.

Sources d'eaux minérales.

DURTOL-NOHANENT

A 9 kilomètres de Clermont-Ferrand. Gare.

Sanatorium du Château de Durtol pour le traitement des maladies de poitrine, ouvert toute l'année.

ENVAL

A 5 kilomètres de la gare de Riom.

Deux sources d'eaux minérales, exploitées, bicarbonatées sodiques, légèrement arsenicales (13 à 18°).

Le ravin d'Enval offre une charmante promenade. Un torrent aux multiples cascades, l'Ambène, sortant du « Bout du Monde », coule dans une gorge très resserrée entre deux parois abruptes de rochers aux formes bizarres.

Gorges les plus sauvages de l'Auvergne.

GIMEAUX

A 6 kilomètres de la gare de Riom.

Nombreuses sources d'eaux minérales bicarbonatées calciques et chlorurées sodiques, utilisées surtout pour la production des incrustations.

Etablissement thermal.

GRANDEYROLLES

A 22 kilomètres des gares d'Issoire, et de Coudes, à 16 kilomètres.

Source d'eau minérale de Mont-Rognon, bicarbo atée sodique, riche en acide carbonique.

GRANDIF

A 11 kilomètres de la gare d'Ambert. Possède une source d'eau minérale bicarbonatée calcique, froide, très chargée en acide carbonique.

LA BOURBOULE

Station thermale à 850 mètres d'altitude, près des sources de la Dordogne, au milieu d'un très beau pays. Climat très doux. Trois établissements exploités par la Compagnie des Eaux. — Casinos. Gare.

Les eaux excitantes du système nerveux et de la circulation, altérantes et reconstituantes, diurétiques, agissent sur la peau et sur le système lymphathique; elles conviennent dans la scrofule et toutes ses manifestations, les maladies de la peau et surtout le psoriasis et l'eczéma, les affections herpétiques des voies respiratoires et la phtisie; elles réussissent aussi chez les sujets lymphatiques, contre les névralgies, le rhumatisme et la paralysie, qui en est la suite; la cachexie paludéenne; le diabète, l'albuminurie, les maladies de l'utérus, etc.

Hôtels, villas, maisons meublées.

Le beau parc Fenestre contient une salle de gymnase, d'escrime, des jeux de lawn-tennis, croquets, etc.

Batailles de fleurs, chasses au renard, fêtes auvergnates, etc. Eclairage électrique.

Excursions : la roche Vendeix et la forêt de Bozat; les cascades du Plat-à-Barbe et de la Vernière; le salon de Mirabeau; la cascade du Serpent, la vallée de la Cour et la gorge d'Enfer; le pic du Sancy, le lac de Guéry et les roches Tuillières et Sanadoire; le lac Chambon, le volcan du Tartaret et le château de Murols; la vallée de Chaudefour, etc.

Voitures, chevaux et ânes à la disposition des étrangers.

LA RÊVEILLE

Célèbre source des Bénédictins de Cluny. Eau minérale bicarbonatée, ferrugineuse, chlorurée sodique, gazeuze, reconstituante, apéritive, digestive. Dans l'état ordinaire de santé, elle *réveille* l'appétit et fortifie tous les organes. C'est la véritable eau de régime des faibles et des convalescents. Gare de Sauxillanges, à 1 kilomètre.

A Sauxillanges, ancien prieuré de bénédictins dépendant de Cluny, dont les restes ont été convertis en manufactures.

LA VALLIÈRE

Gare de Clermont-Ferrand. Possède une source d'eaux minérales naturelles, dite source de la Vallière.

LE MONT-DORE

Station thermale à 1,050 mètres d'altitude, sur la Dordogne, dans un pays magnifique, entre le puy et l'Angle et le pic du Capucin. Gare.

Funiculaire électrique conduisant au plateau et au Salon du Capucin, à 1,320 mètres d'altitude, au milieu de superbes bois de sapins.

Les eaux, bicarbonatées arsenicales chaudes, excitantes, toniques et reconstituantes, étaient utilisées par les Gaulois, dont on a découvert les piscines primitives, puis par les Romains qui élevèrent un établissement grandiose dont on peut encore admirer les imposants vestiges.

Ces eaux agissent sur la peau et sur la muqueuse des voies aériennes; elles sont efficaces dans les affections des voies respiratoires; le catarrhe bronchique, les laryngites et surtout la laryngite granuleuse, le coryza chronique, l'asthme, l'emphysème pulmonaire, la phtisie, etc. Les tuberculeux au premier et au second degré trouvent un soulagement très grand et un temps d'arrêt dans leur maladie, sinon la guérison.

Etablissement thermal. Casino. Beau parc. Théâtre, concerts, batailles de fleurs, kermesses, bals, etc.

Point de départ de toutes les excursions pittoresques du Massif Central.

LE SALET

Commune et gare de Courpière, à 16 kilomètres de Thiers. Ligne de Vichy à Ambert.

Sources d'eaux minérales naturelles (13°5 à 14°), gazeuses, bicarbonatées, ferrugineuses; efficaces dans les maladies des voies digestives, diabète, goutte, gravelle, anémie, chlorose, fièvres, catarrhe vésical.

Etablissement thermal très renommé. Buvette.

LES MARTRES-DE-VEYRE

A 15 kilomètres de Clermont. Ligne de Saint-Germain-des-Fossés à Port-Bou. Gare.

Cinq sources d'eaux minérales (15 à 24°), bicarbonatées mixtes et chlorurées, recommandées dans l'anémie, chlorose, scrofules, rachitisme, affections de l'estomac, fièvres intermittentes, rebelles.

LOUBEYRAT

A 10 kilomètres de la gare de Riom, à 700 mètres d'altitude.

Trois sources d'eaux minérales froides, bicarbonatées calciques et chlorurées sodiques, employées comme eaux de table.

MÉDAGUES

A 26 kilomètres de Thiers. Gare de Joze. Ligne de Gerzat à Marringues.

Diverses sources d'eaux minérales bicarbonatées sodiques et calciques, froides, indiquées dans les engorgements du foie, fièvres intermittentes, chlorose, dyspepsie, gravelle.

PONTGIBAUD

Petite ville, située sur la Sioule, ancienne baronnie dominée par les ruines d'un ancien château du XIIIe siècle, à 24 kilomètres de Riom. Gare. Ligne de Clermont à Tulle.

Eaux minérales gazeuses; célèbre fontaine d'Oule, gelée en été, chaude à 10 degrés en hiver. Prophylaxie chez les prédisposés ; Œuvre de la Maison de vacances.

Mine de plomb argentifère.

PROMPSAT

A 9 kilomètres de la gare de Riom.

Source d'eaux minérales, exploitées, bicarbonatées calciques (22° 5), à proximité de Gémeaux.

ROUZAT

Commune de Beauregard, à 8 kilomètres de la gare de Riom. Etablissement thermal, alimenté par deux sources. Employées en boissons, bains et douches, ces eaux, chloro-bicarbonatées, ferrugineuses, conviennent dans la dyspepsie atonique, des sujets lymphatiques, la gastralgie, les affections de l'utérus, etc.

ROYAT-LES-BAINS

A 2 kilomètres de Clermont-Ferrand. Gare.

Cette station, aux rues tortueuses, est bâtie sur la Tiretaine, dans une situation délicieuse, au fond d'une gorge ombragée d'arbres magnifiques ; elle était appelée primitivement « Rubiacum » à cause des rochers rougeâtres qu'on y rencontre. A l'origine, un monastère de filles fut fondé au VIIe siècle par saint Projet.

Deux établissements : le grand établissement thermal et l'établissement de César, avec buvette. Casino. Parc.

Les eaux, alcalines chaudes et froides, connues et exploitées dès le temps des Romains, jaillissent du terrain volcanique, sont excitantes, toniques et reconstituantes par l'acide carbonique, le chlorure sodique, le fer, le manganèse et l'arsenic qu'elles renferment. Les maladies traitées avec succès sont : les affections des voies respiratoires (laryngite, bronchite, catarrhe, asthme, etc.); les affections arthriques (goutte, rhumatismes, acné, eczéma, gravelle, etc.); les affections chloro-anémiques et nerveuses (dyspepsie, névrose, maladies de matrice, etc.)

Saison du 15 mai au 15 octobre.

Voir : église du VIIe siècle, reconstruite et fortifiée à la fin du XIIe siècle. A l'extérieur, à côté du torrent, elle ressemble à un château-fort. La grotte des Sources dont l'escarpement est couronné par une tourelle qui faisait partie de l'enceinte du prieuré ; la grotte des Nymphes.

Excursions intéressantes dans les environs.

SAINT-DIÉRY

A 21 kilomètres d'Issoire. Gare de Coudes, à 19 kilomètres.

Eaux bicarbonatées sodiques, calciques, magnésiennes et chlorurées sodiques, ferrugineuses, gazeuses. Deux sources : Renlaigue et la Bonnette. Eau reconstituante et digestive.

Traitement de l'anémie, chlorose, dyspepsie.

SAINT-FLORET

A 12 kilomètres de la gare d'Issoire.

Près de cette localité, il existe deux fontaines incrustantes (15° 5 à 16°), placées au pied de la vieille tour Rambaud.

SAINT-GERMAIN-LEMBRON

A 10 kilomètres d'Issoire. Gare du Breuil, à 3 kilom 500.

Petite ville, anciennement appelée Liziniac.

Source d'eaux minérales.

SAINT-MAURICE

A 4 kilomètres de la gare de Vic-le-Comte et à 20 kilomètres de Clermont.

Source minérale de Sainte-Marguerite (30 à 31°), dont le jet intermittent s'élance, deux fois par jour, à 7 mètres de hauteur. Sources froides. Ces eaux, fortement minéralisées et riches en gaz acide carbonique, sont excellentes pour combattre l'anémie et la chlorose, scrofules, rachitisme, affections de l'estomac, fièvres intermittentes rebelles. Établissement thermal.

A Vic-le-Comte, ancienne résidence et capitale des comtes d'Auvergne, il ne reste plus que des vestiges insignifiants de leur château, mais la Sainte-Chapelle est un curieux monument élevé au XVIe siècle par Jean Huart, duc d'Albany, comte d'Auvergne.

SAINT-MYON

A 12 kilomètres de Riom. Gare d'Aigueperse, à 6 kilomètres.

Eaux minérales ferrugineuses bicarbonatées sodiques, froides, très gazeuses. Grande source Desaix, la meilleure et la plus répandue des eaux minérales de l'Auvergne.

Engorgement de la rate, atonie de l'appareil digestif, fièvres intermittentes rebelles.

SAINT-NECTAIRE

A 26 kilomètres d'Issoire. Gare du Mont-Dore, à 25 kilomètres.

Cette station est divisée en deux parties : Saint-Nectaire-le-Bas et Saint-Nectaire-le-Haut ou Mont-Cornadore.

Eaux muriatiques bicarbonatées chaudes; trois sources froides lithinées.

Saint-Nectaire-le-Bas possède deux établissements, appartenant au même propriétaire. Les eaux sont prises en bains, boisson, douches oculaires, injections vaginales; douches descendantes. On les emploie avec succès dans la chlorose, maladies nerveuses, dyspepsie, fièvres intermittentes.

Voir : un beau dolmen de 3 m. 50 de long sur 2 m. 70 de large et 2 m. 50 de haut.

L'établissement du Mont-Cornadore est alimenté par trois sources principales. Ces eaux sont stimulantes des fonctions digestives, diurétiques, toniques et reconstituantes; elles réussissent dans les engorgements mésentériques des enfants, dans les hypertrophies d'origine paludéenne, l'anémie de même cause, la dyspepsie atonique, la gastralgie, la gravelle. Elles guérissent aussi les manifestations du lymphatisme et de la scrofule, la leucorrhée, le rhumatisme, la névralgie, et surtout la sciatique, etc.

Voir : roches tourmentées, déchirées, grottes, cuves romaines, le chapeau basaltique de Châteauneuf, l'église et les ruines de l'ancien château; grotte du mont Cornadore, où à l'aide de sources pétrifiantes, on fabrique une multitude d'objets.

Excursions : cascades des Granges et de Saillans; château de Murols, lac Chambon, vallée de Chaudefour, grottes de Jonas, Besse, Vassivières; lac Pavin, etc.

SAINT-OURS

A 16 kilomètres de Riom. Gare. Ligne de Limoges à Clermont.

A 2 kilomètres de cette commune se trouve la source de la Fronde (11°), dont les eaux sont bicarbonatées, sodiques, calciques et magnésiennes.

SAINT-PRIEST-DES-CHAMPS

A 48 kilomètres de Riom. Gare de Saint-Gervais-d'Auvergne, à 9 kilomètres.

Près du hameau de Bufévent, à 3 kilomètres de Saint-Priest, existe de nombreuses sources d'eaux minérales bicarbonatées calciques. Source Maniol, source du Pavillon, source Baisle, etc.

TERMANT

A 44 kilomètres d'Issoire. Gare du Breuil, à 12 kilomètres. Voitures publiques.

Sources d'eaux minérales exploitées par une société.

Tartempion a l'habitude d'aller régulièrement au cercle.

Un de ses amis le rencontre :

— Vous n'allez pas au baccarat, ce soir ?

— Pas ce soir, je suis en deuil ; ma belle-mère est morte ce matin, et les convenances ne me permettent qu'un simple écarté.

PYRÉNÉES-ORIENTALES

AMÉLIE-LES-BAINS

Localité située à 243 mètres d'altitude, connue jadis sous les noms d'Arles-les-Bains, Bains-sur-Tech, sur la rive droite du Tech et à l'embouchure du Mondony, divisée en deux groupes : l'un près du Tech, autour de la forge ; l'autre, plus haut, dans la vallée de Mondony, autour des établissements de bains. Ces deux groupes sont réunis par la rue des Thermes, en partie taillée dans le roc.

Le Fort-des-Bains qui domine Amélie, a été construit sous Louis XIV.

Deux établissements : Thermes Pujade et Thermes Romains. Eau sulfurée sodique. Vingt sources principales, température 63° à 31°. La saison dure toute l'année.

Cette station étant une des plus basses et des plus méridionales des Pyrénées, la température y est très douce, ce qui permet aux baigneurs de prolonger leur séjour et de faire usage des eaux pendant l'hiver.

Emploi en boisson, pure ou coupée avec du lait ; douches ; piscines ; salle d'aspiration. Cette eau stimule les fonctions digestives et réussit dans les maladies des voies aériennes, dans le rhumatisme, dans le catarrhe des organes génito-urinaires, les maladies de la peau, etc. Gare.

ARGELÈS-SUR-MER

A 26 kilomètres de Céret. Gare. Ligne de Perpignan à Port-Vendres et Céret.

Importante station balnéaire. Jolie plage. Villas.

Voir : tour de la Massane sur la cime des Albères, chapelle N.-D.-de-Vie, restes du monastère bénédictin de Valbona, débris du château de Pujols.

BANYULS-SUR-MER

A 36 kilomètres de Céret. Gare.

Dans une vallée agréable, divisée en trois parties : celle qui est au bord de la mer, la plaine du Rettoric et la hauteur ou Puig del Mas. Vins renommés. Cabotage. Le port n'a que des bateaux de pêche.

Climat très doux. Station hivernale ; belle plage. Établissement de bains de mer avec logement pour les baigneurs. Sanatorium de l'œuvre des hôpitaux marins pour le traitement des enfants rachitiques et scrofuleux.

Laboratoire zoologique très bien installé avec bel aquarium. Plusieurs docteurs y étudient le monde marin, animal et végétal.

Voir : restes de tours qui remonteraient au temps des Maures.

CANET

Près de l'embouchure de la Tet, à 12 kilomètres de la gare de Perpignan.

Ancien vicomté et ancienne place fortifiée. Canet a été assaini par le dessèchement des marais qui l'environnaient.

Bains de mer. La plage se déroule, merveilleuse, sur une longueur de plus d'un kilomètre. On peut s'avancer jusqu'à 100 mètres et plus dans les ondes azurées, sans que l'eau recouvre les épaules.

Tramway électrique de Perpignan à la plage.

CORNEILLA-DE LA-RIVIÈRE

A 15 kilomètres de Perpignan. Ligne Narbonne à Port-Bou. Halte. Gare de Millas, à 4 kilomètres.

Source d'eaux minérales ferrugineuses.

Vin estimé.

GLORIANES

A 18 kilomètres de Prades. Gare de Vinça, à 9 kilomètres.

Sources d'eaux minérales ferrugineuses, exploitées.

GRAÜS-DE-CANAVAILLES-LES-BAINS

Ligne du Midi, gare de Villefranche-Vernet-les-Bains. Omnibus à tous les trains. Sur demande, voitures particulières.

La route actuelle passe dans un tunnel (40 mètres), redescend au bord de la Tet, et gagne la rive droite par un pont viaduc, à 751 mètres d'altitude.

L'établissement thermal est alimenté par douze sources de 30 à 60°. Eaux alcalines lithinées, sulfureuses sodiques, désulfurées, iodées et ferrugineuses, sédatives, résolutives toniques à grande alcalinité; efficaces pour les rhumatismes de toute sorte, arthritisme, goutte, blessures par armes de guerre, affections de l'estomac, gastrites, gastralgie, maladie de foie, maladies nerveuses, neurasthénie. Deux sources dissolvantes et éliminatrices, si précieuses pour la gravelle et autres maladies de l'appareil génito-urinaire. Ces sources se distinguent par leur douceur au toucher et l'impression toute particulière d'onctuosité agréable et de velouté qu'elles laissent sur la peau.

Saison du 15 mai au 15 octobre.

LA PRESTE

Station thermale, à 1,130 mètres d'altitude. Deux établissements. Casino ouvert toute l'année. Sources (45°) alcalines et sulfurées sodiques, employées en bains et en boisson contre les affections catarrhales, de l'appareil urinaire, les ulcères de la vessie, les coliques néphrétiques et hystériques, la gravelle phosphatique, la goutte, les affections catarrhales de l'appareil pulmonaire, la phtisie laryngée, l'asthme, sec et humide, les dermatoses et les rhumatismes.

Gare d'Arles-sur-Tech.

De vastes terrasses ombragées forment autour des bains comme une suite de belvédères. L'une de ces terrasses va presque jusqu'à la belle grotte d'En Brichot (stalactites).

LAROQUE-DES-ALBÈRES

A 20 kilomètres de Céret. Gares de Palau-del-Vidre, à 7 kilomètres, et d'Argelès-sur-Mer, à 9 kilomètres.

Cette localité est située dans le massif des Albères.

Source d'eaux minérales, dite Font-d'Aram (fontaine de cuivre), carbonatée calcique.

Restes d'un château féodal. Ermitage de Notre-Dame-de-Tanya. Belle forêt.

LAS ESCALDAS

A 42 kilomètres de la gare de Prades.

Les bains des Escaldes (eaux chaudes) sont à 1,350 mètres d'altitude, sur une terrasse d'où l'on découvre le bassin de la Cerdagne.

Etablissement thermal très confortable avec restaurant, salle de bal, théâtre. Salles d'inhalation, de pulvérisation : étuves, 6 buvettes, etc. Eaux thermales ou froides 17°, 15° à 42°,5, sulfurées sodiques, ou bicarbonatées sodiques, ou ferrugineuses. Dix sources. Ces eaux, employées en boisson, bains, douches, etc., sont indiquées dans le rhumatisme, les névroses, les maladies de la peau, la scrofule, etc.

A côté de l'établissement, les charmantes allées de la Rambla conduisent à un plateau ombragé, rendez-vous des baigneurs.

LE BARCARÈS

A 4 kilomètres de la gare de Saint-Laurent-de-la-Salanque.

Sur la Méditerranée. Petit port, à quelques minutes de l'embouchure de l'Agly. La pêche est la principale occupation des habitants.

Bains de mer très fréquentés.

LE BOULOU

A 16 kilomètres d'Amélie-les-Bains, 8 kilomètres de la frontière d'Espagne, 28 kilomètres de Port-Vendres, au pied de la magnifique chaîne des Albères, en face du Canigou, dans la vallée du Tech. Panorama sans égal. Climat des plus doux. Station du chemin de fer du Midi.

Les eaux du Boulou sont bicarbonatées sodiques, alcalines, gazeuses et ferrugineuses. Leurs propriétés curatives permettent de combattre, avec succès, la dyspepsie, la gastralgie, les maladies du foie, de la vessie, le diabète, la chlorose, l'anémie, la cachexie palustre, etc., etc., et leur action réparatrice ne le cède en rien aux eaux similaires les plus réputées. Elles sont recommandées par les sommités médicales.

Etablissement ouvert toute l'année. Hôtel. Cuisine renommée. Salons de conversation, de jeu et de lecture. Chapelle. Café. Billard. Bains et douches. Beau pays. Sites admirables. Excursions nombreuses. Rivière poissonneuse à 200 mètres des thermes. Omnibus de l'établissement desservant tous les trains du 1er mai au 30 octobre. Service d'hiver assuré par les voitures faisant le courrier du Perthus et de Maureillas.

Le Boulou est célèbre par la victoire remportée par Dugommier le 30 avril 1794. Beau pont sur le Tech. Eglise du XIIe siècle (portail en marbre blanc très remarquable). Fontaine minérale de Saint-Martin-de-Fenouillard.

L'ÉCLUSE

A 11 kilomètres de Céret. Gare du Boulou, à 5 kilomètres.

Eaux minérales bicarbonatées calciques et ferrugineuses, source Anna.

Restes du château des Maures.

LESQUERDE

A 39 kilomètres de Perpignan. Gare de Saint-Paul-de-Fenouillet, à 4 kilomètres.

Sources d'eaux minérales exploitées.

LLO

A 50 kilomètres de Prades. Gare de Villefranche-Vernet-les-Bains, à 42 kilomètres. Cette localité est située à 1,524 mètres d'altitude.

Sources d'eaux minérales sulfureuses. Etablissement thermal.

Fontaine intermittente de Cayella, à 5 kilomètres, et source Girvès (thermale).

MOLITG-LES-BAINS

Village situé au fond de la gorge étroite de la Castellane (450 mètres d'altitude). Gare de Prades, à 7 kilomètres. Voitures à tous les trains.

Trois établissements thermaux compris sous le nom d'établissement Massia ; situation pittoresque. Orchestre symphonique.

Saison de mai à octobre.

Eau minérale sulfurée sodique ; 10 sources, dont la température varie de 32° à 37°8. Employées en boisson, bains, douches, boues et conferves en topiques ; indiquées dans les maladies de la peau, le rhumatisme, le catarrhe des voies aériennes, les affections de nature scrofuleuse, etc.

Voir : ruines du château de Paraçols ; mégalithes.

MONTLOUIS

Cure d'air remarquable, à 1,600 mètres d'altitude. Ville de garnison, la plus élevée de France. Fortifications dues à Vauban pour défendre le col de la Perche. Tombeau du général Dagobert. Vaste esplanade. Citadelle.

Entre Montlouis et la Cabanasse, fontaine ferrugineuse du Four de la Brique.

Gare de Villefranche-Vernet-les-Bains.

MONTNER

A 26 kilo[illegible]tres de Perpignan. Gare de Millas, à 10 kilomètres, et de Rivesaltes, à 14 kilomètres.

Eaux minérales ferrugineuses.

NYER

Village à 20 kilomètres de Prades. Gare de Villefranche-Vernet-les-Bains, à 15 kilomètres.

Sources sulfureuses, non exploitées.

PORT-VENDRES

Ville forte et maritime sur la Méditerranée. Gare.

Petit port de refuge éclairé par quatre phares. Service de paquebots pour l'Espagne, l'Algérie, Marseille. Cabotage. Fabrique de dynamite.

Bains de mer très fréquentés. Etablissements de bains en face de la ville, au bord de la baie.

Voir : obélisque élevé en 1780 en l'honneur de Louis XVI, tour de Madaloth ou du Diable.

PRATS-DE-MOLLO

Gros bourg (798 mètres d'altitude), bâti en amphithéâtre sur le penchant d'une montagne et dominé par une église qu'un souterrain relie au fort de la Garde (856 mètres), construit par Vauban et dominant la ville. Cette petite place de guerre garde les passages qui mènent de la vallée espagnole du Ter à la vallée du Tech. Grottes d'En-Brixot et Sainte-Marie.

Site ravissant. Cure d'air recherchée par les personnes atteintes de tuberculose. Gare d'Arles-sur-Tech.

SAILLAGOUSE

Au pied de la côte de la Rigat, à 1,300 mètres d'altitude, sur la Sègre, au débouché de plusieurs ravins. Centre d'excursions. Source ferrugineuse.

Voir : [illegible]glise romane.

Gare de Villefranche-Vernet-les-Bains.

SAINT-PAUL-DE-FENOUILLET

A 41 kilomètres de Perpignan. Gare.

Établissement thermal du Pont-de-la-Fou. Eaux sulfatées calciques (deux sources), souveraines contre toutes les maladies causées par l'arthritisme : rhumatismes, goutte, gravelle, albuminurie, etc.; affections chroniques des voies digestives et dans presque toutes les maladies de la peau, plaies de mauvaise nature produites, soit par des accidents, soit par un vice du sang.

Hôtels, appartements meublés, chasse et pêche.

A visiter, ermitage Saint-Antoine et magnifiques gorges de Galamus, à 4 kilomètres.

Passage de la Frou, où le cours de l'Agly se trouve très resserré.

SAINT-THOMAS

Commune de Fontpédrouze. Gare de Prades, à 25 kilomètres, et de Villefranche-Vernet-les-Bains, à 20 kilomètres.

Petit établissement thermal à 1,300 mètres d'altitude. Eaux minérales. Trois sources sulfurées sodiques. Traitement des rhumatismes, gravelle, eczémas, etc., guérison radicale. Hôtel et café. Téléphone, chapelle, cure d'air.

SALCES

A 16 kilomètres de Perpignan. Gare. Ligne de Narbonne à Perpignan.

Près de l'étang du même nom. Château excessivement fort, construit en 1497 et déclassé en 1866.

Les sources de Font-Dame et d'Estramer alimentent l'étang. Eaux minérales salines froides (19°), très abondantes, distantes l'une de l'autre de 2 kilomètres.

SORÈDE

A 20 kilomètres de Céret. Gare de Palau-del-Vidre, à 5 kilomètres.

Eaux minérales alcalines ferrugineuses froides. Source de Font-Agre, très chargée d'acide carbonique (20°9).

Ermitage. Station de Notre-Dame du Château.

Cette ravissante station, dans un site vraiment féerique, à 500 mètres d'altitude, en face de toute la plaine du Roussillon et dominant la mer, est, pour les personnes faibles et souffrant des nerfs, une *cure d'air* de premier ordre. Nous pouvons dire qu'il est impossible de trouver mieux comme lieu de repos et comme centre d'excursions.

Hôtels, appartements particuliers pour familles.

Voir : ruines du château d'Ultrera. Culture du micocoulier.

THUÈS-ENTRE-VALLS

A 22 kilomètres de Prades. Gare de Villefranche-Vernet-les-Bains, à 15 kilomètres.

Etablissement thermal alimenté par des sources variant de 27° à 78°. L'une d'elles est la plus chaude des sources sulfurées sodiques connues. Leur action est plus ou moins excitante; elles réussissent dans un grand nombre d'affections, notamment dans le rhumatisme, les névralgies, les maladies des voies urinaires, la gravelle; dans certaines dermatoses; dans les affections de l'utérus, des bronches, du larynx, etc.

VERNET-LES-BAINS

A 11 kilomètres de Prades. Gare de Villefranche-Vernet-les-Bains, à 4 kilomètres.

Cette station, appelée le « Paradis des Pyrénées », est située sur un contrefort du Canigou (620 mètres). La température y est très douce en hiver, et les Thermes sont ouverts toute l'année.

Casino. Trois établissements thermaux (12 sources). Superbe parc. Hôtels, chalets, villas. Excursions.

Jeux divers. Vaste forêt de pins. Théâtre.

Eau sulfurée sodique, employée en bains, boisson, douches, inhalation, hydrothérapie; plus ou moins excitante, suivant les sources, indiquées dans les maladies des voies respiratoires (excepté la tuberculose) et de la peau, le rhumatisme, les névralgies, etc.

Place publique, ornée d'un vieil orme autour duquel les paysans viennent danser les « ballas », espèce de ronde d'origine grecque ou arabe.

Voir : église (vestiges de la chapelle romane de 898; reliquaire en argent; broderies figurant des caractères arabes).

VINÇA

A 10 kilomètres de Prades. Gare.

Bains de Vinça ou de Nossa, appelés autrefois Fonts del Sofre, rive gauche de la Tet. Les sources sulfurées sodiques (23°,5) sont utilisées dans un établissement qui loge les baigneurs. Ces eaux sont employées surtout dans les maladies de la peau, scrofules et pour la poitrine

Voir : ancien couvent et belle église.

RHONE

LYON

Deuxième ville de France, dominée à l'ouest par le coteau boisé où s'élève la basilique de Fourvière, au nord par le coteau de la Croix-Rousse où s'étagent les maisons et ateliers des tisseurs de soieries.

Aux pieds de ces deux collines, deux larges fleuves traversent la cité : le Rhône et la Saône.

A visiter : monument de la République, place Bellecour et jardins, monument Carnot (avec pyramide de 18 mètres de hauteur), fontaine des Jacobins (ornée des statues de quatre Lyonnais illustres), théâtre des Célestins, hôtel de ville, fontaine Bartholdi, palais du Commerce, statue du sergent Blandan, églises Saint-Nizier et de Fourvière, maison Henri IV et tour Sainte-Catherine, Palais de Justice, façade de la cathédrale Saint-Jean, fort Saint-Jean, pont la Feuillée et coteau des Chartreux, monument Pierre-Dupont, ponts Morand, de la Boule, de la Guillotière et de l'Université, parc de la Tête-d'Or avec la fosse aux ours et embarcadère du lac. Préfecture.

BULLY-LES-BAINS

A 28 kilomètres de Lyon. Gare de l'Arbresle, à 4 kilomètres.

Eaux minérales naturelles purgatives, exportées.

CHARBONNIÈRES-LES-BAINS

Station thermale ouverte du 1er mai au 31 octobre, à 10 kilomètres de Lyon. Gare.

Eaux minérales ferrugineuses, carbonatées et sulfureuses, indiquées dans scrofule, dyspepsie, maladies de l'utérus, chlorose.

Établissement thermal. Casino, concerts, théâtre, attractions diverses. Hôtels, villas, bois magnifiques ; promenades ravissantes ; parc.

CHESSY-LES-MINES

A 16 kilomètres de Villefranche. Gare.

Eaux minérales naturelles.

Cette localité possédait, autrefois, des mines d'or et des mines de cuivre importantes ; il n'en existe plus qu'une en exploitation à Saint-Bel.

NEUVILLE-SUR-SAONE

A 17 kilomètres de Lyon. Gare.

Sources d'eaux minérales bicarbonatées calciques et ferrugineuses.

Beau pont suspendu sur la Saône.

ORLIÉNAS

A 18 kilomètres de Lyon. Gare.

Eaux minérales naturelles froides, carbonatées, ferrugineuses et sulfureuses.

SAINT-LAURENT-DE-VAUX

A 24 kilomètres de Lyon. Gare de Vaugneray, à 4 kilomètres.

Sources minérales ferrugineuses.

SARCEY

A 33 kilomètres de Lyon. Gare de Saint-Romain-de-Popey, à 2 kilomètres.

Eaux minérales naturelles. Bains de vapeur aromatiques.

— Tu fais des dettes partout, tu dois à Dieu et à diable.

— Précisément, mon oncle, c'est les deux seuls êtres à qui je ne dois rien.

SAONE-ET-LOIRE

BOURBON-LANCY

A 36 kilomètres de Charolles. Gare à 3 kilomètres.

Sur le versant d'une colline, au bas de laquelle se trouvent des sources d'eaux minérales chlorurées sodiques, alcalines, mixtes, température 58°. Traitement souverain des paralysies, rhumatismes, maladies du cœur, des femmes, goutte. Traitement spécial sanctionné par l'Académie de médecine.

Établissement thermal. Casino. Musique. Parc. Excursions.

Voir : église Saint-Nazaire, église paroissiale, avec tableau de Puvis de Chabannes, tour de l'horloge, ruines du château-fort, nouvel hôpital.

COLLONGES

Localité située à 15 kilomètres de Beaune et à 17 kilomètres de Chalon-sur-Saône. Gare de Chagny.

L'eau de Collonges fut analysée, en 1740, par les ordres de Louise de Bourbon, petite-fille du grand Condé et femme du duc de Maine. Cette eau, ferrugineuse, légère, stimulante, était expédiée jusqu'à Paris.

CRÈCHES

A 4 kilomètres de Mâcon. Gare. Ligne de Paris-Marseille.

Trois sources d'eaux minérales bicarbonatées calciques et ferrugineuses.

MACON

Chef-lieu de département. Gare.

Jolie ville sur la Saône. Beaux quais et port commode. Vins renommés.

Source d'eaux minérales bicarbonatées calciques et ferrugineuses (fontaine Sainte-Reine), dans une propriété particulière.

Voir : église de Saint-Pierre, remarquable, style roman ; tours de l'ancienne cathédrale de Saint-Vincent et une partie de l'édifice ; hôtel de la Préfecture (ancien palais épiscopal) ; hôtel de ville construit en 1765. Hôtel-Dieu, élevé en 1770 sur les plans de Soufflot ; pont suspendu sur la Saône, construit, dit-on, au XIe siècle. Statue de Lamartine (œuvre de Falguière).

MARLY-SUR-ARROUX

A 28 kilomètres de Charolles. Gare de Génelard, à 11 kilomètres.

Source d'eaux ferrugineuses, à Colse, légèrement minéralisées, inexploitées.

SAINT-CHRISTOPHE-EN-BRIONNAIS

A 22 kilomètres de Charolles. Gares de Marcigny et de la Clayette, à 12 kilomètres.

Établissement d'eaux minérales ferrugineuses, carbonatées et sulfureuses, ayant de l'analogie avec les eaux de Spa (Belgique); elles sont recommandées dans la chlorose, dyspepsie, maladies de l'utérus, scrofule, gastralgies et convalescences.

Charles AMAT, éditeur, 11, rue de Mézières, Paris (VIe)

VERS LA FORTUNE

PAR LES COURSES

Guide du parieur aux courses de chevaux. — Pourquoi l'on y perd. — Comment on y gagne. — Technicité des paris de courses. — Tableaux, pointages et moyennes à l'usage des parieurs. — Exposé théorique et pratique d'une méthode, rationnelle, de paris par mises égales, permettant de gagner 4,000 francs par an avec un capital de 500 francs.

Un joli volume de 96 pages, broché. Prix, franco, 5 francs.

JOURNAL DE LA SANTÉ

Fondé en 1882, faubourg Saint-Jacques, 5, Paris.

DIRECTEUR-RÉDACTEUR EN CHEF :

Dr MADEUF, auteur de la *Santé pour tous* et du *Guide du mal de mer.*

Abonnements, 6 francs l'an; union postale, 8 francs; le numéro, 15 centimes. — Téléphone 825-41.

Publication de vulgarisation scientifique à fort tirage. Le plus répandu de tous les journaux d'hygiène et de médecine. Chaque abonné a droit à 52 consultations gratuites par an.

SARTHE

DANGEUL

A 15 kilomètres de Mamers. Gare de Marolles-les-Braults, à 4 kilomètres.

Source d'eaux minérales alcalines. Hôtels.

LE LUART

A 41 kilomètres de Mamers.

Gares de Thorigné, à 5 kilomètres, et de Sceaux-sur-Huine, à 6 kilom. 300, par gare Dollan-le-Luart.

Source d'eaux minérales ferrugineuses, qui émerge des sables du Perche.

RUILLE-SUR-LE-LOIR

A 25 kilomètres de Saint-Calais. Gare de Ruillé-Poncé, à 1 kilom. 500.

Source d'eaux minérales, appelée « Tortaigne », carbonatées calciques, chlorurées et ferrugineuses.

QUERELLE DE MÉNAGE

ELLE. — Si tu m'as épousée, c'est parce que j'avais de l'argent. Avoue-le.

LUI. — Mais pas du tout ! Si je t'ai épousée, c'est parce que moi je n'en avais pas.

SAVOIE

AIX-LES-BAINS

A 14 kilomètres de Chambéry Gare

Coquette ville assise au pied de la montagne de Nivollet (1,200 mètres), sur les bords du lac du Bourget.

Deux sources d'eaux minérales sulfureuses; l'une porte le nom d' « Eau de Soufre » (45°), l'autre d' « Eau d'Alun » (47°). Ces eaux sont indiquées dans les rhumatismes, dermatoses, névroses, traumatismes, lymphatismes et scrofules.

Établissement thermal avec annexe, construit par Victor-Amédée III, roi de Sardaigne (1779-1785), agrandi depuis.

Buvettes pour gargarismes. Douches renommées. Établissement pour les indigents. Hospice

Casinos, cercles, hôtels, chalets, villas.

Voir : nombreux vestiges romains. Promenade du Gigot.

ALBENS

A 26 kilomètres de Chambéry Ligne Aix-les-Bains-Annecy-Annemasse. Gare.

Au hameau de Futenay, à 2 kilomètres, source d'eaux minérales ferrugineuses, alcalines, calciques et magnésiennes, froides.

Voir à Albens : vestiges de monuments antiques.

ALBERTVILLE

Chef-lieu d'arrondissement. Gare.

On trouve au hameau de Ferrette, dans la montagne, au-dessus de Conflans, une source d'eaux minérales ferrugineuses et arsenicales, froides.

Voir : couvent du XIIe siècle ; porte ancienne ; église ; panorama ; ruines de fortifications

BONNEVAL-SUR-ARC

A 74 kilomètres de Saint-Jean-de-Maurienne. Gare de Modane, à 43 kilom. 500.

Au fond de la vallée de Bonneval-sur-Arc, ce petit hameau, situé à 20 kilomètres environ de Lanslebourg, s'élève dans un cirque de montagnes superbes qui forment la frontière entre la France et l'Italie. C'est la pointe de Bonneval (3,329 mètres), la Ciamarella (3,676 mètres), la Chalançon (3,579 mètres), l'Albaron (3,662 mètres). On y monte du Roc de Pareis (2,651 mètres), au-dessus duquel a été construit un chalet-refuge gardé, dit des « Evettes », inauguré en août 1907 par les soins du Club-alpin français. Ce Roc est en amont de Bonneval, sur la rive gauche de l'Arc, dans l'une des parois duquel dort un lac minuscule dont les eaux transparentes reflètent les cimes voisines. C'est le lac des Evettes, en face duquel descend majestueusement le glacier du même nom, un des plus importants de la région alpine.

Site ravissant attirant un nombre de plus en plus croissant de touristes.

Sources ferrugineuses, sulfureuses, gazeuses.

BOURG-SAINT-MAURICE

A 27 kilomètres de la gare de Moutiers.

Au hameau de Bonneval, à 5 kilomètres, source d'eaux minérales bicarbonatées calciques, ferrugineuses, gazeuses (38°). Etablissement thermal.

Source chlorurée sodique à Arbonne, dépendant de la même commune.

Bourg-Saint-Maurice est situé près du confluent de l'Isère, de l'Arbonne, du Charbonnet et de plusieurs autres torrents; belle vallée renfermant des mines de fer.

Voir : tour de Châtelard et de la Borgeat; inscription romaine rappelant l'inondation de ce bourg sous l'empereur Lucius Vérus.

BRIDES-LES-BAINS

A 5 kilomètres de la gare de Moutiers. Altitude : 570 mètres. Dans les Alpes de Savoie, au milieu des forêts de sapins et au pied des glaciers de la Vanoise.

Eaux à 36°, toni-purgatives, ferrugineuses, chlorurées, sodiques, magnésiennes, souveraines contre les maladies du foie et des reins, les engorgements abdominaux, l'anémie, le diabète, l'obésité, etc.

La station thermale de Brides-les-Bains, que l'on a justement appelée le Carlsbad français, est favorisée d'un climat des plus agréables et possède toutes les distractions : Casino, théâtre, musique. Etablissement thermal.

Sels de Brides obtenus par l'évaporation des eaux, purgatif naturel sans rival, n'amenant jamais d'irritation.

Saison du 15 mai au 30 septembre.

CHALLES-LES-EAUX

A 6 kilomètres de la gare de Chambéry.

Eau sulfurée-forte, iodobromurée (10°5), la plus minéralisée des eaux connues.

Etablissement thermal ouvert du 15 mai au 15 octobre.

Traitement spécial des maladies de la gorge, du larynx et des voies respiratoires, des maladies cutanées, de la scrofule, influenza, etc.

Casino, fêtes, concerts. Théâtre. Hôtels et pensions, villas et appartements meublés. Tramways à vapeur de Chambéry à Challes.

Voir : ancien château transformé en hôtel.

Excursions à Charmettes, Bout du Monde, Dent de Nivolet, massif des Bauges.

CHAMOUSSET

A 29 kilomètres de Chambéry. Ligne de Culoz à Modane-Turin. Gare.

Source d'eaux minérales.

COISE

A 30 kilomètres d'Albertville et à 2 kilomètres de la gare de Cruet.

Source d'eaux minérales, bicarbonatées sodiques, réputées, utilisées en boisson, comme eaux de table.

CRUET

A 20 kilomètres de Chambéry. Ligne de Culoz à Modane-Turin. Gare.

Eaux minérales sulfurées et carbonatées sodiques froides.

FARETTE

Commune et gare d'Alberville, à 3 kilomètres.

Source d'eaux minérales.

LA BAUCHE

A 28 kilomètres de Chambéry. Gares de Lépin-lac-d'Aiguebelette, à 8 kilomètres, les Echelles, à 6 kilomètres, et Chailles-la-Bauche-les-Bains, à 3 kilomètres.

Eaux minérales ferrugineuses, bicarbonatées froides (11°5), souveraines pour affections des colonies, dyspepsie, paludisme, lymphatisme, chlorose, anémie.

Hydrothérapie. Etablissement thermal, au milieu d'un parc de 26 hectares très ombragé, avec étang pour la pêche.

LA BOISSE

A 1 kilomètre de la gare de Chambéry.

Source ferrugineuse, alcaline, bicarbonatée, froide.

L'ÉCHAILLON

Commune et gare de Saint-Jean-de-Maurienne.

Localité située en face de Saint-Jean-de-Maurienne, à 2 kilomètres, sur la rive opposée de l'Arc.

Source d'eaux minérales chlorurées sodiques, magnésiennes et ferrugineuses (30°).

Etablissement thermal. Buvette.

MARLIOZ

A 2 kilomètres de la gare d'Aix-les-Bains. Service de voitures.

Trois sources d'eaux sulfurées sodiques et iodurées

froides (11°), considérées comme les annexes d'Aix-les-Bains; elles sont recommandées dans les affections des voies respiratoires, dermatoses, etc.

Etablissement thermal-pavillon. Bains, douches, buvettes.

Voir : champ de courses ; tir aux pigeons.

PONTAMAFREY

A 4 kilomètres de la gare de Saint-Jean-de-Maurienne.

Source d'eaux minérales carbonatées, chlorurées, sulfatées et ferrugineuses.

SAINT-ANDRÉ

A 28 kilomètres de Saint-Jean-de-Maurienne et à 4 kilomètres de la gare de Modane.

Source d'eaux minérales.

SAINT-JEAN-DE-MAURIENNE

Chef-lieu d'arrondissement. Gare.

Au pied de la montagne du Grand-Châtelard et près du confluent de l'Arc et de l'Arvand, en face de l'établissement thermal de l'Échaillon, sur la rive opposée de l'Arc.

Voir : cathédrale, un cloître avec arcades en albâtre, restes de remparts, tour de Larive, donjon de l'ancien palais épiscopal, tour Bossue, ancien hôtel des Monnaies des Evêques. Statue du docteur Fodéré.

SAINT-PIERRE-D'ENTRE-MONT

A 25 kilomètres de Chambéry. Gare des Echelles, à 12 kilomètres.

Etablissement d'eaux minérales iodurées.

SALINS-MOUTIERS

A 1,500 mètres de la gare de Moutiers. Mer thermale dans les Alpes. Cinq millions de litres par jour, température 36°. Bains et piscines à eau courante continue. Eaux gazeuses, ferrugineuses, chlorurées, sodiques, iodurées, arsenicales et lithinées, souveraines contre l'anémie et l'appauvrissement du sang. Recommandées aux femmes et aux enfants délicats. Elles sont aussi indiquées pour le traitement des rhumatismes chroniques, des arthrites, des luxations anciennes et des trajets fistulaires.

Sels de Salins pour bains de mer à domicile, produits par évaporation.

Etablissement thermal. Casino. Joli parc.

Saison du 15 mai au 30 septembre.

VILLARD-D'HÉRY

A 23 kilomètres de Chambéry. Gare de Montmélian, à 7 kilomètres.

Etablissement d'eaux minérales de la Sausse.

SEINE

PARIS

Capitale de la France. Population : 2,569,128 habitants. Altitude : 60 mètres, Observatoire ; 34 mètres, Palais-Bourbon. Gares d'Orléans, de l'Est, de l'Ouest, de Lyon, de Vincennes, du Nord, de Sceaux. Métropolitain.

Source d'eaux minérales sulfurées calciques froides de Belleville, exportées.

Eaux similaires, non exploitées, aux Ternes, aux Batignolles, au pont d'Austerlitz.

A visiter :

Palais des Tuileries.
Louvre.
Palais Royal.
Palais du Luxembourg.
Palais de l'Industrie.
Palais de Justice.
Hôtel de Ville.
Corps Législatif.
Bourse.
Eglises Notre-Dame et la Madeleine.
Opéra.
Observatoire.
Halles.
Hôtel-Dieu.
Arc-de-Triomphe.
Place du Trône.
Trocadéro.
Val de Grâce.
Place de la Concorde et Obélisque.
Place de la Bastille.
Place Vendôme.
Buttes de Montmartre et église du Sacré-Cœur.
Tour Eiffel et Champ de Mars.
Ecole militaire.
Jardin des Plantes.
Jardin des Tuileries.
Jardin du Luxembourg.

Musée du Louvre, antiquités égyptiennes, orientales ; céramique, antiquités grecques et romaines ; peinture, sculpture. Musée ethnographique et de la Marine, ouvert tous les jours, excepté le lundi, de 9 heures du matin à 5 heures du soir en été ; de 10 heures à 4 heures en hiver. Tous les dimanches, de 10 heures à 4 heures.

Musée du Luxembourg, mêmes jours et mêmes heures.

Musée et Palais de Versailles, mêmes jours et mêmes heures.

Musée Guimet (musée des anciennes religions), avenue du Trocadéro.

Musée d'Artillerie, aux Invalides, ouvert tous les mardis, jeudis et dimanches, de midi à 4 heures.

Musée des Arts Décoratifs, Palais de l'Industrie (porte VII), tous les jours. Prix d'entrée 1 fr. Dimanches et fêtes 0 fr. 50.

Musée Dupuytren, rue de l'Ecole-de-Médecine, Bâtiments de la Nouvelle Ecole Pratique, visible aux personnes autorisées.

Musée de Saint-Germain, ouvert au public les mardis, jeudis et dimanches de 11 heures 1/2 à 4 heures.

Musée des Thermes et Hôtel de Cluny, rue du Sommerard, 24, ouvert tous les jours de 11 heures à 4 heures.

Musée de sculpture comparée, Palais du Trocadéro, ouvert tous les jours de 11 heures à 4 heures.

Musée instrumental du Conservatoire de musique, tous les jours de midi à 4 heures.

Hôtel des Invalides, visible tous les jours de 11 heures à 4 heures.

Tombeau de l'empereur Napoléon Ier, visible tous les jours pour les étrangers munis de leur passeport; les mardis, jeudis et vendredis, de midi à trois heures pour le public.

Hôtel Carnavalet, rue de Sévigné, 23; Bibliothèque et Musée historique de la Ville de Paris, visible tous les jours de 10 heures à 4 heures.

La Sainte-Chapelle, dans les bâtiments du Palais de Justice, visible tous les jours avec autorisation du commandant du Palais.

Notre-Dame-de-Paris, visite des tours tous les jours de 10 heures à 4 heures, visite du Trésor.

Le Panthéon (place du Panthéon), de 10 heures à 4 heures le lundi excepté.

La Morgue (place de l'Archevêché).

Colonne Vendôme (place Vendôme), se visite tous les jours.

Colonne de Juillet (place de la Bastille).

Colonne du Trône (place de la Nation).

Colonne de la Victoire (place du Châtelet).

Colonne de Médicis (rue de Viarmes).

La Tour Saint-Jacques, rue de Rivoli (tous les jours).

Palais de l'Institut, quai Malaquais.

Académie de Médecine, rue des Saints-Pères et boulevard Saint-Germain.

Arc de Triomphe de l'Etoile, visible tous les jours.

Arc de Triomphe du Carroussel, place du Carroussel.

Basilique de Saint-Denis, visite des caveaux et sépultures des rois de France, Trésor royal.

Chapelle expiatoire, rue d'Anjou-Saint-Honoré, 62, visible tous les jours.

Catacombes et égoûts, 1er de chaque mois.

Imprimerie nationale, jeudi, avec cartes.

SPECTACLES ET CONCERTS :

Opéra.
Français.
Opéra-Comique.
Odéon.
Théâtre lyrique municipal (Gaîté).
Vaudeville.
Variétés.
Théâtre Réjane.
Gymnase.
Renaissance.
Théâtre Sarah-Bernhardt.
Nouveautés.
Athénée.
Bouffes-Parisiens.
Châtelet.
Théâtre Antoine.
Porte-Saint-Martin.
Palais-Royal.
Folies-Dramatiques.
Grand-Guignol.
Trianon-Lyrique.
Cluny.
Déjazet.
Théâtre des Arts.
Théâtre Mévisto.
Théâtre Molière.
Comédie-Royale.

Ba-ta-Clan.
Théâtre Grevin.
Comédie-Mondaine, 75, rue des Martyrs.
Théâtre Moderne, 12, boulevard des Italiens.
Little-Palace.
Fantaisies Parisiennes, 25, rue Fontaine.
Folie-Pigalle, 77, rue Pigalle.
Théâtre Moncey.
Montrouge.
Théâtre Montmartre.
Théâtre populaire de Belleville.
Grenelle.
Ternes.
Belleville.
Gobelins.
Montparnasse.
Folies-Bergère.
Olympia.
Scala.
La Cigale.
Moulin-Rouge.
Parisiana.
Casino de Paris.
Apollo.
Concerts Rouge, 6, rue de Tournon.
Barrasford's Alhambra.
Eldorado.
Européen.
Gaîté-Rochechouart.
Palais de Glace (Champs-Elysées).
Elysée Montmartre.
Musée Grévin.
Tour Eiffel.
Pépinière.
Noctambule, 7, rue Champollion (quartier Latin).
Etoile-Palace.
La Pie qui Chante, 159, rue Montmartre.
Les Quat-Z'arts, 62, boulevard de Clichy.
Lune Rousse, 36, boulevard de Clichy.
Chat-Noir (caveau artistique), 68, boulevard de Clichy.
Nouveau-Cirque.
Cirque Médrano.
Bal Tabarin.
Carillon, 30, boulev. Bonne-Nouvelle.
Hippodrome-Cinema-Hall.
Olympia-Cinema-Hall.
Parisiana-Cinema-Hall.
Cirque d'Hiver (Cinema-Pathé).
Cirque de Paris, ancien Métropole (Cinema Pathe).
Cinema-Palace, 47, boulevard Bonne-Nouvelle.
Bullier.
Robert-Houdin.
Jardin d'acclimatation, ouvert tous les jours.

Excursions : Auteuil, Boulogne et Longchamps (voir champ de courses), bois de Vincennes, bois de Boulogne.

AUTEUIL

Eaux minérales sulfatées calciques et ferrugineuses froides.

PASSY

Eaux minérales sulfatées calciques et ferrugineuses froides ; elles sont employées en boisson. Deux sources : Quicherat et Communale. La première est exportée ; la seconde est à la disposition du public.

SEINE-ET-MARNE

PROVINS

Chef-lieu d'arrondissement. Gare.

Jolie ville sur le Durtain et la Voulzie, comprenant la haute et la basse ville, entourée de vieilles fortifications et de beaux remparts flanqués de tours, située sur le sommet et au pied d'un coteau élevé, que couronne la tour de César, qui sert de clocher à l'église Saint-Quiriace.

Source d'eaux minérales ferrugineuses et carbonatées calciques, recommandées dans leucorrhée, atonie, dyspepsie, chlorose.

Bains et hydrothérapie. Établissement thermal ouvert toute l'année.

Voir : église Saint-Quiriace ([illegible]) dont le dôme et les portails sont remarquables ; église de Saint-Ayoul (XIIe-XVe siècles), dont les statues de la porte principale sont mutilées ; église Sainte-Croix (XIIIe-XVe siècles), qui renferme de beaux vitraux ; le collège, ancien palais des comtes de Champagne ; vieilles maisons. Hôtel-Dieu. Belle bibliothèque. Théâtres. Magnifiques jardins publics. Superbes promenades.

Sucrerie. Draperies.

TOURING-CLUB DE FRANCE

Le *Touring-Club* s'est donné pour tâche de faire voyager les Français en France.

La solution de ce problème, — car il ne s'agissait pas là d'une chose simple, ni facile, — soulevait trois questions principales :

1° *La publicité* en faveur des contrées pittoresques ;

2° *Le logement*, c'est-à-dire l'amélioration des hôtels ;

3° *Les transports*, c'est-à-dire tous les modes de locomotion.

Pour faire connaître la France, le *Touring-Club* a abordé résolument la publication d'une monographie de tous les beaux sites de France, œuvre qui ne comporte pas moins de 33 volumes, et dans laquelle un capital de plus de 750,000 francs a été engagé ; ce capital, les membres du *Touring-Club* l'ont fourni par des souscriptions individuelles, et l'on peut dire que c'est là une œuvre d'enthousiasme en faveur des beautés de notre pays, et une marque de confiance donnée à l'association qui, la première peut-être, est arrivée à terminer une œuvre de cette envergure avec le seul concours de ses membres.

Elle a complété cette œuvre de publicité en suscitant partout la création de *Syndicats d'initiative* qui ont fait pour leur propre région ce que la publication des *Sites et monuments* faisait pour la France.

Pour les hôtels, elle a entrepris une campagne de salubrité et d'assainissement que réclamaient impérieusement les voyageurs. Cette campagne a été couronnée de succès, et, avant peu, la France n'aura plus rien à envier sous ce rapport à la Suisse que l'on donne volontiers comme exemple.

Pour les transports et la circulation, elle a encouragé par des concours tous les modes de locomotion, poursuivi, près des compagnies de chemin de fer, des campagnes en vue de l'amélioration de leurs services, du transport des bagages, etc., consacré enfin des sommes considérables, s'élevant jusqu'à 280,000 francs par an, à des mesures destinées à améliorer et à faciliter la circulation sur les routes. On peut citer, dans cet ordre d'idées, le percement d'une route de corniche de Saint-Raphaël à Cannes, ouvrant aux voyageurs le massif de l'Estérel complètement inconnu jusqu'ici faute d'accès, œuvre qui n'a pas coûté moins de 600,000 francs.

Pour venir à bout de cette tâche considérable, le *Touring-Club* a constitué des comités qui embrassent tour à tour toutes les sphères de son activité : comité technique, comité hippique, comité nautique, comité de contentieux, comité des sites et monuments.

Il groupe actuellement près de 110,000 sociétaires qui se recrutent, précisément en raison de son but élevé et de la générosité de ses efforts, dans les couches les plus élevées de la société, comme aussi dans les milieux les plus démocratiques.

Le *Touring-Club* est, en un mot, un exemple frappant de ce que peut faire chez nous l'esprit d'association, et, à ce titre, il avait droit à figurer dans ce *Guide*.

Il s'y trouve d'autant mieux à sa place qu'aujourd'hui, tout en améliorant l'œuvre entreprise à l'origine, il songe à resserrer les liens qui unissent ses membres, en recherchant pour eux les avantages de la mutualité proprement dite.

On ne saurait en être surpris. Car c'est un phénomène habituel que l'association engendre l'association, que des hommes, assemblés pour se rendre les uns aux autres des services d'une certaine nature, s'aperçoivent que des bienfaits de toute sorte peuvent résulter de leur entente. Dans telles sociétés, où l'on n'avait d'abord en vue que d'entretenir des relations amicales, d'organiser des jeux, ou encore de s'appliquer à des travaux artistiques ou savants, à la longue le souci est né d'une solidarité plus étroite qui s'exprimerait en une assistance réciproque, répondant aux besoins essentiels de l'être humain. Là où sont des hommes et qui ont expérimenté par quelque côté la vertu de l'union, l'idée de la prévoyance mutuelle vient naturellement à l'esprit.

Le *Touring-Club* devait connaître cette heureuse évolution. Ayant de profondes attaches dans le peuple, qu'il instruit et récrée, il se désigne pour propager le sentiment mutualiste dans ce pays où il a si largement répandu le goût de l'action et de l'hygiène régénératrices.

Cotisation : 5 fr. par an. — Administration : 65, avenue de la Grande-Armée, PARIS.

SEINE-ET-OISE

AIGREMONT

A 21 kilomètres de Versailles. Gare de Poissy, à 3 kilomètres.

Eau phosphatée calcaire bicarbonatée.

BRIGNANCOURT

A 17 kilomètres de Pontoise. Gares de Santeuil, à 2 kilomètres, et de Chars, à 4 kilomètres.

Source d'eaux minérales, connue sous le nom de Saint-Jean, au lieu dit les Roches-Santeuil, dans la vallée de la Viosne, bicarbonatées calciques, ferrugineuses.

ENGHIEN-LES-BAINS

A 20 kilomètres de Pontoise et à 8 kilomètres de Paris. Gare.

Enghien est célèbre par son lac, bordé de nombreuses villas, chalets et hôtels.

Deux établissements thermaux et d'hydrothérapie à l'eau sulfureuse (eaux les plus sulfureuses de France).

Bains, douches, salles d'inhalation, installation complète d'hydrothérapie, douches d'Aix, bains électriques.

Traitement des maladies des femmes par les irrigations sulfureuses, accidents parasyphilitiques, engorgements articulaires, rhumatisme, syphilis acquise et héréditaire, eczéma, impétigo, affection catarrhale, larynx et bronches, ptyriasis, acné, lichen.

Casino ouvert de mai à octobre. 120 trains par jour. Voitures à volonté.

Excursions : Forêt de Montmorency.

FORGES-LES-BAINS

A 23 kilomètres de Rambouillet et à 5 kilomètres de la gare de Limours. Ligne de Paris-Orsay-Limours-Saint-Cyr-Grande-Ceinture.

Source d'eaux minérales carbonatées sodiques froides, souveraines dans anémie, chlorose, scrofule.

Etablissement thermal. Orphelinats, hospice. Voitures publiques.

MONTLIGNON

A 20 kilomètres de Pontoise. Gare d'Ermont, à 3 kilomètres, et à proximité de Montmorency.

Source d'eaux minérales carbonatées calciques, magnésiennes, chlorurées et ferrugineuses.

MONTMORENCY

A 17 kilomètres de Pontoise. Gare.

Localité située sur une colonne et près de la forêt du même nom.

Source d'eaux minérales de l'Hôtel-des-Sources, carbonatées calciques, ferrugineuses, gazeuses.

Voir : église, reconstruite au XVIe siècle, et l'ermitage habité par J.-J. Rousseau.

SAINT-LEU-TAVERNY

A 14 kilomètres de Pontoise. Gare.

Source d'eaux minérales naturelles. Eau de table.

Voir : église qui renferme les tombeaux de la famille impériale.

SANTEUIL

A 16 kilomètres de Pontoise. Halte. Gare d'Us, à 4 kilomètres.

Source d'eau minérale lithinée.

VERSAILLES

Chef-lieu de département. Gare.

Grande et belle ville sur un plateau isolé, très régulière, avec ses rues larges, mais sans animation. On y remarque les avenues, la place d'armes. Statue de Hoche et celle de l'Abbé de l'Epée.

Citons parmi les édifices : le Palais, construit sur les dessins de Mansard, par Louis XIV (1662), qui y dépensa, dit-on, plus de 1,200 millions. Il a été destiné par Louis-Philippe à toutes les gloires de France. Outre les immenses galeries, garnies de plus de 3,000 tableaux et d'un nombre considérable de bustes et de statues, on visite la magnifique chapelle, l'ancien opéra, la chambre du grand roi.

Les admirables jardins décorés de bronzes, de statues, de pièces d'eau, de bosquets. Le grand et le petit Trianon, qui sont l'œuvre de Louis XIV et Louis XV. Salle du Jeu de Paume, restaurée en 1881.

Source d'eaux minérales de Trianon, bicarbonatées calciques et ferrugineuses, qui prend naissance dans le Saut de Loup, formant la clôture du parc, à peu de distance de la porte d'entrée.

VIRY-CHATILLON

A 11 kilomètres de Corbeil. Gare de Juvisy-sur-Orge, à 3 kilomètres.

A Aiguemont, source d'eaux minérales phosphatées tricalciques, bicarbonatées calciques, gazeuses.

ARDILLIERES

A 21 kilomètres de Rambouillet. Gare de Limours.

Source du château d'Ardillières. Eau de table, exportée, stimulant l'appétit, agréable à boire, facile à digérer, moins minéralisée que les eaux les plus pures. Elle produit un véritable lavage de l'organisme.

SAINT-GERMAIN-EN-LAYE

Jolie ville de 17,000 habitants, à 11 kilomètres de Versailles et à 21 kilomètres de Paris. Gare. Tram électrique, ligne de Saint-Germain-en-Laye à Courbevoie. Bateau « *Le Touriste.* »

Belle et splendide terrasse de 2,400 mètres dominant la vallée de la Seine. Parc, superbe forêt à la porte de la ville.

Rendez-vous de l'aristocratie parisienne. Château national, construit sous François Ier, comprenant le musée des antiquités nationales, où on a réuni la plus importante collection des objets de toute nature servant à marquer les différentes étapes de la civilisation depuis les temps les plus reculés jusqu'à Charlemagne. Visible les dimanche, mardi et jeudi.

Patrie de Henri II (1519-1559), de Charles X (1550-1574) et de Louis XIV.

Théâtre, salle de fêtes. Hôtels et pensions de famille.

— Pardon, Monsieur le Concierge, est-ce qu'il n'y aurait pas un ventriloque dans votre maison ?

— Un ventriloque ! Qu'est-ce c'est que ça ?

— C'est un homme qui parle avec son ventre.

— Non, Madame, tous les locataires ont la bouche dans la figure.

SEINE-INFÉRIEURE

AUMALE

Petite ville située sur la Bresle, à 26 kilomètres de Neufchâtel. Gare.

Fief qui appartint au XVIe siècle à la famille de Lorraine et passa au XVIIe siècle à la Maison de France.

Eaux minérales ferrugineuses. Hôtels. Voitures de louage. Voitures publiques, correspondance avec Neufchâtel les vendredis.

Voir : église et hôtel de ville (XVIe siècle) ; petit mail ; promenades ; maisons anciennes. Verrerie importante.

BELLEVILLE-SUR-MER

A 7 kilomètres de la gare de Dieppe. Voitures publiques.

Bains de mer.

BÉNOUVILLE

A 25 kilomètres du Havre. Gares de Bord aux Bénouville, à 2 kilomètres, et des Loges-Vaucottes, à 4 kilomètres.

Bains de mer.

BERNEVAL-LE-GRAND

A 10 kilomètres de la gare de Dieppe.

Station balnéaire de Berneval-sur-Mer. Ravissante plage communiquant par deux chemins pittoresques avec le village qui s'élève en amphithéâtre sur un plateau dominant la mer. Falaises.

BLÉVILLE

Station de tramways électriques du Havre à Bléville et à 4 kilomètres de la gare du Havre.

Au pied de la falaise de Bléville, recouverte dans les grandes marées, se trouve une source ferrugineuse.

BRUNEVAL

Ligne de l'Ouest. Gare d'Etretat, à 4 kilomètres. Voitures publiques.

Station balnéaire au fond d'une gorge profonde aboutissant à une plage resserrée entre deux hautes falaises crayeuses.

CAUVILLE

A 13 kilomètres du Havre. Gare de Montivilliers, à 8 kilomètres, par gare Rolleville.
Bains de mer.

CRIEL-PLAGE

A 24 kilomètres de Dieppe. Gare de Criel-Touffreville, à 3 kilomètres.

Bains de mer. Hôtels, villas. Petit casino avec jeu de petits chevaux.

DIEPPE

Chef-lieu d'arrondissement. Gare.

Jolie ville maritime, au fond d'un petit golfe, sur la Manche, à l'embouchure de l'Arques. Le port, formé de deux belles jetées, est entouré de superbes maisons et bordé de quais. Bassins à flot. Port de pêche et de commerce.

Dieppe possède un faubourg, nommé le Pollet, dont la population paraît être d'origine vénitienne.

Bains de mer à la lame et chauds. Etablissement d'hydrothérapie. Plage magnifique de 1 kilomètre de longueur et ornée d'un jardin anglais remarquable. Station très aristocratique. Casino. Théâtre. Courses de chevaux.

Voir collège (XVIIe siècle); porte du Port-d'Ouest (XVIe siècle); château (forteresse du XVe siècle); église Saint-Remy du XVIe siècle, lourd assemblage de tous les ordres romains (intérieur, rétable du XVIIe siècle, clôtures, orgues); église Saint-Jacques des XIIe et XVIe siècles (portail, tour, intérieur, chapelle de la Vierge, verrières, escaliers). Statue de Duquesne.

ETRETAT

Sur la Manche, à 27 kilomètres du Havre. Gare.

Etretat est enfermé entre deux falaises de 90 mètres de haut et est renommé pour la beauté de ses sites. C'est une des plus célèbres stations de bains de mer de la Manche. Petit port de pêche.

Les artistes et les gens de lettre y forment la majorité des baigneurs. Casino admirablement situé. Eglise romane.

EU

A 32 kilomètres de Dieppe et à 3 kilomètres de la mer. Gare.

Ville ancienne, située dans un vallon agréable, sur la Bresle, qui n'apparaît dans l'histoire qu'au Xe siècle; elle fut le siège d'un comté érigé en pairie avant la Révolution.

Station balnéaire très fréquentée. Voitures à volonté.

Voir : beau château des XVIe et XVIIe siècles, remanié par Louis-Philippe et le comte de Paris ; grande église Saint-Laurent des XIIe, XIIIe et XVe siècles (crypte) ; collège fondé en 1582.

Excursions : le Tréport, à 4 kilomètres ; forêt d'Eu, château de Rambures.

FÉCAMP

A 40 kilomètres du Havre. Gare.

Ville maritime. Port très sûr.

Bains de mer. Plage assez fréquentée. Stations de canot de sauvetage.

Casino auquel est adjoint un établissement installé spécialement pour la cure par les varechs. Toute une série d'affections dont sont atteints principalement les gens du monde, anémie, neurasthénie, surmenage, affaiblissement, etc., sont radicalement guéries par les vertus bienfaisantes des varechs des bancs de Fécamp, qu'on administre sous forme de bains chauds, froids et douches lumineuses.

Hôtels. Voitures de louage. Voitures publiques tous les jours pour Le Havre, Etretat, Ourville, Valmont, Sassetot, Saint-Valéry et Yport. Chantiers de construction de navires ; filatures de coton.

Voir : église Saint-Etienne du XVIe siècle (portail) ; église de l'abbaye des XIe et XVIe siècles (porche XIVe siècle, intérieur, jubé, statues peintes XVIe siècle, clôtures, tombeaux, vitraux XIVe-XVIe siècles, tabernacle, boiseries) ; chapelle N.-D. du Salut ; sources incrustantes. Musée de la Bénédictine.

Excursions : abbaye de Valmont.

FORGES-LES-EAUX

Située à 2 h. 1/2 de Paris et à 17 kilomètres de Neufchâtel, dans la partie la plus belle de la Normandie, à proximité de forêts, à 168 mètres d'altitude et à 10 lieues seulement de la mer, d'où la brise lui arrive atténuée par la traversée des bois ; possédant en outre les eaux les plus diurétiques et les plus reconstituantes qui existent (carbonatées calciques et ferrugineuses froides, indiquées dans dyspepsie, diarrhée, chlorose, anémie), Forges-les-Eaux réunit tous les avantages d'une triple médication, bien supérieure à celle qu'on pratique isolément à la montagne, à la mer ou dans les villes d'eaux de l'intérieur.

A ce titre, Forges-les-Eaux s'impose à toutes les personnes qui recherchent, avec les agréments d'une villégiature idéale, un repos bien compris et le moyen le plus efficace de reconstituer leur santé. Le climat fortifiant convient spécialement aussi aux enfants. Grand parc. Etablissement thermal. Casino. Théâtre. Lac, etc. Gare.

Voitures à volonté.

GOURNAY-EN-BRAY

A 38 kilomètres de Neuchâtel. Gare. Ligne d'Aire à Berck.

Ville sur l'Epte, renommée pour son beurre, ses fromages et son commerce de bestiaux.

Deux sources d'eaux minérales ferrugineuses.

Haras, hospice, théâtre, société de gymnastique, sociétés de tir.

Voir : église transitoire (boiseries) ; fontaine du XVIIIe siècle.

Excursions : Saint-Germain (église historique).

GRAINVAL

Commune de Saint-Léonard, à 4 kilomètres de la gare de Fécamp.

Village se recommandant par son calme et sa jolie situation, dans un vallon solitaire et ombragé.

Plage de galets. A visiter : les belles sources de Grainval, qui alimentent Fécamp.

INCHEVILLE

A 28 kilomètres de Dieppe. Gare.

Source d'eau ferrugineuse.

LE HAVRE

Chef-lieu d'arrondissement. Gare.

Ville maritime, à l'embouchure de la Seine, dans la Manche. Le port consiste en dix bassins séparés, non compris l'avant-port et un canal reliant le port avec la Seine, à la hauteur de Tancarville.

Belle plage. Etablissements de bains de mer. Tramways électriques, 6 lignes intérieures et une du Havre à Montivilliers. Deux chemins de fer funiculaires.

Voir : églises Notre-Dame, Saint-François, Sainte-Marie, Saint-Michel, Saint-Joseph ; hôtel de ville ; nouveau palais de justice ; nouveau palais de la Bourse ; la belle rue de Paris, les nouveaux boulevards et le boulevard maritime, la rue Thiers. Visite d'un transatlantique. Bacs.

LES GRANDES-DALLES

Commune de Sassetot-le-Mauconduit, à 28 kilomètres d'Yvetot. Gare de Cany, à 10 kilomètres. Voitures publiques.

Petite plage. Bains de mer. Hôtel.

LES PETITES-DALLES

Commune de Sassetot-le-Mauconduit, à 28 kilomètres d'Yvetot. Gare de Cany, à 10 kilomètres.

Plage. Bains de mer. Casino ouvert du 1er juillet au 15

septembre. Établissements de bains de mer et bains chauds. Hôtels.

Excursions : châteaux de Valmont, à 7 kilomètres et Cany.

LE TRÉPORT

A 28 kilomètres de Dieppe. Gare.

Petite ville maritime sur la Manche, à l'embouchure de la Bresle.

Bains de mer. Station des plus à la mode. La plage, vaste promenade de plus de 500 mètres de long, forme terrasse au-dessus de la mer et est bordée de l'autre côté d'une rangée de maisons élégantes.

Casino entouré de pelouses gazonnées, et offrant tous les jeux et distractions en faveur aux bains de mer. Hôtels, villas, parc aux huîtres.

Un escalier de 400 marches en grès (de 1618) conduit au calvaire de la Falaise, d'où l'on découvre une vue superbe.

Voir : église et hôtel de ville du XVIe siècle.

Excursions : forêt d'Eu, à 4 kilomètres ; bois de Cise ; château de Rambure.

MANNEVILLE-ÈS-PLAINS

A 32 kilomètres d'Yvetot. Gare de Saint-Valéry-en-Caux, à 4 kilomètres.

Bains de mer. Voitures publiques pour Saint-Valéry, Blosseville et Veules.

MESNIL-VAL

Commune de Fiocques, à 26 kilomètres de Dieppe. Gare du Tréport, à 3 kilom. 1/2.

Bains de mer.

NEUVILLE-LEZ-DIEPPE

A 2 kilomètres de la gare de Dieppe. Voitures publiques.

Bains de mer au Puys. Hôtels.

Petite plage de galets. A visiter : le « Camp de César ».

POURVILLE

A 6 kilomètres de Dieppe. Gare de Saint-Aubin-sur-Scie, à 5 kilom. 1/2. Voitures publiques.

Bains de mer. Hôtels, cafés-restaurants, villas. Casino.

QUIBEVILLE

A 14 kilomètres de Dieppe. Gare d'Ouville-la-Rivière, à 4 kilomètres. Voitures publiques.

Bains de mer. Casino. Hôtels.

QUIÈVRECOURT

A 1 kilomètre de la gare de Neufchâtel-en-Bray. Ligne de Paris à Dieppe.

Source d'eaux minérales.

RANÇON

A 12 kilomètres d'Yvetot. Commune et gare de Saint-Wandrille-Rançon. Ligne de Paris à Caudebec.

Trois sources d'eaux minérales ferrugineuses, carbonatées cal iques.

ROUEN

Chef-lieu de département. Gare.

Ville bâtie en amphithéâtre sur la Seine, élevée autour de l'Hôtel-Dieu et qui s'étend depuis le mont Riboudet jusqu'au pied du Mont-aux-Malades.

Deux sources ferrugineuses, carbonatées calciques ; l'une prend naissance aux pieds de la montagne Sainte-Catherine, dans l'enclos Saint-Paul ; l'autre, dite de Pré-Thuilleau, dans un jardin public du quartier de Martainville.

Voir : cathédrale et ses tombeaux (sa flèche atteint 148 mètres de haut) ; la magnifique église, autrefois abbatiale de Saint-Ouen ; les tours des églises Saint-Laurent et Saint-André ; Palais de Justice ; hôtel de Bourgtheroulde ; la tour du Beffroi et la tour de Jeanne-d'Arc ; les quais ; le cloître Saint-Maclou ; l'ancien couvent de Sainte-Marie ; le bâtiment des Consuls. Musée. Fontaine Sainte-Marie. Statues de Corneille, Boïeldieu, Napoléon Ier, Jean-Baptiste de la Salle, monument de Flaubert.

SAINT-AUBIN-SUR-MER

A 35 kilomètres d'Yvetot. Gare de Saint-Valéry-en-Caux, à 13 kilomètres.

Station balnéaire très fréquentée. Hôtels. Plage de sable fin et dur. Facilités de logement. Situation pittoresque. Pêche.

SAINT-JOUIN

A 19 kilomètres du Havre. Gare de Criquetot-l'Esneval, à 8 kilomètres, par gare Etretat.

Bains de mer à Bruneval. Hôtels.

SAINT-MARTIN-AUX-BUNEAUX

A 30 kilomètres d'Yvetot. Gare de Cany, à 10 kilomètres.

Etablissement de bains de mer aux Petites-Dalles, à 2 kilomètres. Hôtels, voitures de louage.

SAINT-PIERRE-EN-PORT

A 28 kilomètres d'Yvetot. Gare de Fécamp, à 12 kilomètres. Voitures publiques.

Jolie station de bains de mer, située au fond d'un vallon boisé. Hôtels, casino, villas.

Excursions : château Schacher; Fond d'Angora; bois d'Elétot, à 4 kilomètres.

SANIT-VALÉRY-EN-CAUX

Ancien Port-Naval. Petite ville maritime sur la Manche, qui y forme un petit port, à 32 kilomètres d'Yvetot. Gare.

Entre de hautes falaises, arme pour la pêche de Terre-Neuve.

Etablissement de bains de mer. Casino. Etablissement de bains, hydrothérapie. Station de canot de sauvetage. Sémaphore. Hôtels. Bateaux à vapeur de Saint-Valéry au Tréport pendant la saison.

Voir : église du xve et xvie siècles ; maison du xvie siècle.

SAINTE-ADRESSE

Joli village, à 2 kilomètres de la gare du Havre.

Etablissement de bains de mer à la lame. Phares. Hôtels et restaurants. Tramways pour le Havre : toutes les 8 minutes en été et toutes les 10 minutes en hiver. Casino.

Jolies villas normandes, suisses, hollandaises, etc., avec écuries, remises et garages d'autos ; terrains à bâtir admirablement situés sur des voies éclairées toute l'année, avec gaz, électricité, eau, tout-à-l'égout, etc.; quartier pour le commerce et cercle de famille ; toutes les commodités de la ville et tous les agréments de la campagne et de la mer.

SENNEVILLE-SUR-FÉCAMP

A 36 kilomètres d'Yvetot. Gare de Fécamp, à 4 kilomètres.

Bains de mer.

VALMONT

A 26 kilomètres d'Yvetot. Gare.

Source d'eaux minérales de l'abbaye de Valmont, bicarbonatées calciques, ferrugineuses et cuivreuses.

Voir : château des xie, xve, xvie siècles, église abbatiale du xvie siècle (ruines, tombeaux, rétables, vitraux).

VARENGEVILLE-SUR-MER

A 10 kilomètres de Dieppe. Gares de Offranville et Dieppe, à 10 kilomètres.

Bains de mer. Sémaphore, pointe d'Ailly, à 5 kilomètres.

Voir : admirable manoir restauré de l'armateur Ango.

VAUCOTTES-SUR-MER

Commune de Vattetot-sur-Mer, à 34 kilomètres du Havre. Gare des Loges-Vaucottes-sur-Mer, à 5 kilomètres.
Station balnéaire à 9 kilomètres de Fécamp. Hôtel, restaurant, voitures de louage.
A Vattetot, 4 kilomètres, se trouve une ancienne église du XIIe siècle, visitée par de nombreux pèlerins.

VEULES-LES-ROSES

A 32 kilomètres d'Yvetot. Gare de Saint-Valéry-en-Caux, à 7 kilomètres. Voitures publiques.
Bains de mer très fréquentés.
Hôtels, villas, rustiques chaumières. Un vieux moulin a été converti en établissement de bains chauds et un petit casino a été construit à côté.
Voir : église gothique (intérieur, fonts et orgue).

VEULETTES

A 32 kilomètres d'Yvetot. Gare de Cany, à 9 kilomètres. Voitures publiques.
Etablissement de bains de mer. Hôtels. Courses hippiques le dimanche qui suit le 15 août. Petit casino. Pêche de crevettes.

YPORT

A 40 kilomètres du Havre. Gare de Froberville-Yport, à 3 kilomètres. Voitures publiques.
Bains de mer. Station de canot de sauvetage. Casino et établissement de bains de mer. Hôtels. Villas.
Ancien village de pêcheurs, comme Etretat, Trouville et un grand nombre d'autres localités du littoral, Yport s'est complètement transformé en ville de bains des plus élégantes. La plage est insuffisante. On ne peut s'y baigner qu'à marée basse. En revanche, il faut dire que peu de stations du littoral offrent un site plus charmant, plus pittoresque. Un bois descend en s'échelonnant jusqu'au bord des vagues. Sur aucun point de la côte, les arbres ne sont aussi rapprochés de la mer.

SOMME

AMIENS

Chef-lieu de département. Gare.

Belle ville sur la Somme qui s'y divise en onze canaux et alimente un grand nombre de manufactures. Place de guerre.

Eaux minérales naturelles, ferrugineuses, bicarbonatées magnésiennes, reconstituantes, digestives. Eau de table. Deux sources importantes.

Les boulevards et la Hotoie sont de belles promenades.

Voir : cathédrale commencée en 1220 par l'évêque Evrard de Fouilloy, sur les plans de l'architecte Robert de Luzarches, admirable par sa hardiesse, sa belle simplicité et sa décoration intérieure; églises Saint-Germain (xve siècles); Saint-Rémy (xviie siècle), renfermant les tombeaux de Lannoy et de sa femme; Saint-Leu (xve siècle); hôtel de ville; beffroi dont la cloche pèse 11.000 kilos; le nouveau Palais de Justice; musée Picardie, et parmi les nombreuses maisons du Moyen âge, celle de la rue des Vergeaux, jolie construction du temps de François Ier. Statue de Ducange, sur la place Saint-Denis. Monument élevé à l'amiral Courbet.

AULT

A 35 kilomètres d'Abbeville. Gare d'Eu, à 6 kilomètres.

Bourg maritime sur la Manche, à un endroit où cessent les dunes et où commencent les falaises.

Station de bains de mer très importante. Superbe plage de sable. Hôtels, voiture à volonté, casino.

A *Onival-sur-Mer*, petite plage de création récente, prolongement d'Ault.

Voir : église commencée au xiiie siècle; Bois de Cise.

Excursions : forêt d'Eu; Mers; le Tréport, Cayeux.

BOIS-DE-CISE

Commune d'Ault, à 3 kilomètres. Gare d'Eu (Seine-Inférieure), à 3 kilomètres.

Plage du Bois-de-Cise. Casino, hôtels, villas, voitures de louage.

CAYEUX-SUR-MER

A 31 kilomètres d'Abbeville, à l'entrée de la baie de la Somme, a pour port le Hourdel, situé à 6 kilomètres, à l'intérieur de cette baie. Gare.

Petit port de pêche.

Bains de mer. Station de canot de sauvetage. Sémaphore. Etablissements de bains de mer. Casino. Hôtels. Voitures de louage.

Voir : partie de l'église (xiie siècle).

FORT-MAHON

A 31 kilomètres d'Abbeville. Gare de Quend-Fort-Mahon, à 1 kilom. 1/2.
Bains de mer. Plage d'une longueur de 3 kilomètres. Hôtels, chalets.

FRISE

A 11 kilomètres de Péronne. Gare de Hem-Monacu, à 5 kilomètres.
Sources minérales ferrugineuses.

LE CROTOY

A 26 kilomètres d'Abbeville. Gare.
Cette ville, dotée d'un joli petit port à l'embouchure de la Somme, a gardé les restes de son enceinte fortifiée et d'un château où aurait été enfermée Jeanne d'Arc. Statue de cette dernière sur la place du Port.
Station balnéaire Établissement de bains de mer. Casino. Hôtels, chalets, villas. Voitures de louage.

MERS-LES-BAINS

A 36 kilomètres d'Abbeville. Gare du Tréport-Mers, à 1 kilomètre.
Établissement de bains de mer très important. Station bien fréquentée et fort agréable, à 3 heures de Paris. Belle vallée arrosée par la Bresle, près d'Eu. Casino, hôtels, villas, voitures de louage.

SAINT-VALÉRY-SUR-SOMME

A 20 kilomètres d'Abbeville. Gare.
Port de mer dans la Manche, à l'embouchure du canal de la Somme, où Guillaume le Conquérant s'embarqua pour l'Angleterre.
La ville haute, bâtie sur une colline, date du Moyen âge, dont elle garde l'empreinte ; la ville basse, plus moderne, est consacrée aux bains de mer et est très fréquentée durant la saison d'été par de nombreux baigneurs.
Petit casino avec salle de théâtre, cercle, jeu de petits chevaux. Hôtels. Villas. Voitures de louage.
Voir : tour de Harold ; anciennes portes ; restes de remparts ; église Saint-Martin (XIVe siècle) ; chapelle Saint-Valéry et ruines d'une ancienne abbaye.

TARN

LACAUNE-LES-BAINS

A 52 kilomètres de Castres. Gare de Pierreségade, à 11 kilomètres. Service spécial et régulier d'automobiles pour les baigneurs.

Station de montagne, altitude 850 mètres. La santé pour les enfants et convalescents. Villégiature de vacances, chasse, pêche, excursions, hydrothérapie perfectionnée pour neurasthénie et névroses, guérison de la gravelle et de l'arthritisme.

Eaux bicarbonatées calciques, magnésiennes et ferrugineuses.

Etablissement thermal. Cercle, casino, jeux. Chalets pour familles. Hôtels. Parc. Voitures pour excursions.

Voir : monticules dits Redoutes, qu'on fait remonter à l'époque celtique ; dolmen.

MONTIRAT

Petite ville, à 36 kilomètres d'Albi. Gare de Carmaux, à 20 kilomètres.

Source d'eau ferrugineuse acidulée.

ROQUECOURBE

Jolie petite ville, à 9 kilomètres de la gare de Castres.

Sources d'eaux minérales, carbonatées calciques et ferrugineuses, donnant un abondant dépôt ocracé.

Voir : ruines d'un château du XIIe siècle.

SAINT-GRÉGOIRE

A 12 kilomètres de la gare d'Albi.

Source d'eau thermale acidulée de Meout.

TRÉBAS-LES-BAINS

A 38 kilomètres de la gare d'Albi.

Etablissement thermal. Eaux cuivreuses froides (17°), à odeur sulfurée, ferrugineuses, efficaces dans les maladies de la peau, muqueuses, bronches, tuberculose, yeux, oreilles, nez, gorge, matrice et annexes.

VAOUR

A 25 kilomètres de Gaillac. Gare de Vindrac, à 12 kilomètres, et de Penne, à 7 kilomètres.

Source d'eaux minérales sulfatées calciques, légèrement purgatives.

Voir : dolmen et château du XIIe siècle, complètement en ruines.

CARMAUX

A 15 kilomètres d'Albi. Chef-lieu de canton très important, 11,000 habitants. Gares.

Source d'eau minérale ferrugineuse, découverte en 1832 dans la propriété du docteur Camboulives; elle coule au milieu d'un joli petit parc bien ombragé. Son débit est environ de 60 hectolitres par 24 heures et sa température de 11°5.

Dans ce même parc et à quelques mètres de la source, se trouve un petit établissement de bains comprenant 10 baignoires et une salle de douches, alimentées par l'eau douce de source.

Riches mines de houille et verreries occupant, les premières, plus de 3,000 ouvriers, et les secondes environ 1,500.

Moi qui me suis engagé parce que je n'avais rien à me mettre sur le dos, ça me change joliment.

TARN-ET-GARONNE

FENEYROLS

A 48 kilomètres de Montauban. Ligne Lexos-Montauban. Gare.

Deux sources d'eaux minérales bicarbonatées calciques, sulfatées calciques et ferrugineuses.

PARISOT

A 52 kilomètres de Montauban. Gare de Lexos, à 18 kilomètres.

Source d'eaux minérales ferrugineuses.

Voir : église du XIIe siècle. Pèlerinage à la chapelle Saint-Clair.

SAINT-ANTONIN

A 50 kilomètres de Montauban. Ligne Lexos-Montauban. Gare.

Ancienne petite ville sur l'Aveyron. L'un des vicomtes, Raymond Jourdain, fut, au Moyen âge, un troubadour célèbre. La ville a été construite peu à peu autour d'un monastère fondé en 763 par Pépin le Bref.

Source d'eaux minérales ferrugineuses.

Voir : hôtel de ville du XIIe siècle, peut-être le plus vieux de France. Eglise ogivale moderne. Pont gothique.

Aux environs, belles gorges d'Anglars, à travers lesquelles passe l'Aveyron et la grotte du Capucin, tout ornée de stalactites.

GRISOLLES

A 30 kilomètres de Castelsarrasin et à 22 kilomètres de Montauban. Gare. Localité située près de la Garonne.

Sources d'eaux minérales.

Établissement thermal. Hôtels.

Voir : château du XIIIe siècle, enceinte du XVe siècle (porte Saint-Michel, église moderne dont on a conservé le curieux portail de l'ancienne. Fabriques de balais.

VAR

AGAY

Ligne de Nice. Gare.
Station hivernale et de bains de mer. Une des plus belles rades du littoral très abritée. Excursions aux grottes de Sainte-Beaume, aux gorges de Merlin-Fernet et dans les montagnes de l'Estérel.

BANDOL-SUR-MER

A 17 kilomètres de Toulon. Gare.
Station hivernale au fond d'un petit golfe, abrité par des montagnes. Climat très doux. Bains de mer, belle plage.
Culture de l'immortelle. Au pied des montagnes où s'ouvre la gigantesque entaille des gorges d'Ollioule.

BOULOURIS-SUR-MER

A proximité de Saint-Raphaël. Gare. Ligne Marseille-Vintimille.
Site ravissant. Station hivernale à climat sec.
La forêt de Boulouris, où pousse en abondance une bruyère géante, qui s'élève à trois ou quatre mètres, ses branches et ses panaches de fleurs blanches et exhale une suave odeur d'amande, s'essaime d'élégantes habitations.

COGOLIN

A 51 kilomètres de Draguignan. Gare.
Eaux minérales ferrugineuses arsenicales de Portonfus, exploitées.
Voir : restes d'un château du Moyen âge.

FRÉJUS-LA-ROMAINE

Très ancienne ville, à 29 kilomètres de Draguignan et à 1 kilom. 1/2 de la mer et de l'embouchure d'Argens. Ligne de Paris à Marseille, Toulon, Nice et Menton.
Bains de mer. Hôtels, châteaux.
Commerce d'écorces de chêne-liège propre à la bouchonnerie ; fabrique de bouchons ; travail de roseaux pour la tissanderie ; scierie hydraulique ; tuileries et briqueteries ; fabrique de parfumerie ; mines de houille ; ouvrages artistiques en terre.
Saint-Aygulf, commune de Fréjus. Halte. Ligne d'Hyères à Saint-Raphaël.
Bains de mer.

HYÈRES-SAN-SALVADOUR

A 17 kilomètres de Toulon et à 4 kilomètres de la mer. Ligne de Toulon à Salins-d'Hyères. Gare.

La plus ancienne station hivernale, abritée par les montagnes contre les vents froids, doit à sa situation privilégiée la douceur exceptionnelle de son climat pendant les mois les plus froids de l'année.

La température moyenne en hiver et au milieu du jour est, à l'ombre, de 10° à 15° au-dessus de zéro. De tous les climats, celui d'Hyères est le moins variable et le plus tempéré. Cette station offre aux malades atteints de phtisie lente, ou de scrofules, un séjour aussi salutaire qu'agréable.

Concerts, spectacles, musées, bibliothèques, cercles.

Eau minérale lithinée, naturelle de San Salvadour, guérit arthritisme (rhumatisme, goutte, gravelle, etc.), diabète, maladies du foie, maladies des voies urinaires (coliques néphrétiques, calculs, cystites, etc.).

LA BOULERIE

Ligne de Paris-Nice. Gare.

Agréable station, au milieu des pins et des bruyères, bien abritée et d'une grande salubrité. A visiter le Piton du Dramont, à pic sur la mer, d'un accès facile.

LA CAVALAIRE

Commune de Gassin, à 58 kilomètres de Draguignan Gare. Ligne d'Hyères à Saint-Raphaël.

Bains de mer. Hôtels. Médecin.

LA CROIX

Ligne d'Hyères à Saint-Raphaël. Gare.

A 20 minutes de la plage de Cavalaire (5 kilomètres d'étendue). Le plus beau site du pays des Maures, sur la baie de Cavalaire.

Superbes bois de sapins. Hôtels.

LE LAVANDOU

Commune de Bormes, à 44 kilomètres de Toulon.

Bâti le long d'une baie harmonieuse, magnifique hémicycle de sable, fermé par le cap Bénat.

Pêche aux anchois et à la sardine.

Bains de mer. Station hivernale.

LE LUC-PIOULE

A 28 kilomètres de Draguignan. Gare. Ligne de Marseille à Nice.

Eaux minérales naturelles de Pioule, à 1,500 mètres du Luc. Trois sources bicarbonatées mixtes et sulfatées calciques avec sels alcalins, lithine, magnésie de fer; recom-

[illegible], laxatives, dissolvantes et diurétiques; recommandées aux personnes atteintes de goutte, gravelle, arthritisme.

Etablissement thermal ouvert toute l'année. A 100 kilomètres de Monte-Carlo. Casino. Superbe parc.

Le Luc est situé sur le Riotord. Depuis l'Edit de Nantes jusqu'à sa révocation, ce fut l'une des trois localités de la Provence où les protestants purent exercer librement leur culte. Cette ville posséda, au Moyen âge, une abbaye fameuse dont il ne reste plus de traces.

LE MONT-DES-OISEAUX

Etablissement climatérique sur la Côte d'Azur à 240 mètres au-dessus du niveau de la Méditerranée, en pleine forêt de pins et au milieu d'un magnifique parc. Il se trouve sur le territoire d'Hyères. Station recommandée aux convalescents, surmenés, gens ayant besoin de repos. Les tuberculeux sont soigneusement exclus ainsi que les contagieux de tout genre.

Panorama incomparable embrassant les îles d'Hyères, la belle rade des Salins, la presqu'île de Giens avec à l'infini l'horizon bleu de la Méditerranée.

Fêtes de famille, soirées, concerts et représentations. Jeux de plein air. Galeries de repos pour cures en forêt. Vacherie et chèvrerie. Villas particulières.

Automobiles de l'Etablissement en gare de San-Salvadour-Mont-des-Oiseaux.

LÈQUES

Station hivernale et balnéaire. Confortables hôtels; jolies villas bâties sur l'emplacement de la romaine « Tauroentum », offrant en arrière la vue sur la muraille de pierre de la Sainte-Baume et à proximité la romantique coupure du Port d'Alon.

SAINT-CYR-LES-LÈQUES-SUR-MER

A 25 kilomètres de Toulon. Gare. Ligne de Paris à Nice.

Port de la Madrague, sur le territoire duquel se trouvent les ruines de la ville phocéenne de Taurœntum, que les eaux de la mer ont en partie recouverte.

Bains de mer. Belle plage.

SAINT RAPHAËL

Station hivernale à 33 kilomètres de Draguignan, sur le bord de la Méditerranée, entre Hyères et Cannes. Gare.

Port maritime sur le golfe de Fréjus. Bains de mer, belle terrasse, casino, hôtels, villas. Saison d'été et d'hiver. Air vivifiant chargé d'effluves balsamiques, précieuses aux poumons affaiblis. Promenades bordées d'arbres et de plantes exotiques, établissement médical pour le traitement de l'anémie et de la tuberculose par l'ozone.

Excursions nombreuses.

Voir : église neuve avec dôme; villas des boulevards et square des Bains.

SAINT-TROPEZ

A 58 kilomètres de Draguignan. Gare.

Cette petite ville maritime jouit, dans un petit golfe, de l'air le plus pur et d'une position charmante. Son port est défendu par une citadelle et ses côtes, hérissées de rochers à fleur d'eau, abondent en coraux qui passent pour les plus beaux de la Méditerranée.

Garde fièrement la mémoire du bailli de Suffren, dont la population commémore, chaque année, en mai, par les fêtes de la Bravade, uniques en France, l'héroïque défense de la ville contre les Espagnols au XVIIe siècle.

Bains de mer très recherchés. Station hivernale. Source d'eaux minérales, exploitée.

SAINTE-MAXIME

A 37 kilomètres de Draguignan. Gare.

Petit port de la Méditerranée. Station hivernale offrant aux étrangers des sites ravissants avec abris complets contre les vents du nord. Situation privilégiée sur le golfe.

Bains de mer. Bateaux à voile pour Saint-Tropez. Superbes promenades dans les forêts des Maures.

SYLVABELLE

Ligne Toulon-Hyères-Saint-Raphaël. Gare de la Croix.

Cure atmosphérique sur la Côte d'Azur.

Premier établissement en France dans son genre. Huttes d'air. Bains d'air. Bains de soleil. Bains de mer. Hydrothérapie. Massage. Régime mitigé et végétarien. Chauffage central. Confort moderne. Prospectus gratuit. Médecin spécialiste dans l'Établissement.

TAMARIS-LES-SABLETTES

A 8 kilomètres de Toulon. Gare La Seyne-Tamaris, à 4 kilomètres.

Possède une des plus belles plages du littoral. Station hivernale et estivale. Hôtels. Grand Casino, dans un site merveilleux. Attractions diverses, musique, etc. Service de bateaux à vapeur de Toulon toutes les heures.

VALESCURE

A proximité de Saint-Raphaël.

Station hivernale à climat sec.

La colline est peuplée de villas et les senteurs exquises et pénétrantes qu'on respire, dans ce coin embaumé, lui ont valu ce nom engageant : Valescure, *vallis curans*, « la vallée qui guérit ».

VAUCLUSE

BEAUMES-DE-VENISE

A 20 kilomètres d'Orange. Gare d'Aubignan-Loriol, à 3 kilomètres.

Cette localité possède quatre sources d'eaux minérales chlorurées alcalines, calciques, sulfatées alcalines et magnésiennes.

Etablissement thermal.

Voir : église romane et ruines. Moulins à huile.

MONTMIRAIL

Commune de Gigondas, à 5 kilomètres de Beaumes-de-Venise et à 15 kilomètres d'Orange. Gare.

Eau purgative, souveraine contre la bile, constipation, obésité, gastralgies, etc.

Eau sulfurée calcique, contre dartres, catarrhes, rhumatismes, syphilis. Salle d'inhalation, pulvérisation, contre bronchite, laryngite.

Eau ferrugineuse, contre anémie, chlorose, stérilité.

Montmirail est la station purgative où l'on peut suivre des traitements si variés aux lieux d'origine. — 200 hectares de pins résineux. Réserve de chasse. Cure d'air. Bains sulfureux, douches, inhalation, pulvérisation. Omnibus, service de gare Sarrians-Montmirail (6 kilomètres), durant la saison.

Etablissement thermal ouvert du 15 juin au 15 septembre.

Voir : restes de remparts; menhir, le seul du pays.

RUSTREL

A 9 kilom. 500 de la gare d'Apt.

Eaux minérales salines froides.

Voir : nombreuses antiquités. Mines de fer et usines importantes.

SAINT-DIDIER

A 7 kilom. 500 de la gare de Carpentras.

Ligne d'Orange à Carpentras.

Source d'eaux minérales sulfurées calciques, indiquées dans les rhumatismes, dartres, catarrhes, syphilis.

Bains résineux. Etablissement d'hydrothérapie.

SAULT

Petite ville à 45 kilomètres de la gare de Carpentras.

Source d'eaux minérales.

Voir : fragments de fortifications, belle église du XIIe siècle. Bibliothèque et musée d'antiquités.

URBAN

Commune de Beaumes-de-Venise, à 20 kilomètres d'Orange. Gare d'Aubignan-Loriol, à 4 kilomètres, par gare Carpentras.

Source d'eaux minérales d'Urban, bicarbonatées calciques, magnésiennes, sulfatées sodiques et calciques, ferrugineuses.

Établissement thermal.

VACQUEYRAS

Village à 15 kilomètres d'Orange. Gare de Sarrians-Montmirail, à 6 kilomètres, par gare de Carpentras.

Source d'eaux minérales.

VELLERON

A 11 kilomètres de Carpentras. Gare.

Source d'eaux minérales bicarbonatées sodiques, sulfatées sodiques et calciques.

Établissement thermal.

VENDÉE

BEAUVOIR-SUR-MER

A 60 kilomètres des Sables. Gares de Bourneuf, à 17 kilomètres, et de Challans, à 15 kilomètres. Station du tramway à vapeur de Challans à Fromentine.

Petite ville maritime à 4 kilomètres de l'Océan, auquel elle est reliée par le canal de la Cahouette, dans un pays marécageux, elle exploite les marais salants qui l'environnent.

Bains de mer. Hôtels.

Voir : restes de constructions anciennes.

BION

Station balnéaire. Casino.

Excursions : île de Noirmoutier.

BOUIN

A 54 kilomètres des Sables. Gare de Bourgneuf-en-Retz, à 10 kilomètres.

Cette station est située dans une île d'alluvions et de marais salants, à peine séparée de la terre ferme par les deux bras du Falleron. Les havres des Brochets et des Champs lui servent de ports.

Bains de mer. Hôtels.

CROIX-DE-VIE

A 28 kilomètres des Sables. Gare.

Station balnéaire et de canot de sauvetage. Hôtels, restaurants. Plage au milieu de dunes verdoyantes et de rivières sinueuses. Sanatorium de Boisvinet avec appareils d'hydrothérapie et bains d'eaux-mères.

FAYMOREAU

A 19 kilomètres de Fontenay. Gare de Faymoreau-Puy-de-Serre. Ligne de Bressuire à Niort.

Source d'eaux minérales carbonatées calciques, ferrugineuses, sulfatées sodiques et calciques, gazeuses.

FROMENTINE

Station balnéaire, située au bord de l'Océan avec plage, abritée par l'île de Noirmoutier. Gare.

ILE-D'OLONNE

A 8 kilomètres des Sables. Gare d'Olonne, à 3 kilomètres. Bains de mer.

Voir : menhirs; château de Pierre-Levée, qui fut un centre de résistance des Vendéens en 1793-1794.

ILE-D'YEU

Ile située à 16 kilomètres de la côte et à 48 kilomètres des Sables. Sa pointe sud se nomme la pointe des Deux-Corbeaux.

Gare de Fromentine. Bateau à vapeur tous les jours (1 h. 30 de traversée).

Bains de mer, cabines. Station de canot de sauvetage. Sémaphore. Hôtels. Phare de premier ordre.

Voir : ruines d'un château du XIIIe siècle.

JARD

A 20 kilomètres des Sables. Gare de Talmont, à 7 kilomètres.

Station de bains de mer. Plage de la Couchette.

Voir : abbaye du Lieu-Dieu.

LA BARRE-DE-MONTS

Petit port de mer, situé sur le canal de son nom, à 60 kilomètres des Sables. Gare de Challans, à 23 kilomètres. Station de tramway, ligne de Challans à Fromentine.

Bains de mer. Communications faciles avec l'île d'Yeu et Noirmoutier.

L'AIGUILLON-SUR-MER

A 50 kilomètres de Fontenay-le-Comte. Ligne de l'Aiguillon-Port à Luçon. Station de tramways de la Vendée.

Localité située au fond de l'anse de l'Aiguillon, grande baie qui s'est singulièrement amoindrie par les atterrissements et les envahissements de la mer.

Port très commerçant. Bains de mer à La Faulte, à 1 kilomètre. Hôtels.

LA TRANCHE

A 32 kilomètres des Sables. Gare de l'Aiguillon-sur-Mer, à 8 kilomètres. Voitures publiques.

Bains de mer, belle plage. Cette station est recommandée aux familles cherchant le repos, fuyant le bruit et les obligations mondaines ; tous les jours, à 8 heures du matin, départ d'une voiture publique de la gare de Luçon. Fontaine ferrugineuse. Etablissement de bains. Hôtels.

Excursions : île de Ré.

LES MOUTIERS-LES-MAUFAITS

A 27 kilomètres des Sables. Gare. Ligne des Sables-d'Olonne à Champ-Saint-Père.

Source d'eaux minérales sulfureuses et magnésiennes.

Voir : église, style ogival ; chateau de la Cantaudière (XVIe siècle).

LES SABLES-D'OLONNE

Chef-lieu d'arrondissement. Gare.

Ville maritime, située au bord de l'Océan, sur une presqu'île qui ne tient au continent que du côté de l'est. Bassin. Port à deux jetées, éclairé par deux phares.

Station de canot de sauvetage. Bains de mer très fréquentés. La plage, une des plus belles de France, descend en pente douce vers la mer et se développe en arc de cercle sur une longueur de plus de 1,500 mètres. De jolies constructions dominent la terrasse.

Deux casinos reliés par un tramway électrique. Cercles. Douze établissements de bains de mer. Régates, courses de chevaux.

Voir : église N.-D. de Bon-Port ; tour d'Arundel. Parc à huîtres.

Excursions : forêts de la Rudelière et d'Olonne ; phare de Barges ; château de Talmont, à 14 kilomètres ; Noirmoutier (passage du Goa).

LONGEVILLE

A 28 kilomètres des Sables. Gare de Champ-Saint-Père, à 20 kilomètres.

Bains de mer.

MAILLÉ

A 16 kilomètres de Fontenay. Gares de Fontaines-Vendée, à 11 kilomètres, et de Vix, à 11 kilomètres.

Sources d'eaux minérales.

Voir : restes du château de Deignon, bâti au XVIe siècle par Agrippa d'Aubigné.

NOIRMOUTIER

A 66 kilomètres des Sables. Gares de Challans et de Bourgneuf, à 40 kilomètres, par gare de la Barre-du-Mont-Fromentine, à 13 kilomètres, ligne de Challans à Fromentine.

Ile extrêmement fertile, fondée autour d'un monastère datant de 680. La possession de Noirmoutier par les Vendéens, pendant la Révolution, leur permettait de recevoir des secours de l'Angleterre. D'Elbée y fut pris et fusillé.

Bains de mer. Station de canot de sauvetage de l'Herbaudière. Casino sur la plage. Hôtels. Voitures pour le continent. Charmante promenade au bois de la Chaize.

Voir : vestiges romains.

NOTRE-DAME-DE-MONTS

A 53 kilomètres des Sables. Gare de Challans, à 24 kilomètres.

Station balnéaire.

POUZAUGES

A 40 kilomètres de Fontenay-le-Comte. Gare.

Ville bâtie sur le penchant d'une des plus hautes collines du département.

Voir : belles ruines du château de Gilles de Laval, dit « Barbe-Bleue » ; donjon des XIIIe et XIVe siècles ; église gothique (flambeaux).

Près de là, au Moulin-au-Moine, source d'eaux minérales.

RÉAUMUR

Bourg situé sur le Lay, à 31 kilomètres de Fontenay-le-Comte. Gare de Pouzauges, à 4 kilomètres.

On y trouve une source d'eau minérale ferrugineuse.

Voir : manoir et meubles ayant appartenu au célèbre physicien Réaumur ; église du XVe siècle flanquée de tourelles rondes et ressemblant à une forteresse ; chapelle de la Vierge, but de pèlerinage.

SAINT-GILLES-SUR-VIE

A 28 kilomètres des Sables. Gare.

Bourg maritime, à l'embouchure de la Vie. Petit port de pêche.

Station balnéaire la plus fréquentée après celle des Sables-d'Olonne. Etablissements de bains de mer. Petit casino. Sanatorium. Hôtels, villas.

SAINT-JEAN-DE-MONTS

A 48 kilomètres des Sables. Gare de Challans, à 14 kilomètres. Voitures publiques.

Station balnéaire, séparée de la mer par un bourrelet de dunes. Très belle plage appuyée à de vastes forêts de pins. Hôtels en ville et sur la plage.

SION-SUR-L'OCÉAN

Commune de Saint-Hilaire-de-Liez, à 35 kilomètres des Sables. Gare de Croix-de-Vie, à 3 kilomètres.

Station de bains de mer. Hôtels.

VIENNE

AVAILLES-LIMOUSINES

A 31 kilomètres de Civray. Gare.

Aux environs, sources d'eaux minérales froides, chlorurées sodiques

Excursions : Berbail; château de Saint-Germain, à 3 kilomètres; château de Serre (chambre de Mme de Maintenon), à 3 kilomètres; château de Fayolle.

CHARROUX

A 11 kilomètres de Civray. Gare.

Dans cette localité, Charlemagne y fonda une abbaye, qui devint célèbre et dont il ne reste plus qu'un beau clocher octogonal du XIIe siècle.

Une partie des trésors de l'abbaye est aujourd'hui dans l'église paroissiale.

Source d'eaux minérales chlorurées sodiques, froides.

Voir : monuments druidiques.

LA ROCHE-POSAY

A 22 kilomètres de Châtellerault. Gare.

Au confluent de la Creuse et de la Gartempe, dans une belle situation. Chef-lieu d'une seigneurie assez importante au Moyen âge. Région pittoresque.

Source d'eaux minérales naturelles, ferrugineuses, bicarbonatées calciques, silicatées, très efficaces dans l'arthritisme.

Établissement thermal. Hôtels.

Voir : restes de remparts; donjon carré du XIe siècle; église romane fortifiée (XIVe et XVe siècles); maisons des XIIe-XVe siècles; pont.

Excursions : grotte des Fées de la Delaize; rives de Creuse; abbaye de la Merci, avec une église où l'on va en pèlerinage; Fontgombault.

VOSGES

AROFFE

A 24 kilomètres de Neufchâteau. Gare de Châtenoi Dolaincourt, à 13 kilom. 500, et de Favières (Meurthe-et-Moselle), à 9 kilomètres.

Ligne de Neufchâteau à Epinal.

Source d'eaux minérales, la Fontaine de fer, bicarbonatées calciques et ferrugineuses, située à l'extrémité méridionale de la Lorraine.

BAINS-LES-BAINS

A 28 kilomètres d'Epinal. Gare.

Petite ville très ancienne, qui doit son nom à ses eaux thermales.

Eaux sulfatées sodiques arsenicales (29 à 50°), indiquées dans les rhumatismes, débilités, affections nerveuses.

Etablissement thermal. Casino.

Pèlerinage à la chapelle Notre-Dame de la Brosse.

Excursions : Fontenoy-le-Château, à 8 kilomètres; vallée du Coney; belvédère de Noirmont, à 8 kilom. 500; Plombières, à 24 kilomètres; la Hutte; forges d'Uzemain; Luxeuil.

BRUYÈRES

A 28 kilomètres d'Epinal. Gare.

Source d'eau minérale froide.

Commerce de bétail.

Voir : vestiges gallo-romains et restes d'un ancien château; étang des Huttes.

Excursions : rochers de Boremont, de Cottinpierre, de l'Arnel, etc.; Mirador de l'Avison; source du Durbion; roches druidiques.

BUSSANG

A 32 kilomètres de Remiremont. Gare.

Eaux minérales gazeuses, ferrugineuses et calciques, exportées, efficaces contre l'anémie, gastralgies, coliques néphrétiques, gravelle, arthritisme; très saine et très digestive, elle convient aux enfants délicats, convalescents, pour reconstituer les forces des malades et vieillards.

Nombreuses sources. Hôtels à 670 mètres d'altitude, dans les Hautes-Vosges.

Etablissement d'hydrothérapie et d'électrothérapie.

Voir : tunnel de Bussang; source de la Moselle.

Excursions : ballon d'Alsace; col d'Oderen; lac de Bers; lac des Perches; ballon de Servance.

CHAUDES-FONTAINES

A 8 kilomètres de Remiremont.

Source d'eaux minérales sulfatées sodiques et arsenicales (23°6).

CIRCOURT

A 15 kilomètres de Mirecourt. Gares de Dompaire, à 9 kilomètres, et d'Hennecourt, à 5 kilomètres. Ligne de Neufchâteau à Epinal.

Source d'eaux minérales sulfatées calciques et ferrugineuses, dite des Saumeures, à proximité de Saint-Vallier.

CONTREXÉVILLE

Village situé dans un joli vallon, à 28 kilomètres de Mirecourt. Gare.

Station hydrominérale très renommée. Eaux minérales naturelles, sulfatées calciques, alcalines, indiquées dans la goutte, gravelle, diabète, coliques hépathiques et néphrétiques, arthritisme; rhumatismes, maladies des voies respiratoires, etc. Bains et douches. Sources très importantes.

Etablissement thermal. Casino. Théâtre. Saison du 20 mai au 20 septembre.

Excursions : Chêne des Partisans; Bulgneville (ruines); vallon de Viviers.

DOLAINCOURT

A 13 kilomètres de Neufchâteau. Gare de Châtenais, à 5 kilomètres.

Sources d'eaux minérales chlorurées sodiques, sulfureuses froides, exportées, efficaces dans catarrhes vésicaux et utérins, asthme, obésité, anémie, goutte, dyspepsie, dermatoses, scrofulo-tuberculose, chlorose.

FONTAINES-CHAUDES

Trois sources d'eaux minérales sulfatées sodiques et arsenicales (25°4), à proximité de la station de Bains; elles prennent naissance au milieu d'une forêt.

Traitement du rhumatisme, affections nerveuses, débilités, etc.

GÉRARDMER

A 29 kilomètres de Remiremont. Gare.

Ville frontière, dans un site des plus pittoresques et des plus agréables qui existent. Vallées, lacs, cascades, rochers, etc. Fabrique de feutres. Commerce de fromages.

Station d'été. Cure d'air convenant aux anémiques et aux neurasthéniques. Un établissement d'hydrothérapie complète l'efficacité du traitement.

Hôtels. Tramways électriques reliant Gérardmer à Retournemer et à Remiremont.

Belles promenades autour du lac.

Excursions : col de la Schlucht, à 17 kilomètres ; vallée de Ramberchamp ; la Basse-des-Rupts ; vallée de Granges ; saut des Cuves ; lacs de Longemer (6 kilomètres) ; de Retournemer, à 6 kilomètres ; le Rothenbach ; la Bresse, à 13 kilomètres.

HAGÉCOURT

A 8 kilomètres de Mirecourt. Gare d'Hymont, à 4 kilomètres.

Eaux minérales sulfatées calciques. Sources d'Heucheloup, et Coin du Bois, exploitées par différents propriétaires.

LA CHAUDEAU

Cette localité, située entre Bains et Plombières, possède des sources d'eaux minérales sulfatées sodiques et arsenicales (23°).

MARTIGNY-LES-BAINS

A 40 kilomètres de Neufchâteau. Gare.

Eaux minérales naturelles sulfatées calciques, lithinées, ferrugineuses, souveraines contre gravelle, goutte, rhumatisme, arthritisme. Buvettes.

Établissements hydrothermaux, ouverts du 25 mai au 25 septembre. Parc de 20 hectares. Casino, théâtre, concerts, bals, petits chevaux, etc. Garage et location d'automobiles.

MATTAINCOURT

A 3 kilomètres de Mirecourt. Gare d'Hymont-Mattaincourt, à 1 kilomètre.

Eaux minérales sulfatées calciques, indiquées dans l'arthritisme, goutte, gravelle, catarrhe vésical, manifestations gastriques, rénales, etc., maladies du foie, coliques néphrétiques.

Importante fabrication de dentelles.

Voir : belle église renfermant le tombeau de Pierre Fourier. Hospice civil.

NORROY-SUR-VAIR

A 30 kilomètres de Neufchâteau. Gare de Vittel, à 4 kilomètres.

Source d'eaux minérales, le Rond-Buisson (nom du bois voisin), bicarbonatées calciques, ferrugineuses, sulfatées.

PLOMBIERES

A 14 kilomètres de Remiremont. Gare.

Vingt-deux sources d'eaux arseniatées sodiques, chaudes (13 à 70°), une ferrugineuse.

Six établissements de bains. Douches chaudes, froides, écossaises. Massage sous la douche, étuves romaines. Lits de repos. Salle de massage.

Principales maladies traitées; maladies chroniques du tube digestif et intestinal, rhumatisme articulaire, musculaire, sciatique et viscéral, goutte, maladies des femmes (métrite, névralgies utérines, troubles menstruels, stérilité), affections de la peau (prurigo, psoriasis, eczema), affections du système nerveux (névralgies, névroses, hystérie, chorée), affections générales (chlorose, anémie, cachexie, etc).

Fabrique d'ustensiles en fer étamé et objets d'art en fer poli.

Casino avec salle de spectacle. Concerts. Théâtre. Saison du 15 mai au 15 septembre.

Parc. Promenades. Cure d'air.

Voir : belle église moderne achevée en 1860 ; la maison des Arcades; la Feuille Dorothée.

Excursions : Gérardmer; la Schlucht; ballon d'Alsace.

REMONCOURT

A 13 kilomètres de Mirecourt. Gare.

Eaux minérales naturelles sulfatées calciques. Source du Rey.

SAINT-VALLIER

A 18 kilomètres de Mirecourt. Gares d'Hennecourt, à 8 kilomètres, et de Chatel-Nomexy, à 40 kilomètres.

Source d'eaux minérales sulfatées calciques et ferrugineuses, dite Valère; elle prend naissance entre Saint-Vallier et Frizon, sur les bords d'un petit affluent de la Moselle.

VITTEL

A 22 kilomètres de Mirecourt. Gare.

Eaux sulfatées bicarbonatées. Grande source : goutte, gravelle, diabète, vessie et voies urinaires. Source salée : coliques hépathiques, constipation, congestions, hémorroïdes, engorgements du foie, de la rate, de la veine-porte.

Magnifique Etablissement de la Société des Eaux, ouvert du 25 mai au 25 septembre. Casino. Théâtre. Vélodrome. Buvettes. Importante brasserie.

Etablissement hydrominéral de la Source Bienfaisante : gravelle, goutte, voies urinaires, foie, diabète, ouvert du 1er juin au 25 septembre. Hydrothérapie complète.

Source salée, à 3 kilomètres de l'Etablissement.

YONNE

MONTFORT

Commune de Montigny-la-Resle, à 13 kilomètres d'Auxerre. Gare de Monéteau, à 8 kilomètres.
Source d'eaux minérales sulfatées calciques et ferrugineuses.

POURRAIN

A 13 kilomètres d'Auxerre. Gare de Diges-Pourrain, à 2 kilomètres.
Source d'eau minérale ferrugineuse.

TOUCY

A 13 kilomètres d'Auxerre. Gare.
On trouve aux environs une fontaine d'eau minérale ferrugineuse.

Maisons Recommandées *(Suite)*.

AGENCES DE PLACEMENT

Agence Catholique de placement (fondée en 1878), rue de l'Université, 56, Paris.

AMEUBLEMENTS

Chevalier (L.), meubles laqués de style et fantaisie, exécution d'après dessin, rue de la Roquette, 2 (place de la Bastille), Paris.

BATTAGE DE TAPIS

56, avenue de Châtillon, 56, Paris. Bouchet, maison fondée en 1840 M. Chauveau, Gendre et successeur.

BIÈRES

Brasserie Championnet, maison Béroard, fondée en 1882. C. Reymond, successeur, diplôme d'honneur, médaille d'or, 221, rue Championnet, Paris.

CAFÉS

Cafés et thés, Aurelin frères. G. Conard, successeur, 4, rue de l'Echiquier, Paris. Usine rue de Flandre.

CHAUFFAGE

Chapuis frères et Cie, 30, quai de la Loire, Paris (XIXe). Téléphone 414,52.

CHEMISIERS

Aux Ciseaux d'Argent, 4, boulevard Sébastopol, Paris. Téléphone 1026,43. Chemises sur mesure. Trousseaux pour hommes.

L. Tronchon. Chemiserie française et anglaise, 105, faubourg Saint-Honoré, Paris.

GANTS

Jouvin. Gros et détail, rue Auber, 1, Paris. Opéra. Tél. : 100,24.

NOUVEAUTÉS

Bon Marché (Au), 22, rue de Sèvres et 135,137, rue du Bac, Paris (VIIe). Tél. 701.12, 701.13, 701.14, 701.15, 701.56.

Le Louvre, 161, rue de Rivoli, Paris (Ier). Tél. : 115.57, 115.58, 115.59.

Printemps, 66, boulevard Haussmann, Paris. Tél. : 143.90, 143.91, 116.48.

ROBES ET MANTEAUX

Laferrière (Maison), 28, rue Taitbout, Paris (IXe), Tél. : 139,16, 139.17.

Lelong (A.-F.), 18, place de la Madeleine, Paris (VIIIe). Téléphone 245.41.

Morin et Blossier, 15, rue Daunou, Paris (IIe). Tél. : 228.59.

Redfern, 242, rue de Rivoli, Paris (Ier). Tél. : 240.58.

THÉ DIURÉTIQUE DE FRANCE (DE MURE) sollicite efficacement la sécrétion urinaire, apaise les douleurs des Reins et de la Vessie, entraîne le sable, le mucus et les concrétions et rend aux urines leur limpidité normale. — Néphrites, Gravelle, Catarrhe vésical, Affections de la Prostate et de l'Urèthre. — Prix de la boîte : 2 francs.

Dépôt général de l'Alcoolature d'Arnica de la Trappe de Notre-Dame-des-Neiges. Remède souverain contre toutes les blessures, coupures, contusions, défaillances, accidents cholériformes. Dans toutes les Pharmacies. — 2 francs le flacon. — Exiger le nom de Mure.

Exiger le nom de Mure.

PATE et SIROP d'ESCARGOTS de MURE

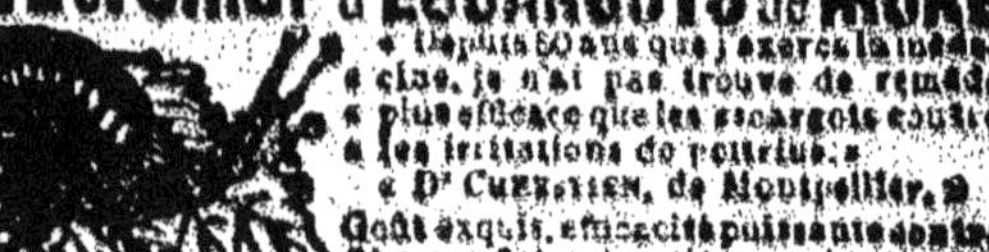

« Depuis 60 ans que j'exerce la médecine, je n'ai pas trouvé de remède plus efficace que les escargots contre les irritations de poitrine. »

« Dr Chrestien, de Montpellier. »

Goût exquis, efficacité puissante contre Rhumes, Catarrhes aigus ou chroniques, Toux spasmodique, Irritations de la gorge et de la poitrine.

PATE : 1 fr. — SIROP : 2 fr.

Exiger la Pâte Mure. — REFUSER LES IMITATIONS.

MALADIES NERVEUSES

Epilepsie, Hystérie, Danse de Saint-Guy, Affections de la Moelle épinière, Convulsions, Crises, Vertiges, Eblouissements, Fatigue cérébrale, Migraine, Insomnie, Spermatorrhée

Guérison fréquente, Soulagement toujours certain

par le **SIROP** de **HENRY MURE**

succès consacré par 30 années d'expérimentation dans les Hôpitaux de Paris.

Flacon : 5 fr. — Notice gratis.

MALADIES DE POITRINE

Guérison fréquente et amélioration certaine par l'usage de la

SOLUTION HENRY MURE

au Chlorhydrophosphate de Chaux arsénié et créosoté.

Grâce à cette préparation qui est tolérée par les estomacs les plus délicats, le phtisique mange mieux et sue moins. Sous son influence bienfaisante la **toux** et l'**oppression** diminuent, l'**appétit** augmente, les forces reviennent.

Les **SOLUTIONS PHOSPHATÉES HENRY MURE**, simples et surtout **ARSENIÉES** (sans créosote) relèvent rapidement les forces épuisées par la maladie, les **excès** de **travail** ou de **plaisir**. Elles sont très utiles pendant la **croissance** et combattent avec un succès remarquable, au même titre que le fer, l'huile de foie de morue et les bains de mer, l'**Anémie**, la **Chlorose** et toutes les manifestations du rachitisme. **Scrofules, Carie des Os, Engorgements des glandes et des articulations**, etc.

Le Litre : 5 Fr.; Le Demi-Litre : 3 Fr.

Maison **Henry MURE**, à Pont-Saint-Esprit (Gard).

Refuser les Contrefaçons.

RÉPERTOIRE DES ANNONCES

	PAGES.
Agences de locations : Arthur et Cie	Couv.
Alimentation : Félix Potin. .	Couv.
American-Garage : de Gontaut-Biron	7
Appareils [illegible] : Percher	Couv.
Appartements meublés	7
Articles de ménage : Potin. . .	7
Banque : Société Générale. .	Couv.
Bazars : Grand Bazar de l'Ouest	7
Beauté : Institut médical . .	Couv.
Bières : Bière Gallia	7
Bière des Flandres. . .	8
Biscottes : Grégoire	18
Biscuits : Lefèvre-Utile	Couv.
— Scapini.	16
Boulangeries-Pâtisseries :	
— Courtois	8
— Goupil .	8
— Mangin	8
— Roullier.	18
Cafés : Au Guatémala.	16
— Aux Planteurs Javanais	16
— Millot-Pâchot.	16
Casino : Wimereux.	Couv.
Chapelleries : American House.	17
— Léon.	17
Charbons : Bernot.	17
Charcuterie : Theumann	71
Chauffage : La Salamandre . . .	17
Chaussures : Fortin.	51
— Lavall	33
— Pinet.	42
— Pratt-East.	33
Chemisiers : Forga	51
— Pillet.	53
Chocolats : Cécile Coblentz. . .	53
— Foucher.	53
— Fourey-Galland. . .	59
— Suchard.	59
Coffres-forts : Fichet	63
Comestibles : Bié	69
— Cillot.	69
— Martinet.	64
— Ries.	71
Compagnie d'assurances : La Prévoyance.	71
Confiseurs : Bourdaloue.	59
— Rebattet	59
— Seugnot	59
Corsets : Corset Régence	80
— Josselin.	71
— Mme Leoty	80
Déménagements : Société Parisienne.	80
Dentifrices : Dr Pierre	80
— Sozodont.	81
Dentistes : American Dentist. .	81
— Royal-Dentaire. . .	81
Eaux-de-vie : Martell.	82
Eaux minérales : Vichy-Lardy.	82
Faïences : Miner	82
Fourrures : Magnière.	83
— Reschofsky	83
— Scheumann	84
— Valenciennes.	87
Fruits confits : Gaillard.	82
Hôtels : Hôtel Alexandra.	2
— Hôtel de France. . . .	87
— Hôtel d'Iéna	89
— Hôtel Métropole. . .	89
— Paris-Grand-Hôtel . .	87
— Pavillon Bleu.	97
Infirmières et infirmiers : Miss Mac Cleam	117
Jumelles : Lemaire.	117
Laine hygiénique : Dr Jaeger.	121
Laiteries : Laiterie Mondaine. .	121
— Ferme Saint-James.	121
Librairie : Bouasse-Lebel.	121
Lingerie : Mme Doyen.	121
— Maison Jeanne d'Arc	123
Machine à glace : Schaller. . .	3
Machines à coudre : Bâcle. . .	123
Maison de santé : Dr Carrier.	280
Maisons recommandées.	280 et 281
Meubles : Fuller et Eymonaud.	123
Modes : Anna Goutellard. . . .	137
— Blanche Robert.	137
— Maison Gyp.	137

Modes : Maison Martyn's... 137
— Marescot sœurs.... 128
— Marguerite Picard.. 138
— Rosine............ 138
Parapluies : Maison Prothin.. 138
Parfumeurs : Giraud fils..... 147
— Legrand....... 147
— Lubin......... 147
Pâtés : A. Gringoire........ 143
— E. Doyen.......... 143
Pédicure : Vitrac........... 148
Pensions de famille :
— Famil, House.... 97
— Ledent et Barrou.. 101
— Mme Cadillon..... 106
— Mme Crassier.... 106
— Mme Vanderheyden 106
— Verdin.......... 113
Pharmacies : Dislay......... 143
— Pharmacie Normale......... 143
Phonographes : Pathéphone. Couv.
Photographie : Kodac..... Couv.
Poêles : Colin et Cie....... 147
Porte-plume : Waterman Cie.. 143
Restaurants : Cardinal....... 113
— Champeaux..... 113
— Larue......... 113
— Pavillon Royal.. 280
— Prunier....... 113
Robes et manteaux : Lévillon... 148
— Mme Deganaud..... 150
— Swarovski et Renoux... 148
— Veuve Dauphin-Hemet. 150 et couv.
— Zimmermann... 148
Stations : Carlsbad......... 281
— Montreux......... 281
— Sanatorium Oberwald 281
— Wildbad....... Couv.
Tailleurs : Aug. Reynault... 156
— High-Life Tailor.. 150
— Paris-Tailleur.... 154
— Ramlot......... 156
— Saint-Germain-des-Prés......... 156
Teintures : Maison Fillion... 160
Thés : Cie des Thés Indo-Chinois.............. 164
— Jondovah........... 169
— Maison Ixe......... 169
— Medova Tea-Rooms . 169
— Thés de l'Aurore 164
— Topsy............ 170
Trousseaux : Maison Bontemps 156
Vin : Dubonnet............ 170

Bénédictine............ Couv.
Cacao : Van Houten........ 232
Caféal : Barlerin........... 214
Cafés et thés : Villaret....... 175
Conserves dans les ménages... 4
Didot-Bottin 173, 231, 263
Eau-de-noix : Denoix... 193, 244
Encaustol : Grillon.......... 208
Farine mexicaine : Barlerin.... 214
Hôtels : Hôtel de Bordeaux (Luchon) 113
— Hôtel du Louvre (Cherbourg)..... 188
Journaux : *Le Journal*...... 189
Journaux : *Journal de la Santé*. 236
274
Livres : Cure d'or au cercle.. 269
— Jeux de hasard 193
— La chance au jeu.... 279
— Le gain mathématique. 188
— La vie facile.... 174, 245
— Vers la fortune . 236, 262
Moteurs : Rajeuni.......... 204
Orthopédie : Haran....... 190
Peintre : Marandel. 178, 257, 267, 273
Produits Mure....... 170, 282
Stations recommandées....... 4
Touring-Club............. 246

TABLE ALPHABÉTIQUE DES DÉPARTEMENTS

	PAGES.
Ain	6
Aisne	8
Allier	9
Alpes-Maritimes	12
Ardèche	19
Ardennes	27
Ariège	28
Aude	34
Aveyron	38
Basses-Alpes	42
Basses-Pyrénées	43
Bouches-du-Rhône	52
Calvados	54
Cantal	60
Charente	64
Charente-Inférieure	65
Cher	70
Corrèze	71
Côte-d'Or	72
Côtes-du-Nord	75
Creuse	81
Deux-Sèvres	82
Dordogne	83
Doubs	84
Drôme	85
Eure	88
Eure-et-Loir	89
Finistère	90
Gard	98
Gers	100
Gironde	102
Haute-Garonne	107
Haute-Loire	114
Haute-Marne	118
Hautes-Alpes	119
Haute-Saône	122
Haute-Savoie	124
Hautes-Pyrénées	129
Haute-Vienne	138
Hérault	139
Ille-et-Vilaine	144
Indre	148
Indre-et-Loire	149
Isère	151
Jura	155
Landes	157
Loire	161

Loire-Inférieure 165
Loiret 170
Loir-et-Cher 171
Lot 172
Lot-et-Garonne 175
Lozère 176
Maine-et-Loire 179
Manche 181
Marne 189
Mayenne 191
Meurthe-et-Moselle 193
Meuse 194
Morbihan 195
Nièvre 200
Nord 201
Oise 205
Orne 207
Pas-de-Calais 209
Puy-de-Dôme 215
Pyrénées-Orientales 225
Rhône 233
Saône-et-Loire 235
Sarthe 237
Savoie 238
Seine 242
Seine-et-Marne 245
Seine-et-Oise 247
Seine-Inférieure 250
Somme 258
Tarn 260
Tarn-et-Garonne 263
Var 264
Vaucluse 268
Vendée 270
Vienne 274
Vosges 275
Yonne 279

Foix, Imprimerie Pomiès. — Fra et Cie, successeurs.

BIBLIOTHÈQUE NATIONALE DE FRANCE
3 7531 00948872 8

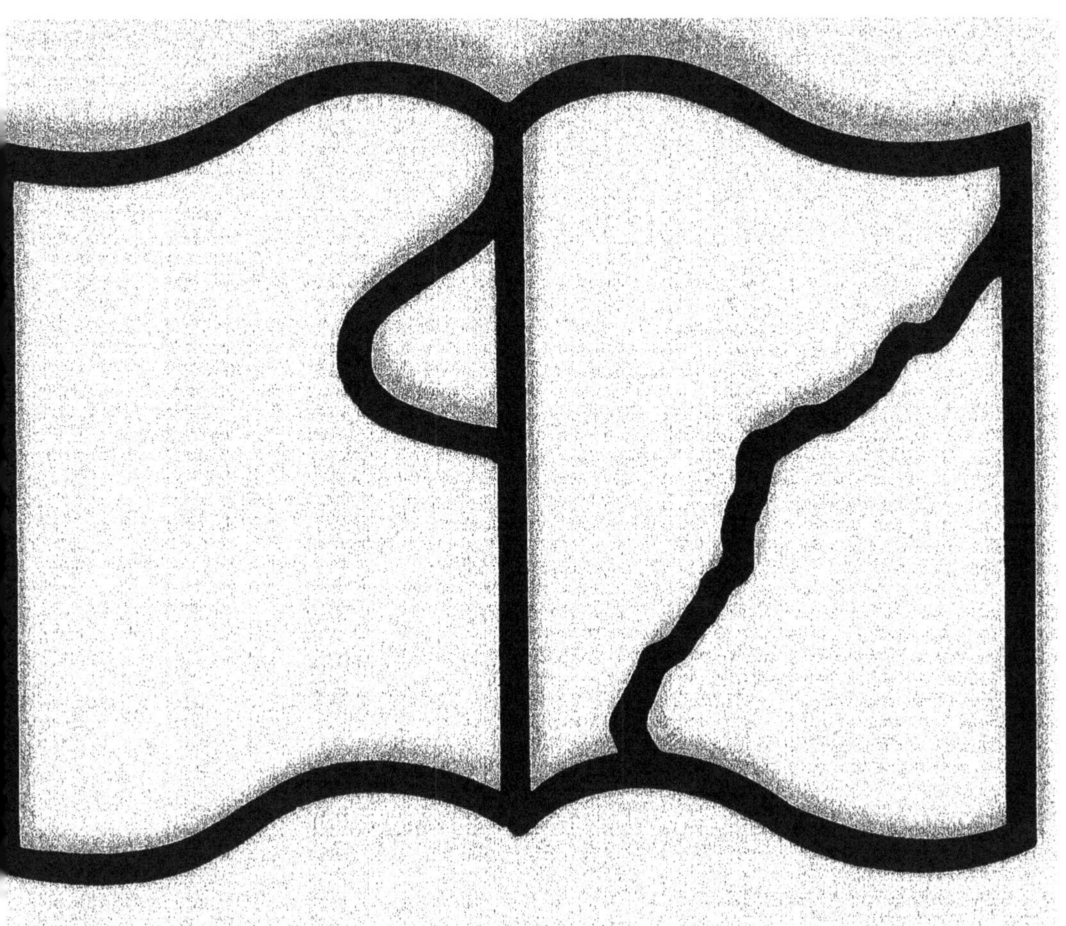

Texte détérioré — reliure défectueuse

NF Z 43-120-11

A
B

www.ingramcontent.com/pod-product-compliance
Ingram Content Group UK Ltd.
Pitfield, Milton Keynes, MK11 3LW, UK
UKHW021904260726
13966UKWH00006B/478

9 782012 887138